高等学校物联网专业系列教材
编委会名单

高等学校物联网专业系列教材

物联网产业

李　琪　主编

中国铁道出版社
CHINA RAILWAY PUBLISHING HOUSE

内容简介

本书主要包括三方面的内容：一是产业经济的概述，包括产业的组织、结构和布局的基本理论；二是物联网产业的起源及发展，物联网产业的商业模式，物联网产业链的环节、特点、核心，以及物联网产业的发展趋势，并加入了相应的案例进行分析；三是物联网对其产业发展所带来的影响，如对电信产业、电子商务产业、物流产业的影响。

本书内容详尽，目的明确，重点突出，旨在理清物联网产业发展的脉络，为物联网及相关专业的学生提供一本专业的、适合的教材。

本书适合作为高等学校物联网专业、电子商务专业及其他相关专业的教材，也可作为从事物联网技术工作相关人员的参考书。

图书在版编目（CIP）数据

物联网产业 / 李琪主编. — 北京：中国铁道出版社，2012.11

高等学校物联网专业系列教材

ISBN 978-7-113-15472-1

Ⅰ. ①物… Ⅱ. ①李… Ⅲ. ①互联网络－应用－高等学校－教材 ②智能技术－应用－高等学校－教材 Ⅳ. ①TP393.4 ②TP18

中国版本图书馆 CIP 数据核字（2012）第 234419 号

书　　名： 物联网产业
作　　者： 李　琪　主编

策　　划： 刘宪兰　　　　**读者热线：** 400-668-0820
责任编辑： 王占清　彭立辉
编辑助理： 巨　凤
封面设计： 一克米工作室
责任印制： 李　佳

出版发行： 中国铁道出版社（100054，北京市西城区右安门西街 8 号）
网　　址： http://www.51eds.com
印　　刷： 北京昌平百善印刷厂
版　　次： 2012 年 11 月第 1 版　　2012 年 11 月第 1 次印刷
开　　本： 787mm×1092mm　1/16　**印张：** 14　**字数：** 328 千
印　　数： 1～3 000 册
书　　号： ISBN 978-7-113-15472-1
定　　价： 30.00 元

总　序

物联网是继计算机、互联网和移动通信之后的又一次信息产业的革命性发展。目前物联网已被正式列为国家重点发展的战略性新兴产业之一。其涉及面广，从感知层、网络层，到应用层均有核心技术及产品支撑，以及众多技术、产品、系统、网络及应用间的融合和协同工作；物联网产业链长、应用面极广，可谓无处不在。

近年来，中国的互联网产业发展迅速，网民数量全球第一，这为物联网产业的发展奠定基础。当前，物联网行业的应用需求领域非常广泛，潜在市场规模巨大。物联网产业在发展的同时还将带动传感器、微电子、新一代通信、模式识别、视频处理、地理空间信息等一系列技术产业的同步发展，带来巨大的产业集群效应。因此，物联网产业是当前最具发展潜力的产业之一，是国家经济发展的又一新增长点，它将有力带动传统产业转型升级，引领战略性新兴产业发展，实现经济结构的战略性调整，引发社会生产和经济发展方式的深度变革，具有巨大的战略增长潜能，目前已经成为世界各国构建社会经济发展新模式和重塑国家长期竞争力的先导性技术。

物联网技术的发展和应用，不但缩短了地理空间的距离，也将国家与国家、民族与民族更紧密地联系起来，将人类与社会环境更紧密地联系起来，使人们更具全球意识，更具开阔眼界，更具环境感知能力。同时，带动了一些新行业的诞生和提高社会的就业率，使劳动就业结构向知识化、高技术化发展，进而提高社会的生产效益。显然，加快物联网的发展已经成为很多国家乃至中国的一项重要战略，这对中国培养高素质的创新型物联网人才提出了迫切的要求。

2010 年 5 月，国家教育部已经批准了 42 余所本科院校开设物联网工程专业，在校学生人数已经达到万人以上。按照教育部关于物联网工程专业的培养方案，确定了培养目标和培养要求。其培养目标为：能够系统地掌握物联网的相关理论、方法和技能，具备通信技术、网络技术、传感技术等信息领域宽广的专业知识的高级工程技术人才；其培养要求为：学生要具有较好的数学和物理基础，掌握物联网的相关理论和应用设计方法，具有较强的计算机技术和电子信息技术的能力，掌握文献检索、资料查询的基本方法，能顺利地阅读本专业的外文资料，具有听、说、读、写的能力。

物联网工程专业是以工学多种技术融合形成的综合性、复合型学科，它培养的是适应现代社会需要的复合型技术人才，但是我国物联网的建设和发展任务绝不仅仅是物联网工程技术所能解决的，物联网产业发展更多的需要是规划、组织、决策、管理、集成和实施的人才，因此物联网学科建设必须要得到经济学、管理学和法学等学科的合力支撑，因此我们也期待着诸如物联网管理之类的专业面世。物联网工程专业的主干学科与课程包括：信息与通信工程、电子科学技术、计算机科学与技术、物联网概论、电路分析基础、信号与系统、模拟电子技术、数字电路与逻辑设计、微机原理与接口技术、工程电磁场、通信原理、计算机网络、现代通信网、传感器原理、嵌入式系统设计、无线通信原理、无线传感器网络、近距无线传输技术、二维条码技术、数据采集与处理、物联网安全技术、物联网组网技术等。

物联网专业教育和相应技术内容最直接地体现在相应教材上，科学性、前瞻性、实用性、综合性、开放性应该是物联网专业教材的五大特点。为此，我们与相关高校物联网专业教学单位的专家、学者联合组织了本系列教材"高等学校物联网专业系列教材"，为急需物联网相关知识的学生提供一整套体系完整、层次清晰、技术先进、数据充分、通俗易懂的物联网教学用书，出版一批符合国家物联网发展方向和有利于提高国民信息技术应用能力，造就信息化人才队伍的创新教材。

本系列教材在内容编排上努力将理论与实际相结合，尽可能反映物联网的最新发展，以及国际上对物联网的最新释义；在内容表达上力求由浅入深、通俗易懂；在知识体系上参照教育部物联网教学指导机构最新知识体系，按主干课程设置，其对应教材主要包括物联网概论、物联网经济学、物联网产业、物联网管理、物联网通信技术、物联网组网技术、物联网传感技术、物联网识别技术、物联网智能技术、物联网实验、物联网安全、物联网应用、物联网标准、物联网法学等相应分册。

本系列教材突出了"理论联系实际、基础推动创新、现在放眼未来、科学结合人文"的特色，对基本概念、基本知识、基本理论给予准确的表述，树立严谨求是的学术作风，注意与国内外的对应及对相关概念、术语的正确理解和表达；从实践到理论，再从理论到实践，把抽象的理论与生动的实践有机地结合起来，使读者在理论与实践的交融中对物联网有全面和深入的理解和掌握；对物联网的理论、研究、技术、实践等多方面的发展状况给出发展前沿和趋势介绍，拓展读者的视野；在内容逻辑和形式体例上力求科学、合理，严密和完整，使之系统化和实用化。

自物联网专业系列教材编写工作启动以来，在该领域众多领导、专家、学者的关心和支持下，在中国铁道出版社的帮助下，在本系列教材各位主编、副主编和全体参编人员的参与和辛勤劳动下，在各位高校教师和研究生的帮助下，即将陆续面世。在此，我们向他们表示衷心的感谢并表示深切的敬意！

虽然我们对本系列教材的组织和编写竭尽全力，但鉴于时间、知识和能力的局限，书中难免会存在各种问题，离国家物联网教育的要求和我们的目标仍然有距离，因此恳请各位专家、学者以及全体读者不吝赐教，及时反映本套教材存在的不足，以使我们能不断改进出新，使之真正满足社会对物联网人才的需求。

高等学校物联网专业系列教材编委会

2011 年 10 月 1 日

前　言

长久以来，沟通局限于人与人之间。为了沟通方便，人类发明了电报、电话、传真机、互联网等工具，似乎一切都很完善了。直到物联网的出现，我们才发现，原来不止人和人之间可以交流，人和物、物和物之间也可以交流，虽然这些交流仅仅是人类思想的延伸。

当我们和周围的物体能够交流时，生活就变得更加美好了。例如，当我们下班回家时，只要通过电话或互联网发个消息，电饭锅就开始工作，等等。

实现人和物、物和物交流的基础就是物联网（Internet of Things）。物联网的提出已经有十余年的历史，其概念最早是在1999年提出的，在中国，物联网以前被称为传感网。2005年11月17日，在突尼斯举行的信息社会世界峰会（WSIS）上，国际电信联盟（ITU）发布了《ITU互联网报告2005：物联网》，正式提出了"物联网"的概念。报告指出，无所不在的"物联网"通信时代即将来临，世界上所有的物体，从轮胎到牙刷、从房屋到纸巾都可以通过物联网主动进行交换。射频识别技术（RFID）、传感器技术、纳米技术、智能嵌入技术将得到更加广泛的应用。根据ITU的描述，在物联网时代，通过在各种各样的日常用品上嵌入一种短距离的移动收发器，人类在信息与通信世界里将获得一个新的沟通维度，从任何时间、任何地点的人与人之间的沟通连接扩展到人与物和物与物之间的沟通连接。

物联网广泛应用于各个行业，如智能家居、智能医疗、智能环保、智能交通、智能司法、智能农业、智能物流等。正是基于物联网的应用，让一切都变得智能起来，使人们摆脱了繁重的工作，仅仅发一条指令，机器就可以高效、快速地完成大量工作。

本书从产业视角出发，介绍了物联网产业的商业模式、产业链、整体及区域物联网产业发展，以及与电信、电子商务、物流产业的交互作用，旨在通过对物联网产业的描述、概括、总结，勾勒出物联网发展的线路，使读者掌握物联网产业的基本要点。

本书第1章由西安文理学院胡宏力老师编写，介绍了产业组织、结构、布局理论，为读者构建产业发展的技术基础；第2章由西安交通大学李琪教授编写，西安交通大学硕士生杨艳利、马凯参编完成，介绍了物联网产业的概况，包括物联网产业的起源、历史、现状、机遇、挑战和展望；第3章由铜陵学院张国友编写，介绍了物联网产业的商业模式；第4章由西安交通大学博士生王雁编写，介绍了物联网产业链结构、特点；第

5 章由深圳腾邦集团罗翔编写，介绍了物联网产业的宏观环境和产业领域分布；第 6 章由西安交通大学硕士于小丛编写，介绍了几个重点区域物联网发展的现状和趋势；第 7 章由深圳腾邦集团罗翔编写，介绍了物联网在电信产业中的应用；第 8 章由中国电子商务研究中心王汝霖编写，介绍了物联网在电子商务产业中的应用；第 9 章由西安交通大学博士生赵鲲鹏编写，介绍了物联网在物流产业中的应用。

本书以产业发展理论为导向，结合大量实践经验，论述物联网产业发展中的核心问题及其应用。

本书的编写得到了大量学者和第一线工作人员的帮助和指导，在此表示诚挚感谢。此外，由于时间仓促，编者水平有限，不足之处在所难免，恳请读者批评指正。

李　琪

于陕西省电子商务与电子政务重点实验室

2012 年 8 月 20 日

目　录

第1章 产业发展基本知识

学习要求：

- 掌握产业的概念；
- 了解国内外产业组织现状；
- 理解产业结构理论及其分类；
- 理解产业布局的基本理论、原则、模式、影响因素。

学习内容：

本章主要介绍了产业概念，产业发展的组织、结构、布局的基本概念、原则和方法。

学习方法：

结合文献理解本章内容。

在国民经济中，“产业”是介于宏观经济活动与微观经济活动之间的中观部分。它可以理解为生产具有相同属性的产品（或提供相同属性的服务）的集合，也可以理解为相同属性的产品（或提供相同属性的服务）参与的社会生产劳动过程中的技术、物质、资金等要素及其相互联系所构成的社会生产组织结构体系。在本书中，我们认为产业就是具有相同生产技术或提供相同特征的产品或服务的生产者（厂商）的集合，或者是由生产同类或存在替代关系的不同企业构成的集合体。产业的发展与技术的进步有着密切的关系，一个产业的萌芽常常是一项新技术的应用，产业的形成与发展通常是由技术进步推进的，比如信息技术的进步促进了计算机产业、互联网产业的形成与发展。本书所讨论的物联网产业正是在RFID（射频识别）技术、激光扫描技术、传感技术、定位技术、网络技术等技术进步的基础上萌芽和形成的。

1.1 产业组织理论

1.1.1 产业组织与产业组织理论

经济学中组织的概念最初是由英国经济学家马歇尔在其 1980 年出版的《经济学原理》一书中首先提出的，他指出组织是一种新的生产要素，组织的内容包括多个层次的概念，既包括企业内的组织，也包括同一产业内各种企业之间的组织，以及不同产业之间的组织形态（产业结构）以及政府组织等。所谓产业组织是指同一产业内各企业之间的相关关系或者市场关系，这种关系包括企业之间的交易关系、行为关系、资源占有关系和利益关系，而市场关系的本质是产业内同一类企业的垄断与竞争关系。产业组织涉及产业内部资源的组织方式、有效组织产业资源的政策主张以及由此产生的市场绩效等问题。

西方产业组织理论是以微观经济学理论为基础，以特定产业内部的市场结构、市场行为和市场绩效及其内在联系为主要研究对象，主要研究怎样在一定的生产要素下，既能促进市场竞争，又能充分发挥规模经济效益，从而使已有的资源、市场能在产业内达到最优配置，揭示产业组织活动的内在规律性的一门应用经济学。产业组织理论是现代经济学最为活跃的领域，大量的产业组织理论研究成果在现实经济生活中得以广泛应用，它不仅为现实经济活动的参与者提供决策依据，也为政府制定市场竞争与组织管理的法律规范及政策措施提供了理论依据。

1.1.2 国外产业组织理论

1. 西方产业组织理论的起源

追根溯源，产业组织理论的渊源一直可以追溯到资本主义自由竞争时代的经济学家亚当·斯密有关劳动分工和市场机制的理论。亚当·斯密在其《国富论》中研究了市场自发调节自由竞争的市场机制以及这一条件下厂商的企业行为，他认为自由竞争是经济运动的原动力，竞争的结果总是使价格与成本一致。但一般认为，西方产业组织理论起源于以马歇尔为代表的新古典经济学。马歇尔是最早提出产业组织概念的人，在其 1890

年发表的《经济学原理》中，他将产业组织引入经济学的研究，指出组织是除土地、劳动和资本三大生产要素之外的第四个要素，他分析了规模经济的成因，发现规模经济和自由竞争之间的矛盾，这被后人称为“马歇尔冲突”的规模经济与竞争之间的关系则成为产业组织理论讨论的核心问题。

20 世纪大型制造业公司的大量出现，生产日趋集中，企业规模不断扩大，一方面垄断、寡头垄断的市场支配已经成为发达资本主义国家中的普遍现象；另一方面，越来越多的中小企业得以蓬勃发展。这些现象引起了许多经济学家的关注。1933 年，张伯伦和罗宾逊夫人分别在《垄断竞争理论》和《不完全竞争理论》中提出了纠正传统自由竞争理论的“垄断竞争理论”；1940 年，克拉克提出了有效竞争理论，这些理论和观点成为现代产业理论的重要来源，对产业组织的理论产生了巨大的影响，大大推动了产业组织理论的产生和发展。

2. 产业组织理论的形成

20 世纪 30 年代，以梅森、贝恩和谢勒为代表的哈佛学派建立了完整的 SCP 理论范式，即结构-行为-绩效（Structure-Conduct-Performance）的分析范式，标志着产业组织理论体系的初步形成。1939 年，梅森在其《大企业的生产价格政策》一书对产业组织理论进行了深入的研究，提出了产业组织理论的体系。1959 年，贝恩在其出版的《产业组织理论》一书中提出了“结构-绩效”范式。谢勒在其 1970 年出版的《产业市场结构与市场绩效》一书中，提出了完整的“结构-行为-绩效”。SCP 范式以实证研究为主要手段，通过市场结构、企业行为与市场绩效之间的关系分析特定的产业或市场，认为市场结构、企业行为与市场绩效三者之间存在递进制约的因果关系，市场结构决定了市场中的企业行为，而企业的市场行为决定市场资源配置的绩效，政府可以通过采取积极的反托拉斯政策和政府管制来改善市场结构，进而规范企业的市场行为。以梅森为代表的经济学家通过对不同产业的大量案例研究，对 SCP 模式的各种假设进行了验证，并对推论进行了检验。

由于以 SCP 为核心内容的产业组织理论在 20 世纪的产业组织理论发展过程中一直居于主导地位，一般将以 SCP 为核心内容的产业组织理论称为“主流派产业组织理论”，将同期的一些其他产业组织理论称为非主流派产业组织理论。

3. 产业组织理论的发展

20 世纪 60 年代，随着美国钢铁、汽车等大规模企业的国际竞争力日趋下降，人们开始反思过紧的反垄断政策的合理性。同期一些新的理论和研究方法如博弈论、交易费用理论、信息经济学等产业经济理论的研究为产业组织理论的研究提供了新的研究方法，产业组织理论在发展过程中逐渐形成了哈佛学派、芝加哥学派、新奥地利学派等多个学派。

20 世纪 60 年代后期，在不断地对哈佛学派的批判中，以芝加哥大学的施蒂格勒、德姆基茨、布罗曾等人为代表的经济学家逐渐形成了芝加哥学派的产业组织理论。芝加哥学派提出的竞争理论认为市场竞争完全是有效的，市场在长期发展过程中能够达到效率水平，反对政府对市场的干预，强调导致反竞争行为或垄断行为的主要原因是政府对市场的规制导致的。他们认为企业行为是企业预期的函数，现实经济生活中出现的垄断是竞争达到均衡之前的一种暂时的不均衡现象，完全可以由市场来调整，政府没有必要进行干涉。政府的干涉不仅不能达到预期的效果，相反会降低经济运行效率，即使市场中存在某些垄断或不完全竞争，只要不存在政府的进入规制，长期的竞争均衡状态在现实中也是能够成立的。芝加哥学派在其价格理论和效率基础上提出了相应的产业组织政策，其主要观点成为美国反垄断政策变革的主要依据。

新奥地利学派是在继承门格尔和庞巴维克等早期奥地利经济学家的思想和方法的基础上发展起来的，其发展的基础是奈特式的不确定性概念，将竞争的市场过程理解为分散的知识、信息的发现和利用过程，认为市场中存在着未被发现的信息或信息不完全，因而会造成决策失误及利润机会的丧失，从而使市场的不均衡成为一种常态。与哈佛学派所强调的配置效率不同，新奥地利学派认为社会福利的提高是由于企业生产效率的提高，认为只要不依赖于行政干预，垄断企业实际上是生存下来的最有效率的企业，市场竞争过程就是淘汰低效率企业的过程，因而他们强烈反对企业分割和禁止兼并等政策主张，否定反垄断政策和政府管制政策的必要性。他们主张市场竞争来源于企业家的创新精神，强调企业家在不均衡市场动态调整中的作用，企业家通过学习和发现知识来实现只要确保自由的进入机会，就能形成充分的竞争压力，而实行规制政策和行政垄断才是真正的市场进入壁垒，因此最有效的政策是自由放任政策。

4．产业组织理论的新发展

20 世纪 70 年代后，由于博弈论和信息经济学的分析方法引入给产业组织理论带来了重大的变化，推动了产业组织理论的新发展，学术界也把这些采用了新方法研究的产业组织理论成果统称为新产业组织理论。尽管新产业组织理论尚未形成一个很完整的体系，但是研究方法的创新使产业组织理论更加贴近于市场现实。

新产业组织理论对哈佛学派的 SCP 范式提出挑战，而且对芝加哥学派的正统观念和政策主张提出了质疑。新产业组织理论认为，市场结构不是外生的，企业不是被动地对给定的外部条件做出反映，而是通过策略性行为改变市场环境，从而影响竞争对手的预期，改变竞争对手对未来事件的信念，迫使竞争对手做出对主导厂商有利的决策行为，达到排挤竞争对手或阻止新对手进入市场的目的。市场结构与市场绩效不是哈佛学派 SCP 分析范式的那种静态的单向关系，而是企业之间博弈的结果。而结果取决于企业之间博弈的类型，它们之间的关系是复杂的、动态的、不均衡的双向关系或者多向关系。新产业组织理论在政策上主张加强对大企业策略性行为的反托拉斯管制，强调建立激励性管制机制，以激励企业通过技术创新提高效率，降低成本。之后，科斯、威廉姆森、阿尔钦等人以交易费用理论为基础，从制度角度研究产业组织问题，改变了传统组织理论从技术角度考察企业，从垄断竞争角度研究市场的做法，为企业行为的研究提供了全新的理论视角，在节约交易费用的统一框架下，对企业制度和市场组织进行了经济学分析，进一步推动了产业组织理论的发展。

1.1.3　国内产业组织理论研究

与国外产业组织理论研究的发展相比，我国产业组织理论的研究起步较晚。改革开放以后，美国学者谢佩德所著的《市场势力与经济福利导论》被引入我国之后，一系列著名的经济学家如施蒂格勒、威廉姆森、波特等的著作也相继被引入国内。同时，随着我国市场经济的发展，促使我国的学者采用西方产业组织理论来研究中国经济。目前，我国关于产业组织理论的研究尚没有形成完整的理论体系，但我国学者用西方产业组织理论的研究方法，对我国产业组织作了大量的研究，丰富了国内产业研究理论。

我国学者关于产业组织理论的研究主要集中在市场结构与产业绩效关系、市场结构、产业运行、市场绩效以及产业政策等方面。市场结构与产业绩效关系是我国早期产业组织理论研究的主要问题，如魏后凯、刘小玄等人对市场结构与产业绩效关系问题进行了研究。魏后凯提出了产业集中与经济发展之间的倒 U 型假说，他认为随着工业的不断发展，大企业因具有多方面的优势而获得了迅速发展，由此导致产业集中度日趋提高。但当经济发展进入到成熟阶段，产业集中度将逐步趋于稳定，并在随后的发展阶段中趋于下降。王慧炯、马建堂等学者对我国的产业集中度、最小规模经济等市场结构问题做了研究。殷醒民、戚聿东、江小涓、刘小玄等人从不同的角度对产业运行绩效问题进行了研究。我国学者针对当时我国经济的现状，从多个方面、多个角度对我国的产业政策进行了研究。20 世纪 90 年代，我国经济从卖方市场转向买方市场，不少行业产能过剩，行业内的企业数量过多，但产量绝对水平较低。这种情况下，我国学者给出了鼓励市场结构适度集中的政策，认为必须要做大优势企业，淘汰落后产能，实现规模经济，推动产业集中。

1.2　产业结构理论

1.2.1　产业结构概念

产业结构是指在社会再生产过程中，一个国家或地区的产业组成（即资源在产业间配置状态）、产业发展水平（即各产业所占比重）以及产业间的技术经济联系（即产业间相互依存相互作用的方式）。广义地说，产业结构包括国民经济各产业之间在生产规模上的相互比例以及各产业之间相互关联的方式。产业结构的外在形态是相对于经济总量来说的，也就是这个总量的产业构成，是经济增长的结构基础。产业的内在形态是经济总体的各类产业的多层次组合，它有量的特征，也有质的规定。我们通常所说的产业间的比例关系只是产业结构数量的特征。

1.2.2　产业结构的分类

产业分类是建立产业结构概念和进行产业结构研究的基础。三次产业分类法是西方产业结构研究中最重要的分类方法之一，由英国经济学家、新西兰奥塔哥大学教授费希尔（A.G.D.Fisher）在 20 世纪 30 年代初最先提出。费希尔在当时的英国和澳大利亚的经济杂志上发表了数篇论文，不仅提出了第三产业的概念，而且指出第三产业的本质在于提供服务。1935 年，费希尔在《安全与进步的冲突》一书中，从世界经济史的角度对三次产业分类方法进行了理论分析。他认为：综观世界经济史可以发现，人类生产活动的发展有3个阶段。在初级生产阶段，生产活动主要以农业和畜牧业为主……迄今世界上许多地区还停留在这个阶段。第二阶段以工业生产大规模地迅速发展为标志，纺织、钢铁和其他制造业的商品生产为就业和投资提供了广泛的机会。显然，确定这个阶段开始的确切时间是困难的，但是很明显，英国是在18世纪末进入这个阶段内……第三阶段开始于20世纪初，大量的劳动和资本不是继续流入初级生产和第二级生产中，而是流入旅游、娱乐服务、文化艺术、保健、教育和科学、政府等活动中。处于初级阶段生产的产业是第一产业，处于第二阶段生产的产业是第二产业，处于第三阶段生产的产业是第三产业。

费希尔虽然提出了三次产业的分类方法，但没有总结出规律性的东西。英国经济学家和统计学家克拉克则在继承费希尔研究成果的基础上，在1940年出版的《经济进步的条件》中，运用三次产业分类方法研究了经济发展同产业结构化之间的关系的规律，从而拓展了产业结构理论的应用研究，使得三次产业分类方法得到了普及。因此，三次产业分类方法更多地是与克拉克的名字联系在一起。这种产业的分类方法又称为克拉克产业分类法。

按三次产业分类是现代许多国家通用的产业结构分类，我国在20世纪80年代中期引入这种分类方法。对产业结构的分类还有其他多种分类方法，如按产业在国民经济中的地位可以划分为基础产业、主导产业、支柱产业和战略产业；按马克思的社会再生产理论，国民经济分为物质生产部门和非物质生产部门，物质生产部门又可分为农业、轻工业、重工业；按生产要素组合比例和密集程度，把产业分为劳动密集型产业、资金密集型产业和技术密集型产业；按产业出现的历史可把产业分为传统产业和新兴产业等。

1.2.3　产业结构理论

1. 产业结构演化理论

产业结构演化是产业结构研究中的重要内容，重在揭示产业结构的演进规律。

1）配第-克拉克定理

配第-克拉克定理是提示经济发展过程中产业结构变化的经验性学说。早在17世纪，西方经济学家威廉·配第就已经发现，随着经济的不断发展，产业中心将逐渐由有形财物的生产转向无形的服务性生产。配第－克拉克定理主要是描述在经济发展中劳动力在三次产业间分布结构的演变趋势，并指出了劳动力分布结构变化的动因是在经济发展中产生的各产业之间相对收入的差异。1691年，威廉·配第根据当时英国的实际情况明确指出：工业往往比农业、商业往往比工业的利润多得多。因此，劳动力必然由农转工，而后再由工转商。这是英国经济学家克拉克在威廉·配第的研究成果之上，计量和比较了不同收入水平下，就业人口在三次产业中分布结构的变动趋势后得出的。克拉克认为他的发现只是印证了配第在1691年提出的观点而已，故后人把克拉克的发现称之为配第-克拉克定理。

克拉克首先把整个国民经济划分为3个主要部门，即现在普遍称作的三次产业：农业——第一产业、制造业——第二产业、服务业——第三产业。克拉克所说的农业除了种植业之外，还包括畜牧业、狩猎业、渔业和林业。矿业被认为处在边界线上。采矿业在经济活动中分明是取自于自然的产业，理应划入第一产业，但采矿业有更多的属性近乎制造业。克拉克在 1951 年出版的《经济进步的条件》（第二版）中，将其划入了第二产业。这个部门的特点是所有行业都直接依赖于自然资源的使用。在技术不变的情况下，这个部门除少数例外，通常遵循报酬递减规律。制造业被定义为：一个不直接使用自然资源，大批量连续生产可运输产品的过程。这个定义排除了不可运输产品（建筑与公共工程）的生产和小规模的不连续过程（如手工缝衣或修鞋等）。第三产业部门由大量的不同活动所组成，克拉克把它们统称为服务部门。这个部门包括建筑、运输与通信、商业与金融、专业服务（如教育、卫生、法律等）、公共行政与国防以及个人服务业等。服务业按照某种目的还可以区分为直接提供给最终购买者（消费者、投资者和政府）的服务和被用来帮助其他生产过程的服务（如商品运输、批发商业以及为商业目的乘客旅行和旅馆提供等）。

配第-克拉克定理可以表达为：随着经济的发展，人均国民收入水平的提高，劳动力首先由第一产业向第二产业移动；当人均国民收入水平进一步提高时，劳动力便向第三产业移动。劳动力在产业间的分布状况是：第一产业减少，第二、三产业将增加。这不仅可以从一个国家经济发展的时间序列分析中得到印证，而且还可以从处于不同发展水平上国家在同一时点的横断面比较中得到类似的结论。人均国民收入水平越高的国家，农业劳动力在全部劳动力中所占的比重相对来说越小，而第二、三产业中劳动力所占的比重相对来说就越大；反之，人均国民收入水平越低的国家，农业劳动力所占比重相对越大，而第二、三产业劳动力所占的比重相对越小。

克拉克对经济世界分析方法的思想，体现在其产业结构理论中有如下特点：

（1）克拉克的产业结构研究采用了三次产业分类法，即把全部经济分为第一产业、第二产业和第三产业作为基本框架。

（2）克拉克采用了劳动力这一指标来分析产业结构的演变。克拉克考察了经济发展进程中劳动力在各产业中分布状况的变化。

（3）克拉克通过分析若干国家在一定时间序列中所发生的变化，来探讨人均国民收入水平的提高与一国产业结构演进之间的规律。

（4）克拉克引用了最终需求的收入弹性和价格弹性，以及劳动生产率劳动来规范经济事实。因此，从理论的形成与发展上看，克拉克所发现的规律，其理论来源主要有两个：一是配第定理，即产业间收入相对差异的描述性规律现象；二是费希尔的三次产业分类法。

配第-克拉克定理粗略地揭示了产业结构演变的基本趋向，但是他们的研究在方法上存在两个主要缺陷：第一，他们使用的是单一的劳动力指标，这不可能从更深层次上揭示产业结构变动的总趋势；第二，他们所利用的原始数据的处理过于简单，取样范围较小，典型意义不足。

2）库兹涅茨法则

该理论研究的也是产业结构演变的规律，由美国经济学家西蒙·库兹涅兹在 1941 年的著作《国民收入及其构成》中提出。库兹涅茨在继承了克拉克研究成果的基础上，从国民收入和劳动力在产业之间的分布两个方面，对伴随经济发展的产业结构变化进行了分析研究。他探讨了国民收入与劳动力在三次产业分布与变化趋势之间的关系，从而深化了产业结构演变的动因方面的研究。

库兹涅茨把第一、二、三产业分别称为农业部门（A 部门）、工业部门（I 部门）和服务业部门（S 部门）。他认为："分 3 个主要部门：农业及相关的渔业、林业和狩猎；工业——采矿业、制造业、建筑业、水力电力、运输业和通信；服务业——贸易、金融、不动产、动产、商业、仆佣、专业人员及政府。每个主要部门所包括的行业，在考虑原材料、生产性营运、最终产品及其行业间的区别特征方面各有不同，因此，同广义分类一样，以上的狭义分类定有不同意见。"

库兹涅茨认为：农业部门（即第一产业）实现的国民收入，随着年代的延续，在整个国民收入中的比重（国民收入的相对比重）同农业劳动力在全部劳动力中的比重（劳动力的相对比重）一样，处于不断下降之中；工业部门（即第二产业）的国民收入的相对比重大体来看是上升的，然而，工业部门劳动力的相对比重，将各国的情况综合起来看是大体不变或略有上升的；服务部门（即第三产业）的劳动力相对比重，差不多在所有的国家都是上升的。但是，国民收入的相对比重却未必和劳动力的相对比重的上升是同步的。综合起来看，大体不变，略有上升。

3）霍夫曼定理

在配第-克拉克定律中所归纳的经验性的经济规律，以及库兹涅茨对产业结构演变规律的探讨中，实际上描述的是一个国家走上工业化的过程和动因。克拉克、库兹涅茨等人所揭示的，工业在经济发展的一定阶段上，国民收入的相对比重不断上升的同时，劳动力相对比重增加不多、不快的规律说明，工业在一定的经济发展阶段是一个国家经济发展的主导部门。近代经济发展的过程同工业的发展有着紧密联系，经济发展过程就是工业化过程。

德国经济学家霍夫曼对工业化过程的工业结构演变规律做了开拓性研究。该理论讲述的是轻、重工业的比例关系。20 世纪 30 年代初，德国经济学家 W.C.霍夫曼根据工业化早期和中期的经验数据推算，把工业化某些阶段产业结构变化趋势外推到工业化后期。通过设定霍夫曼比例或霍夫曼系数，对各国工业化过程中消费品和资本品工业（即重工业）的相对地位变化做了统计分析。得到的结论是，各国工业化无论开始于何时，一般都具有相同的趋势，即随着一国工业化的进展，消费品部门与资本品部门的净产值之比逐渐趋于下降，霍夫曼比例呈现出不断下降的趋势。在工业化的进程中，霍夫曼比例是不断下降的。

4）钱纳里的"标准结构"理论

霍利斯·钱纳里运用库兹涅茨教授的统计归纳法，对产业结构变动的一般趋势进行了更加深入的研究。他运用投入产出分析方法、一般均衡分析方法和计量经济模型，通过多种形式的比较研究考察了以工业化为主线的第二次世界大战以后发展中国家，特别是准工业国家（地区）的发展经历，分析了产业结构转变同经济增长的一般关系、结构转变的基本特征和工业化的各个方面。在此基础上，概括出外向型、中间型和内向型 3 种不同的工业化标准模式。他认为：

（1）产业结构转变同经济增长之间具有密切的相关关系，这不仅表现为不同收入水平上产业结构的状况不同而且表现为产业结构的转变，特别是非均衡条件下（要素市场分割和调整滞后）的结构转变，能够加速经济增长。

（2）在产业结构转变的过程中，同资本积累和比较优势这样的供给因素变化相比较，需求因素变化所产生的作用同样重要。

（3）通过多国模型的综合分析，揭示出产业结构转变的标准形式，概括了大样本发展中国家的发展经验（发展的共性），同时也指出了各国发展经验同标准发展形式之间是有区别的。

5）里昂惕夫投入产出理论

里昂惕夫是美国著名的计量经济学家、投入产出分析方法的创始人、1973 年诺贝尔经济学奖获得者。他在 1941 年对美国的经济结构进行了深入和系统的分析，其著作《1919—1929 年美国经济结构》一书更是产业结构理论的经典之作。

之后，里昂惕夫在原有研究的基础上对产业结构进行了更加深入的研究。他于 1953 年和 1966 年分别出版了《美国经济结构研究》和《投入产出经济学》，建立了投入产出分析体系，包括投入产出分析法、投入产出模型和投入产出表等。这为我们一直沿用至今，并证明是一种解决产业结构问题行之有效的工具。里昂惕夫利用投入产出这一分析方法分析经济体系的结构与各部门在生产中的关系，研究经济的动态发展以及技术变化对经济的影响，分析对外贸易与国内经济的关系，分析国内各地区间的经济关系以及各种经济政策所产生的影响等。

6）赤松要的雁行形态理论

1935 年，由日本学者赤松要提出的雁行形态理论是指某一产业，在不同国家伴随着产业转移先后兴盛衰退，以及在其中一国中不同产业先后兴盛衰退的过程。他认为后起国的产业发展应当遵循“进口-国内生产-出口”的模式，进口以学习技术和开发市场，进行国内生产以逐渐提升产业竞争力，出口以实现贸易顺差。在以时间为横轴、产品数量为纵轴的坐标系中，进口浪潮是第一只雁，进口引发的国内生产浪潮是第二只雁，国内生产引发的出口浪潮是第三只雁，这个类似大雁飞行模式的产业发展路径就是雁行形态说。但“雁行模式”的形成是有条件的，当条件发生变化时，该模式也将转换，即这一模式可以说明过去，不一定能说明将来；可以适用于东亚部分国家和地区，但不一定适用于发展中大国。雁行形态理论又被称之为产业结构的候鸟效应。

2．产业结构调整理论

在各种产业结构调整理论中，影响较大的有刘易斯理论（二元结构转变理论）、赫尔曼的不平衡增长理论、罗斯托的主导部门理论和筱原三代平的两基准理论。

1）刘易斯理论

该理论建立在以下 3 个基本假定上：

（1）农业的边际劳动生产率为零或接近零。

（2）从农业部门转移出来的劳动力工资水平由农业的人均产出水平决定。

（3）城市工业中的利润储蓄倾向高于农业收入中的储蓄倾向。

因农业的边际劳动生产率为零或接近零，农业剩余劳动力对城市工业的供给价格低，且工业的边际劳动生产率远远高于农业剩余劳动力的工资，故工业发展就可以从农业中获得无限廉价劳动力供给，在劳动力供给价格与边际劳动力差额中获得巨额利润。又由于工业利润中的储蓄倾向高，使得城市工业发展对农村剩余劳动力的吸纳能力进一步提高，由此产生一种累积性效应。这种累积作用的结果是，农业劳动力的边际生产率提高，工业劳动力的边际生产率下降，以致达到工、农业劳动力边际生产率相等。这时，二元经济转变为一元经济。M.P.托达罗批判了刘易斯的二元结构转变理论，认为刘易斯的理论过于简单化，没有考虑农村劳动力进入城市以后能否找到合适的工作。在发展中国家，农村劳动力在城市寻找工作的难度很大，从而在经济发展过程中会出现大量的无业游民，故农村劳动力向城市的转移有很大的阻力。

2）赫尔曼的不平衡增长理论

由于发展中国家资源的稀缺性，全面投资和发展一切部门几乎是不可能的，只能把有限的资源有选择地投入到某些行业，以使有限资源最大限度地发挥促进经济增长的效果，此即不平衡增长。赫尔曼认为，在发展中国家，有限的资本在社会资本和直接生产之间的分配具有替代性，因而具有两种不平衡增长的途径：

一是“短缺的发展”，即先对直接生产资本投资，引起社会资本短缺，而社会资本短缺引起直接生产成本提高，这便迫使投资向社会资本转移以取得二者的平衡，然后再通过对直接生产成本的投资引发新一轮不平衡增长过程。

二是“过剩的发展”，即先对社会资本投资，使二者达到平衡后再重复此过程。至于选择哪一条不平衡增长途径，应视经济发展的瓶颈制约而定。

3）罗斯托的主导部门理论

罗斯托根据技术标准把经济成长分阶段划分为传统社会、为起飞创造前提、起飞、成熟、高额群众消费、追求生活质量6个阶段，而每个阶段的演进是以主导产业部门的更替为特征的。他认为经济成长的各个阶段都存在相应的起主导作用的产业部门，主导部门通过回顾、前瞻、旁侧三重影响带动其他部门发展。与6个经济成长阶段相对应，罗斯托在《战后二十五年的经济史和国际经济组织的任务》一文中，列出了5种主导部门综合体系：

（1）作为起飞前提的主导部门综合体系，主要是食品、饮料、烟草、水泥、砖瓦等工业部门。

（2）替代进口货物的消费品制造业综合体系，主要是非耐用消费品的生产。

（3）重型工业和制造业综合体系，如钢铁、煤炭、电力、通用机械、肥料等工业部门。

（4）汽车工业综合体系。

（5）生活质量部门综合体系，主要指服务业、城市和城郊建筑等部门。

罗斯托认为主导部门序列不可任意改变，任何国家都要经历由低级向高级的发展过程。罗斯托提出的主导部门通过投入产出关系而带动经济增长的看法，以及主导部门并非固定不变的看法可供借鉴。

4）筱原三代平的两基准理论

两基准理论是指收入弹性基准和生产率上升基准。收入弹性基准要求把积累投向收入弹性大的行业或部门，因为这些行业或部门有广阔的市场需求，便于利用规模经济效益，迅速地提高利润率；生产率上升基准要求积累投向生产率（指全要素生产率）上升最快的行业或部门，因为这些行业或部门由于生产率上升快，单位成本下降最快，在工资一定的条件下，该行业或部门的利润也必然上升最快。两基准理论以下列条件为基本前提：

（1）基础产业相当完善，不存在瓶颈制约；或者即使存在一定程度的瓶颈制约，但要具有充分的流动性，资源能够在短期内迅速向颈瓶部门转移，尽快缓解瓶颈状态。

（2）产业发展中不存在技术约束。

（3）不存在资金约束。

如果上述条件不存在，两基准理论就未必成立，利用两个基准理论选择优先发展产业也未必可行。

3. 我国产业结构理论

从新中国成立到 20 世纪 70 年代末期，我国产业经济理论研究工作处于起步阶段，主要靠引入苏联社会主义经济理论的研究范式，归结为社会再生产理论中有关“两大部类关系”和“农、轻、重”关系的研究。其中，与产业结构有关的内容是再生产理论中两大部类的关系，重点是生产资料优先增长问题。

改革开放至 20 世纪 80 年代末期，产业结构问题的研究对以往片面强调重工业，忽视消费品生产所导致的结构失衡问题进行了分析。1979 年，欧阳胜指出两大部类平衡发展的规律是社会再生产的普遍规律，保持两大部类平衡发展是经济计划工作的首要任务。另外，开始了对中国现实产业结构问题的实证研究，逐渐摆脱以往的纯粹理论探讨，把理论与实际经济情况接轨，重点转向了对中国现实问题的分析。

进入 20 世纪 90 年代后，愈来愈多的学者利用国内外统计资料进行实证分析，研究改革以来的产业结构变化和我国产业结构中出现的新问题，例如刘鹤和张立群等学者。刘鹤从我国需求结构转变后产业结构变动滞后的状况出发，认为资本品和中间产品的供给出现巨大缺口，因此需要加快进口替代特别是设备制造业的进口替代过程，使其成为产业结构高度化的重要步骤。张立群认为，中国的工业化阶段未能成功转型，因而导致经济增长中的一系列矛盾，强调要加强基础设施投资，拉动重化工业增长。部分学者开始强调发展第三次产业的重要性，刘伟、杨云龙从工业化与市场化的双重角度，论述了第三次产业发展的重要性。

进入 21 世纪以来，前一期的研究内容进一步深化和扩展，关于我国产业结构调整方向的研究，国内学者的基本观点是向新型工业化方向发展。

1.3　产业布局理论

产业布局是产业在一国或一地区范围内空间组合的经济现象，产业布局理论属于产业经济学与区域经济学的交叉研究领域，主要研究产业的空间分布规律，涉及多个层次、多个目标、多个部门及多种因素，具有全局性和长远性的经济战略部署性质。

产业布局的合理性与科学性，极大地影响着一国或一地区经济发展的经济效益、社会效益和生态效益，关系着社会经济发展战略目标的实现。合理的产业布局有助于促进其分工与加强其经济协调；有助于发挥地区资源的比较优势和绝对优势，充分利用各地资源，提高各地区资源综合利用效率和经济效益，促进各地区经济社会的协调发展；有助于产业结构的调整和优化升级，促进整个国民经济的协调、持续、快速发展。

产业布局在静态上看是指形成产业的各部门、各要素和各环节在空间上的分布态势和地域上的组合模型。而在动态上产业布局则表现为各种资源、各生产要素、甚至各产业和各企业，为选择最佳区位而形成的在空间地域上的流动、转移或重新组合的配置与再配置过程。因而，产业布局是静态与动态的协同，是存量与增量的统一。

1.3.1　产业布局的基本理论

1. 古典区位理论

古典区位理论以产业的空间布局为核心，以成本-收益分析为方法对经济活动的空间分布和空间联系进行考察。

1）农业区位理论

冯·杜能对运输费用最小的农业最佳布局的思考。农业区位理论的中心思想是：农业土地利用类型和农业土地经营集约化程度，不仅取决于土地的天然特性，更重要的是取决于其经济状况，其中特别取决于它到农产品消费地（市场）的距离，其目的是探讨土地利用所能达到的最大纯收益。杜能的区位理论“首次将空间摩擦对人类经济活动的影响加以理论化和体系化，这一理论体系和研究方法被推广到了其他的研究领域，即他的研究不仅仅停留于农业的土地利用上，而且也对城市土地利用的研究具有重要的指导意义。”

2）工业化区位理论

对工业运输成本最小化的厂商最优定位问题的思索。韦伯工业区位理论的起点是区位因子分析，他认为“区位因子，就是经济活动在某特定地点或者一般在某特定类型的地点进行时，能得到的利益”。他根据不同标准，对区位因子进行分类：按区位因子的作用范围分为一般区位因子和特殊区位因子；按区位因子的作用方式分为区域因子和集聚因子；按区位因子的属性分为自然技术因子和社会文化因子。在众多的区位因子中韦伯认为决定因子是运输费用、劳动力费用和集聚作用。韦伯的工业区位理论以成本-收益分析为研究方法，以成本最小为目标，从运输指向、劳动力指向和集聚指向 3 个方面研究了资源空间配置的决策过程和生产力合理布局的过程。

2. 近代区位理论

近代区位理论以利润最大化为目标，关注市场区划分和市场网合理结构。

1）费特贸易区边界区位理论

美国经济学家费特认为，任何工业企业的竞争力取决于销售量，取决于消费者数量与市场空间的大小。但是，最基本的是运输费用和生产费用决定企业竞争力的强弱，并且这两种费用的高低与市场空间大小成反比，运输费用和生产费用越低，市场空间就越大，市场竞争力就越强，工业企业的生存和获利的空间就越大。

费特假定有两个生产基地：甲地和乙地，根据两地的成本和运输费用的不同，利用等费用线方法，得出两个生产地贸易范围，从而提出两个生产地贸易分界线。如果甲乙两个生产地各自的生产费用和运输费用以及其他条件均相同，则两地的贸易分界线是一条平分两个贸易区的中心垂直线；若甲乙两地的生产费用不同而其他条件相同，则两个市场的边界线是一条弯向生产费用较高贸易区的曲线；如果两个生产地运输费用不同而其他条件相同，则两个市场的边界线是一条弯向运输费用较高贸易区的曲线。

2）俄林的一般区位理论

戈特哈德·贝蒂·俄林的一般区位理论是在分工和贸易的基本地域单位假设下而形成的。俄林认为，不管是在一个区域内，还是在一个国家内，在一个综合的时间里，所有的商品价格和生产要素价格都是由它们各自的供求关系决定的。由于国外和国内各地区生产要素禀赋的不同，因此各地区的各种生产要素彼此是不能代替的，各地区生产的商品所包含的要素密集程度不同，国际贸易商品可以大致分为劳动密集型、资本密集型、土地密集型、资源密集型或技术密集型商品。

俄林认为，国际分工、国内分工和商品流向应是劳动力丰裕的国家或地区集中生产劳动密集型产品，出口到劳动力相对缺乏的国家或地区。而资本丰裕的国家或地区应生产资本密集型产品，出口到资本相对缺乏的国家或地区。这样既能刺激国际贸易或区域贸易的产生，又决定了国际和国内工业区位的形成。在资本和劳动力可以在区域范围内自由流动的情况下，工业区位取决于产品运输的难易程度及其原料产地与市场之间距离的远近；在资本和劳动力不能自由流动的情况下，工业区位取决于各地人口、工资水平、储蓄率和各地区价格比率变动等，人口增长率、储蓄率和各地区价格比率的变化会导致有差异地区的生产要素配置状况发生变化，引起工业区位的改变。工业区位的移动既与已经形成的资本和劳动力配置的历史格局有关，也是生产要素在各地区之间重新配置和均衡关系变动的结果。

3）克里斯泰勒的中心地理论

克里斯泰勒从“地域面积具有同质性和所有方向上交通体系相同”这两个假定出发，认为城市和城市周围地区是相互依赖、相互服务、密切相关的。它们之间的联系有一定的客观规律，一定的生产地必将产生一个适当的城镇，这个城镇是周围地区的中心，并且这个城镇向周围地区提供所需的商品和服务。

4）廖什的市场区位理论

以市场需求作为空间变量对市场区位体系的解释廖什（A.Losch）的市场区位理论把市场需求作为空间变量来研究区位理论，进而探讨了市场区位体系和工业企业最大利润的区位，形成了市场区位理论。市场区位理论将空间均衡的思想引入区位分析，研究了市场规模和市场需求结构对区位选择和产业配置的影响。廖什的市场区位理论以市场需求作为空间变量对市场区位体系的解释，在区位理论的发展上具有重要的意义，进一步发展了区位理论，解释了为什么区域会存在，它定义了依赖于市场区以及规模经济和交通成本之间的关系的结点区。这样，不仅由单纯的生产扩展到了市场，而且开始从单个厂商为主扩展到了整个产业。

3．现代区位论

20 世纪 60 年代以来，产业布局理论得到了巨大的发展，出现了各种论述，大致可分为五大学派：

1）成本-市场学派

该学派以成本与市场的相依关系作为理论核心，以最大利润原则为确定区位的基本条件。其中影响较大的有：胡佛提出的以生产成本最低准则来确定产业的最优区位；弗农提出的产业寿命周期理论，认为处于不同生命周期的产业布局各有特色；克鲁格曼、波特等人的产业集群理论则从竞争经济学的角度去研究产业布局问题，认为产业集群对企业竞争是非常重要的，可以使企业更好地接近劳动者和公共物品以及获得相关机构的服务，企业成本越低，整个产业的竞争力就越强。

2）行为学派

该学派的代表人物是普莱德，该学派最大特点是确立以人为主题的发展目标，主张现代企业管理的发展、交通工具的现代化、人的地位和作用是区位分析的重要因素，运输成本则降为次要因素。该学派认为，在现实生活中既不存在行为完全合理的经济人，也难以做出最优的区位决策，人的区位行为必然受到实际获得信息和处理信息能力的限制。

3）社会学派

该学派代表人物是克拉克、摩尔等人，他们推行政府干预区域经济发展，认为政策制定、国防和军事、人口迁移、市场因素、居民储蓄能力等因素都在不同程度地影响区位配置，而且社会经济因素愈益成为最重要的影响因素。

4）历史学派

该学派代表人物是达恩、奥托伦巴等人。其理论核心是空间区位发展的阶段性，认为区域经济的发展是以一定时期生产力发展水平为基础的，具有很明显的时空结构特征，不同阶段空间经济分布和结构变化研究是理想区域发展的关键。

5）计量学派

该学派以定量研究的可能性和准确性作为其理论核心，认为区位研究涉及内容广、范围大、数据多、人工处理已经显得无能为力，必须建立区域经济数学模型，借助计算机等科学技术工具进行大量的数据处理和统计分析。

1.3.2 产业布局的一般特征及原则

1. 产业布局的特征

1）客观性

产业布局的客观性是指产业布局有其自身固有的客观规律，受客观物质条件和人们驾驭自然能力的限制。人们在进行产业的空间布局时不能脱离客观物质条件和能力制约，凭主观意志进行理想布局，而必须对影响和制约产业布局的各种客观条件进行深入调查研究。同时，对主观能力做出实事求是的估量，科学合理地进行产业布局，否则就会受到客观规律的惩罚。

2）继承性

产业布局的继承性是指产业布局承先启后的性质，现存的布局既是历史发展的产物，又是产业布局进一步优化的基础和条件。产业布局的任务就是要在历史继承下来的产业布局的基础上根据产业发展的客观要求对不合理的产业布局进行调整优化，使之更加完善，更趋向合理。

3）变动性

产业布局的变动性是指产业布局必须不断调整优化的过程。一个地区发展的客观条件是不断变动的，比如交通条件信息化、城市化等影响产业布局的各种因素都在发生变动，因此该地区的产业布局也要随着调整优化。

4）战略性

产业布局的战略性是指产业布局对生产力整体系统的发展具有战略性意义。这种战略性意义主要表现在 3 个方面：一是产业布局对经济发展的影响具有先决性；二是产业布局对经济发展的影响具有长期性；三是产业布局对经济发展的影响具有全面性。

因此，进行产业布局必须做到统筹兼顾，切实把眼前利益与长远利益、局部利益与整体利益很好地结合起来，避免犯战略性的错误。合理布局产业具有重大的经济和政治意义，一般来说在社会生产规模较小、社会经济联系较少的情况下，布局问题对社会生产力运行的影响还相对较小；但随着生产力的发展和社会化程度的提高，布局问题对社会生产力运行的影响也就相应增大，特别是在现代科学技术和现代化大生产的条件下，产业布局是否合理已成为国民经济长远发展和国家统一与稳定的至关重要的问题。

2．产业布局的原则

1）全局原则

产业布局应以一国或一地区的地域为界限统筹兼顾全面考虑在总体规划的基础上，根据本地区特点，安排好本地区的产业布局。

2）分工协作、因地制宜原则

在进行产业布局时必须考虑地区间的协作条件，根据地区的综合具体条件，充分发挥地区优势，发展地区优势产业。

3）效率优先，协调发展原则

进行产业布局时应以产业空间发展的自然规律为基础，当经济水平处于低级阶段时，产业布局应考虑优先发展某些具有自然、经济和社会条件优势的地区，以提高经济效率；当经济发展到高级阶段时，其布局应考虑重点发展那些落后地区，缩小地区间差距。

4）可持续发展原则

进行产业布局时必须注意节约资源和保护环境，防止资源的过度开发和对环境的过度破坏，要注意资源的充分利用和再殖，注意发展相关的环保产业。

5）政治和国防安全原则

这是高于经济原则的最高原则，如在边疆少数民族地区，自然和经济社会条件都较差，不适合许多产业发展。但为了民族团结、国家稳定和国防安全，国家应通过财政支持及优惠政策等鼓励一些产业在这些地区布局，促进地区经济发展。

1.3.3　产业布局的模式

产业布局是生产的空间形式，随着生产的发展而变化。在生产力发展的不同阶段，产业布局有不同的形式。根据区域经济产业结构的运动理论，形成不同形式的产业布局的动力是集中与分散。这两种既相互制约又相互矛盾的两个方面，在一定条件下可以相互转化，从而促使产业布局呈现出一定的规律性。这种规律通过产业布局的模式表现出来，即产业的空间布局模式。一般认为产业布局的模式主要有 4 种：均质模式、增长极模式、点轴（线）模式和网络模式。

1. 均质模式

在前工业阶段，由于生产力水平不高，传统的农业生产以土地和动植物为劳动对象，产业布局以分散为主，表现为地区差异不明显的均质模式。

2. 增长极模式

生产力水平低下，经济技术基础薄弱，交通通信设施落后，市场发育迟缓，这是许多经济落后地区的共同特征。要促进这类地区的经济开发，关键是选择一、两个区位条件较好、发展潜力较大的城镇，进行重点开发，使之构成区域的增长极或增长点。通过增长极（点）的迅速增长及其产生的较大地区乘数作用，从而促进和带动周围广大农村地区的发展。

增长极概念最早是由法国经济学家弗朗索瓦·佩鲁（Francois PenDux）在 20 世纪 50 年代提出的。他认为，“增长并非同时出现在所有地方，它以不同的强度首先出现于一些增长点或增长极上，然后通过不同的渠道向外扩散，并对整个经济产生不同的终极影响”，出现和集中在具有创新能力的行业。这些具有创新能力的行业聚集的经济空间就是“推进型单元”（Propulsive Unit），也就是所谓的增长极。后来的经济学者把增长极的概念和思想引入到了区域开发的研究之中，认为增长极就是“具有推动性的主导产业和创新行业及其关联产业在地理空间上集聚而形成的经济中心”。在产业发展上，增长极是产业发展的组织核心；在空间上，增长极是支配经济活动空间分布与组合的重心；在物质形态上，增长极以区域中心城市（镇）的形式表现出来。增长极一经形成，就会成为经济增长的极核，通过支配效应、乘数效应、极化与扩散效应带动周围地区经济全面增长。

3. 点轴（线）模式

在经过第一阶段的点状开发后，地区物质技术基础和经济实力大为增强，交通通信网络初步建成，而人口和制造业等经济活动迅速向一些城镇地区集中，形成了启动地区经济发展的增长极（点）。因此，要促进这类地区经济的进一步发展，关键是选择好重点开发轴线，采取轴线延伸、逐步积累的渐进式开发模式。即沿着重点开发轴线，配置一些新的增长极或增长点，或对轴线地带的原有增长中心、城镇中心进行重点开发，使之逐步形成产业密集地带。这就是所谓的点轴开发模式，其最初是由中国科学院地理研究所陆大道提出并系统阐述。

与第一阶段的增长极（点）开发——点状开发（日本亦称据点开发）不同，点轴开发是一种地带开发，它对区域经济增长的推动作用要大于单纯的点状开发。因为点轴开发在空间结构上是点线面的结合，基本上呈现出一种立体网络结构的态势。它一方面可以转化城乡二元结构，另一方面又可以促使整个区域逐步向经济网络系统发展。

4. 网络模式

在经过较长时期的极点开发和点轴开发后，地区经济已有较好的基础，并开始进入工业化的中后期阶段。处于这一阶段的地区，如美国东北部地区、环太平洋沿岸地区、我国长江三角洲地区等，一般经济技术力量雄厚，工业化和城镇化水平较高，人口和产业密集，劳动力素质较高，基础设施较完善，交通通信已形成网络。这类地区通常是一个国家经济重心区的所在，其经济发展状况与国民经济发展的关联度相当高。在发达、繁荣的掩盖下，许多矛盾随着岁月的积累，形成潜在的衰退因素。

因此，这类地区的经济开发将同时面临着整治和开发两大任务。它一方面需要对原有大城市集聚区进行整治，调整产业结构，扩散、转移部分传统产业，重点开发高新技术，发展新兴产业；另一方面又要全面开发新区，以达到经济的空间均衡。新区的开发，一般也是采取点轴开发的形式，而不是分散投资、全面铺开。这种新旧点轴的不断渐进扩散和经纬交织，将逐渐在空间上形成一个经济网络体系。

在点轴模式的发展过程中，点和轴的规模都会扩大，扩大的结果就会产生不同等级的点和轴线。在不同等级轴线上，不同等级的点为了满足其商品、技术、人员、信息、市场等的需要，就会与周围的多个点发生联系，在点与点之间形成纵横交错的交通、通信、动力供给、水源供给等网络，从而形成网络模式，产业布局表现出集中与分散的良好结合。网络模式一般适用于经济发达地区的产业布局。可以认为，网络技术和网络经济的迅速发展，正在改变着传统的产业区位模式，促使经济活动分布逐步由集中走向分散。因此，如果说增长极点开发、点轴开发是以集中化为特征的话，网络开发则是以适度的分散化（大分散、小集中）为特征。

1.3.4　产业布局的影响因素

从产业空间结构的形成与发展理论中可以看到，影响产业空间结构的因素有很多，包括自然资源、劳动力资源、交通运输及信息、技术、资金、国家政策与环境保护及体制等。

1. 地理位置因素

第一产业主要是农业，由于受到光、热、水、土等条件的严格限制，在地球上，处于什么样的地理位置，就决定了该地区第一产业的发展方向。同时，农业生产也受当地运输条件以及相应的市场供求制约。所以，地理位置对第一产业布局有重要影响。

地理位置对第二、第三产业布局有着直接影响。世界上许多地方的产业并非都分布在能源基地、矿产和其他原料地，而是分布在地理位置优越、交通方便的地方，如综合运输枢纽、海港、铁路沿线等，多为不同规模的加工中心，并汇集第三产业部门。

2. 自然因素

自然因素是产业布局形成的物质基础和先决条件。由于第一产业的劳动对象直接来自大自然，各种自然资源的分布地区，也就是相应的第一产业分布的地区，所以自然资源对第一产业有着决定性作用。自然因素对第二、第三产业布局的影响，主要是通过第一产业发挥作用的。对第三产业的影响，突出表现在对旅游业的作用。由于自然条件、自然资源对劳动生产率、产品质量等方面具有直接和间接的影响，在市场经济与竞争的条件下，产业活动势必首先向最优的自然条件与自然资源分布区集中形成一定规模各具特色的专业化生产部门，进而完成产业劳动地域分工的大格局。

3．人口因素

人口数量对市场规模和资源开发程度有较大影响。一般来说，充足的人口，特别是充足的劳动力资源可以充分开发利用自然资源，发展生产，在产业安排上，通常以劳动密集型产业为主。而在人口较少地区，大多布局可以有效利用当地自然条件、自然资源的优势产业，以利于提高劳动生产率，弥补开发地区的高投资。人口质量或人口素质也对产业布局有重大影响。人口质量的高低是与一定的生产力水平相联系的，高质量的人口和劳动力是发展高层次产业，即技术密集型产业的基础。各个地区人口数量、民族构成和消费水平的差异，要求产业布局与入口的消费特点、消费数量相适应。例如，特大城市都分布着为本市人口消费服务的城市工业（以针织、制鞋、玻璃、家具等工业为主）和城市农业（以蔬菜、花卉、牛奶等现代农业为主）。此外，人口的性别、年龄、民族、宗教差异，导致了市场需求特征的多样性，要求产业布局应根据不同情况，有针对性地选择项目种类和规模，最大限度地满足各种层次人口的物质文化生活需要。

4．社会经济因素

影响产业布局的社会经济因素主要有历史基础、市场条件、国家的政策与法律、宏观调控、国内和国际政治条件、价格与税收等。

1）历史基础

产业布局具有历史继承性，已经形成的社会经济基础对在进行的产业布局具有重大影响。一般来说，在原有经济基础较好的地区，进一步发展可以利用原有的基础设施，会对产业布局产生积极的影响。但同时还要看到，原有历史基础是在过去生产力水平下形成的，不可避免地存在一些问题，比如结构不合理、布局零乱、设施落后、污染严重等。在进行产业布局时，就要根据具体情况，充分利用积极因素，改变其不利的方面，使产业布局合理化。

2）市场条件

随着商品经济的发展，市场已成为影响产业布局的一个越来越重要的条件。首先，市场需求影响产业布局，无论是地区、地点布局，还是厂址的选择，都必须以一定范围市场区对产品的需求量为前提。其次，市场的需求量和需求结构影响产业布局的部门规模和结构，从而形成主导产业、辅助产业以及有地方特色的产业地域综合体的指南。再次，市场竞争可以促进生产的专业化协作和产业的合理聚集，使产业布局指向更有利于商品流通的合理区位。因此，产业布局时，必须首先通过市场调查，预测、了解市场需求状况，以便合理布局。同时，还要根据市场行情的变化趋势，及时调整产业结构，从而改变产业布局，以适应市场变化的需要。

3）国家的政策、法律和宏观调控

正确的政策可以推动经济的发展和产业的合理布局。十一届三中全会以后，我国实行了对外开放、对内搞活的经济政策，有力地推动了国民经济的发展和产业布局的深刻变化。在市场经济体制下的产业布局，主要受市场需求控制，比较注重效益，但往往具有较大的盲目性，造成产业布局的波动性和趋同化。

4）国内、国际政治条件

改革开放以来，由于国际环境的变化，我国又将投资重点放在东部沿海一带，这一政策的变化，促进了我国东部经济的优先发展。

5）价格与税收条件对产业布局的影响

主要体现在国家的价格政策、产品地区差价及产品可比价格等方面。税收也对产业布局产生重要作用。

5．科学技术因素

科学技术是构成生产力的重要组成部分，是影响经济发展与产业布局的重要条件之一。

1）自然资源利用的深度和广度对产业布局的影响

技术进步不断地扩展人们利用自然资源的深度和广度，使自然资源获得新的经济意义。例如，由于选矿、冶炼技术的进步，使品质较低的矿物资源获得了工业利用价值。这将使原料、动力资源不断丰富，各类矿物资源的平衡状况以及它们在各地区的地理分布状况不断改善，从而扩展产业布局的地域范围。同时，技术进步能提高资源的综合利用能力，使单一产品市场变为多产品的综合生产区，从而使生产部门的布局不断扩大。

2）产业结构对产业布局的影响

技术进步不断地改变着产业结构，特别是随着新技术的出现，往往伴随着一系列新的产业部门的诞生。这些产业部门都有不同的产业布局的指向性，这就必然对产业布局状况产生影响。随着技术的进步，生产力的提高，三次产业结构也不断变化，使得人类生产、生活的地域和方式也出现了很大变化，这将导致城市化趋势，从而对产业布局产生影响。

小结

产业就是具有相同生产技术或提供相同特征的产品或服务的生产者（厂商）的集合，或者是由生产同类或存在替代关系的不同企业构成的集合体。产业组织理论起源于亚当·斯密有关劳动分工和市场机制的理论，其主流的SCP范式以实证研究为主要手段，通过市场结构、企业行为与市场绩效之间的关系分析特定的产业或市场，认为市场结构、企业行为与市场绩效三者之间存在递进制约的因果关系，市场结构决定了市场中的企业行为，而企业的市场行为决定市场资源配置的绩效，政府可以通过采取积极的反托拉斯政策和政府管制来改善市场结构，进而规范企业的市场行为。产业结构采用三次产业分类法，在各种产业结构调整理论中，影响较大的有刘易斯理论（二元结构转变理论）、赫希曼的不平衡增长理论、罗斯托的主导部门理论和筱原三代平的两基准理论。产业布局是产业在一国或一个地区范围内空间组合的经济现象，主要研究产业的空间分布规律，有古典、近代、现代区位论。

习题

1. 产业的基本概念是什么？
2. 配第-克拉克定理中划分3个产业的依据是什么？
3. 产业布局的模式有哪些？

第2章 物联网产业概述

学习要求：

- 了解物联网产业的发展渊源；
- 了解各国应对物联网产业的态度及发展历程；
- 掌握我国物联网产业的发展现状及瓶颈；
- 了解物联网产业发展的大趋势及创新点。

学习内容：

本章主要介绍物联网产业的概念，从历史的角度出发，溯源物联网产业发展的痕迹，兼顾各国物联网产业发展的政策及态度，在了解世界全局的基础上看待我国物联网产业发展的现状和瓶颈，以期在新兴产业物联网发展上不屈居于人后，引领世界潮流。

学习方法：

在掌握基本概念的基础上结合案例理解本章内容。

引例　国外物联网的应用与发展

在法国和瑞士之间，阿尔卑斯山高拔险峻，矗立在欧洲的北部。高海拔地带累积的永久冻土与岩层历经四季气候变化与强风的侵蚀，积年累世所发生的变化常会对登山者与当地居民的生产和生活造成极大影响。要获得对这些自然环境变化的数据，就需要长期对该地区实行监测，但该区的环境与位置，决定了根本无法以人工方式实现监控。在以前，这一直是一个无法解决的问题。

但不久前，一个名为 Perma Sense Project 的项目使这一情况得以改变。Perma Sense Project 计划希望通过物联网（Internety of Things，IoT）中无线感应技术的应用，实现对瑞士阿尔卑斯山地质和环境状况的长期监控。监控现场不再需要人为参与，而是通过无线传感器对整个阿尔卑斯山脉实现大范围深层次监控，包括：温度的变化对山坡结构的影响以及气候对土质渗水的变化。参与该计划的瑞士巴塞尔大学、苏黎世大学与苏黎世联邦理工学院，派出了包括计算机、网络工程、地理与信息科学等领域专家在内的研究团队。据他们介绍，该计划将物联网中的无线感应网络技术应用于长期监测瑞士阿尔卑斯山的岩床地质情况，所搜集到的数据除可作为自然环境研究的参考外，经过分析后的信息也可以作为提前掌握山崩、落石等自然灾害的事前警示。熟悉该计划的人透露，这项计划的制订有两个主要目的：一是设置无线感应网络来测量偏远与恶劣地区的环境情况；二是收集环境数据，了解变化过程，将气候变化数据用于自然灾害监测。

近年来，地震、海啸等地质灾害频发，给人类生产生活带来严重影响，人们开始认识到，全球变暖让全世界处于同一个危险的边缘，人类需要更加重视自然环境的变迁，更加关注如何通过科技因应自然环境的变化。

在澳大利亚的昆士兰，人们正在尝试“智慧桥”的试验。通过在一座大桥上安装各种各样的传感器，不仅可以告诉城市管理者桥上有多少车、车的重量是多少、车的污染是多少、车是新车还是旧车，也可以告诉人们这辆车对这座桥整个混凝土的结构带来多大的压力。由此，交通管理部门可以进行实时评估，获得这座桥结构强度的数据，一旦压力超出了所设定的极限值，交通管理部门就可以获得警报，及时发现。

在新加坡，人们能像获得天气预报一样，获得交通堵塞预报。通过埋在路上的传感器和红绿灯上的探头，司机不仅可以看到什么地方在堵车，还能够提前预测，什么地方过 10 ~ 20 分钟会堵车，从而选择更为通畅的道路行驶。

在纽约，一个应用于公共安全的智能城市快速反应系统已经建立，也就是“犯罪信息仓库”。通过这些信息仓库的信息，纽约警察可以对犯罪分子的行为有更多的了解。也就是说，一旦一种犯罪的行为再次出现一点点苗头，纽约的警察就可以根据这些信息作出预测，防止类似犯罪行为发生。

瑞典斯德哥尔摩建立了智慧交通体系，按照不同的拥堵程度对交通收费。通过这样智慧的交通体系，斯德哥尔摩整个汽车使用量降低 25%，碳排放量降低 14%，在环保、防止污染等方面取得了比预期更好的效果。在人均碳排量方面，成为了欧洲的佼佼者，平均每人碳排放量降到 4 吨/年。而欧洲平均每人 6 吨/年，美国平均每人 20 吨/年。

为了保证食品安全，我国从 2008 年北京奥运会开始已经在逐步实施智能的食品追溯体系，食品从农场，到市场，到市民手中都被纳入到这个追溯体系之中，一旦出现食品安全方面的问题，可以及时地找到事故根源。

形形色色的传感技术、通信技术、无线技术、网络技术共同组成了以物联网为核心的智慧网络。亚里士多德曾说过“给我一个支点我可以撬起地球”，而今随着技术的发展，这句豪言完全可以与时俱进地改为：“给我一个物联网我能够感知地球”。

2.1　物联网产业起源

物联网的理念最早出现于比尔·盖茨 1995 年所著的《未来之路》一书。1999 年，美国 Auto-ID 公司首先提出“物联网”的概念，即把所有物品通过射频识别（RFLD）等信息传感设备与互联网连接起来，实现智能化识别和管理。

2005 年 11 月 17 日，在突尼斯举行的信息社会世界峰会（WSIS）上，国际电信联盟（ITU）发布了《ITU 互联网报告 2005：物联网》，正式提出了“物联网”的概念。报告指出，无所不在的“物联网”通信时代即将来临，世界上所有的物体从轮胎到牙刷、从房屋到纸巾都可以通过互联网主动进行交换。射频识别（RFID）技术、传感器技术、纳米技术、智能嵌入技术将得到更加广泛的应用。根据 ITU 的描述，在物联网时代，通过在各种各样的日常用品上嵌入一种短距离的移动收发器，人类在信息与通信世界里将获得一个新的沟通维度，从任何时间任何地点的人与人之间的沟通连接扩展到人与物和物与物之间的沟通连接。物联网概念的兴起，很大程度上得益于 ITU 2005 年以物联网为标题的年度互联网报告。然而，ITU 的报告对物联网缺乏一个清晰的定义。

2009 年 9 月，在北京举办的物联网与企业环境中欧研讨会上，欧盟委员会信息和社会媒体司 RFID 部门负责人 Lorent Ferderix 博士给出了欧盟对物联网的定义：物联网是一个动态的全球网络基础设施，它具有基于标准和互操作通信协议的自组织能力，其中物理的和虚拟的“物”具有身份标识、物理属性、虚拟的特性和智能的接口，并与信息网络无缝整合。物联网将与媒体互联网、服务互联网和企业互联网一道，构成未来的互联网络。

国内著名的 IT 咨询公司易观咨询认为物联网是指通过各种手段，将现实世界的物理信息进行自动化、实时性、大范围、全天候的标记、采集、汇总和分析，并在必要时进行反馈控制的网络系统。这一定义具有简明清晰的特性，但概念也略微宽泛。

根据国内外机构与专家的物联网定义，简单地归纳总结，从便于理解的角度，我们认为：物联网就是“物物相连的智能互联网”。这有三层意思：第一，物联网的核心和基础仍然是互联网，它是在互联网基础上延伸和扩展的网络；第二，其用户端延伸和扩展到了任何物品与物品之间，进行信息交换和通信；第三，该网络具有智能属性，可进行智能控制、自动监测与自动操作。

更具体一点，一般认为物联网的定义是：通过射频识别、红外感应器、全球定位系统、激光扫描器等信息传感设备，按约定的协议，把任何物品与互联网连接起来，进行信息交换和通信，以实现智能化识别、定位、跟踪、监控和管理的一种网络。这里的“物”要满足以下条件才能够被纳入“物联网”的范围：

（1）要有相应信息的接收器；

（2）要有数据传输通路；

（3）要有一定的存储功能；

（4）要有CPU；

（5）要有操作系统；

（6）要有专门的应用程序；

（7）要有数据发送器；

（8）遵循物联网的通信协议；

（9）在世界网络中有可被识别的唯一编号。

2.2 物联网产业发展历史

物联网概念的出现最早是在1999年，是由美国Auto-ID首先提出，当时的物联网主要是建立在物品编码、RFID技术和互联网的基础上，到今天已经发展了20多年。美国目前没有完整的国家物联网战略，但美国由于电子信息产业基础较好，物联网产业仍处于全球领先位置；欧盟更加重视物联网战略和规划；日韩以泛在网战略和重点应用为主；而我国自2009年之后已经进入一个物联网狂潮，未来中国科技发展的速度会与世界同步，物联网在中国的应用也会拥有长足的进步。

2.2.1 欧洲物联网产业发展历史

欧盟认为，物联网的发展应用将为解决现代社会问题作出极大贡献，因此非常重视物联网战略，1999年欧盟在里斯本推出了e-Europe全民信息社会计划。“i2010”作为里斯本会议后的首项重大举措，旨在提高经济竞争力，并使欧盟民众的生活质量得到提高，减少社会问题，帮助民众建立对未来泛在社会的信任感。

欧洲在信息化发展中落后美国一步，但欧洲始终不甘落后。2005年4月，欧盟执委会正式公布了未来5年欧盟信息通信政策框架“i2010”。为迎接数字融合时代的来临，必须整合不同的通信网络、内容服务、终端设备，以提供一致性的管理架构来适应全球化的数字经济，发展更具市场导向、弹性及面向未来的技术。

2006年9月，当值欧盟理事会主席国芬兰和欧盟委员会共同发起举办了欧洲信息社会大会，主题为“i2010——创建一个无所不在的欧洲信息社会”。

自2007年至2013年，欧盟预计投入研发经费共计532亿欧元，推动欧洲最重要的第7期欧盟科研架构（EU-FP7）研究补助计划。在此计划中，信息通信技术研发是最大的一个领域，其中包括：

（1）普遍深入可信赖的网络以及基础网络服务；

（2）有感知的系统、交互作用和机器人技术；

（3）元件、系统和工程；

（4）数字图书馆和目录；

（5）可持续性的和个人的卫生保健；

（6）灵活性、环境的可持续性和节能；

（7）独立的生活和包含物；

（8）将来和即将形成的技术。

为了推动物联网的发展，欧盟电信标准化协会下的欧洲 RFID 研究项目组的名称也变更为欧洲物联网研究项目组，致力于物联网标准化相关的研究。

欧盟是世界范围内第一个系统提出物联网发展和管理计划的机构。2009 年 6 月，欧盟委员会向欧盟议会、理事会、欧洲经济和社会委员会及地区委员会递交了《欧盟物联网行动计划》（*Internet of Things-Anactionplan for Europe*），以确保欧洲在构建物联网的过程中起主导作用。2009 年 10 月，欧盟委员会以政策文件的形式对外发布了物联网战略，提出要让欧洲在基于互联网的智能基础设施发展上领先全球。除了通过 ICT 研发计划投资 4 亿欧元，启动 90 多个研发项目提高网络智能化水平外。欧盟委员会还将于 2011—2013 年间每年新增 2 亿欧元进一步加强研发力度，同时拿出 3 亿欧元专款，支持物联网相关公司合作短期项目建设。

2.2.2　美国物联网产业发展历史

1991 年由美国提出普适计算的概念，它具有两个关键特性：一是随时随地访问信息的能力；二是不可见性，通过在物理环境中提供多个传感器、嵌入式设备，在用户不察觉的情况下进行计算和通信。美国国防部的研究机构资助了多个相关科研项目，美国国家标准与技术研究院也专门针对普适计算制订了详细的研究计划。普适计算总体来说是概念性和理论性的研究，但首次提出了感知、传送、交互的 3 层结构，是物联网的雏形。

美国 IBM 公司 2008 年提出了“智慧地球”，其本质是以一种更智慧的方法，利用新一代信息通信技术来改变政府、公司和人们相互交互的方式，以便提高交互的明确性、效率和灵活性。

2008 年 12 月，奥巴马向 IBM 咨询了智慧地球的有关细节，并共同就投资智能基础设施对于经济的促进效果进行了研究，结果显示，如果在新一代宽带网络、智能电网和医疗 IT 系统的建设方面投入 300 亿美元，就可以产生 100 万个就业岗位，并衍生出众多新型现代服务业态，从而帮助美国建立长期竞争优势。因此，2009 年 2 月 17 日奥巴马签署生效的《2009 年美国恢复和再投资法案》（即美国的经济刺激计划）提出要在智能电网领域投资 110 亿美元，在卫生医疗信息技术应用领域投资 190 亿美元。

2008 年以来，美国运营商以网络和服务为基础，结合新兴科技公司和系统集成企业，共同开发针对垂直行业的应用，推广 M2M 业务。

综合美国的物联网发展历程来看，美国并没有一个国家层面的物联网战略规划，但凭借其在芯片、软件、互联网、高端应用集成等领域的技术优势，通过龙头企业和基础性行业的物联网应用，已逐渐打造出一个实力较强的物联网产业，并通过政府和企业一系列战略布局，不断扩展和提升产业国际竞争力。

美国非常重视物联网的战略地位，在其国家情报委员会（NIC）发表的《2025 对美国利益潜在影响的关键技术》报告中，将物联网列为 6 种关键技术之一。美国国防部在 2005 年将“智能微尘”（SMARTDUST）列为重点研发项目。美国国家科学基金会的“全球网络环境研究”把在下一代互联网上组建传感器子网作为其中重要的一项内容。物联网与新能源一道，成为美国摆脱金融危机振兴经济的两大核心武器。

2.2.3 日韩物联网产业发展历史

日本是较早启动物联网应用的国家之一，重视政策引导和与企业的结合，对有近期可实现、有较大市场需求的应用给予政策上的支持，对于远期规划应用则以国家示范项目的形式通过资金和政策上的支持吸引企业参与技术研发和应用推广。1997 年开始，韩国政府出台了一系列促进信息化建设的产业政策。1999 年，日本制定了 E-Japan 战略，大力发展信息化业务。2004 年，日本政府在 E-Japan 战略基础上，提出了 U-Japan 战略，成为最早采用“无所不在”一词描述信息化战略并构建泛在信息社会的国家。U-Japan 的战略目标是实现无论何时、何地、何事、何人都可受益于 ICT 的社会。

2009 年金融危机后，日本政府也希望通过一系列 ICT 创新计划，实现短期内的经济复苏以及中长期经济可持续增长的目标。

作为 U-Japan 战略的后续战略，2009 年 7 月，日本 IT 战略本部发表了“I-Japan 战略 2015”，目标是“实现以国民为主角的数字安心、活力社会”。I-Japan 战略中提出重点发展的物联网业务包括：通过对汽车远程控制、车与车之间的通信、车与路边的通信，增强交通安全性的下一代 ITS 应用；老年与儿童监视、环境监测传感器组网、远程医疗、远程教学、远程办公等智能城镇项目；环境的监测和管理，控制碳排放量。通过一系列的物联网战略部署，日本针对国内特点，有重点地发展了灾害防护、移动支付等物联网业务。

日本的电信运营企业也在进行物联网方面的业务创新。NTTDoCoMo 通过 GSM/GPRS/3G 网络平台，推出了智能家居、医疗监测、移动 POS 等业务。KDDI 与丰田和五十铃等汽车厂商合作推出了车辆应急响应系统。

2004 年，韩国提出为期十年的 U-Korea 战略，目标是“在全球领先的泛在基础设施上，将韩国建设成全球第一个泛在社会”。另外，韩国在 2005 年的 U-IT839 计划中，确定了 8 项需要重点推进的业务，其中 RFID 等物联网业务是实施重点。2008 年，韩国又宣布了“新 IT 战略”，重点是传统产业与信息技术的融合，用信息技术解决经济社会问题和信息技术产业先进化，并提出到 2010 年韩国至少占领全球汽车电子市场 10%的计划。韩国目前在物联网相关的信息家电、汽车电子等领域已居全球先进行列。

2.2.4 我国物联网产业发展历史

我国科学院早在 1999 年就启动了传感网研究，与其他国家相比具有同发优势。该院组成了 2 000 多人的团队，先后投入数亿元，在无线智能传感器网络通信技术、微型传感器、传感器终端机、移动基站等方面取得重大进展，目前已拥有从材料、技术、器件、系统到网络的完整产业链。

2003 年 12 月，国家标准化管理委员会会同科技部在北京召开了“物流信息新技术——物联网及产品电子代码（EPC）研讨会暨第一次物流信息新技术联席会议”。在中国成立了 EPC global 的分支机构，由中国物品编码中心管理和实施 EPC 工作。EPC global 于 2004 年 1 月 12 日授权中国物品编码中心为 EPCglobal 在中国境内的唯一代表，负责在中国境内 EPC 的注册、管理和业务推广。随着物联网概念的引入，在中国物流领域首先开展了早期的物联网应用启蒙，2004 年 4 月，中国举办了第一届 EPC 与物联网高层论坛。这标志着我国开始全面地对 EPC global 的跟踪与研究，并推进了 EPC global 在中国的标准化与应用进程。

在这一时期，中国物流领域掀起了第一轮物联网概念炒作与应用的小高潮，组织了一系列关于 RFID/EPC 的会议，一些关于 RFID 技术与应用的杂志与网站开始创办，人们对 RFID 技术在物流行业应用也寄予厚望，在各个物流领域，基于 RFID 技术的解决方案、应用案例不断涌现，智慧化的物流系统开始出现。

2005 年 11 月 17 日，国际电信联盟（ITU）借用了原来基于 RFID/EPC 技术提出的“物联网”概念，从更广泛的角度提升了物联网理念，发布了《ITU 互联网报告 2005：物联网》，宣布了无所不在的“物联网”通信时代来临。得益于 ITU 2005 年发布的以物联网为标题的年度报告，物联网理念得到了全面提升，形成了目前以感知技术、网络通信技术和智能应用技术为核心的三大物联网本质特征。2006 年 2 月，国务院制定《国家中长期科学与技术发展规划纲要（2006—2020 年）》，将传感网络及智能信息处理列入重点研究领域的优先主题。

2009 年 8 月，温家宝总理在无锡就“传感网”的谈话，掀起了传感网的巨大浪潮。江苏省省委书记，无锡市委书记亲自抓“传感网”的建设，不到 50 天时间，无锡号称已有 53 家从事传感网的研发企业。无锡也竭尽全力办成“感知中国”中心及“智慧城市”。同年 9 月，工业和信息化部明确提出：“进一步研究建设物联网、传感网，加快传感中心建设。”随着温总理的讲话及中央电视台的推动，我国股市中和物联网有关系的股票急速上升，推动了“物联网”的普及。同年 10 月，工业和信息化部部长李毅中在《科技日报》撰文提出，启动“传感网络”研发应用，并将其上升到“战略性新兴产业”的高度。鉴于此，2009 年也被业内人士称为“中国物联网元年”，从此掀开了我国物联网发展的热潮。

2010 年，中国电子学会在北京隆重举办“2010 中国物联网大会”，以把握物联网的实质内涵及发展趋势，探讨物联网对产业、教育和社会发展的影响，并交流国内外物联网的最新研究成果，分享物联网应用的实践经验。2011 年，中国国际物联网（传感网）博览会于中国无锡成功举行，涵盖物联网全产业链，并对物联网行业最尖端的产品和最前沿的技术及应用领域进行全面展示，有力推动了我国物联网从概念走向现实。

2.3　我国物联网产业现状

在我国，物联网产业已成为政府、企业、学术界关注的焦点之一，具有广泛的市场前景。我国物联网产业经历了一系列的发展，已拥有较好的发展基础，产业规模快速增长，产业结构逐渐清晰，产业链已具雏形。但就目前而言，我国物联网产业的发展仍然处于起步阶段，技术标准不统一、行业壁垒等诸多问题深深阻碍着我国物联网产业的发展，还未形成真正的产业规模。

1. 产业环境持续向好，但缺乏统一技术标准

我国政府高度重视物联网的发展，并给物联网产业的发展提供了良好的政策支持。早在1999年我国就启动了物联网关键技术之一的传感网技术研究，研发水平处于世界前列。2009年11月3日，温家宝总理发表题为《科技引领中国可持续发展的重要讲话》，其中将物联网列为中国五大信息产业战略之一。2010年3月5日，温家宝总理在“两会”工作报告中指出，要加快物联网的研发和应用，物联网被首次写进政府工作报告，它的发展进入国家层面的视野。中国计划在2020年之前投入3.86万亿元资金用于物联网的研发。

从互联网的发展历程来看，统一的技术标准和一体化的协调机制是推动互联网遍布全球的重要因素。物联网也不例外，物联网是跨行业、跨领域的应用，各行各业应用特点和用户需求不同。我国物联网产业至今尚未形成统一的标准和规范，造成物联网开发、集成、部署和维护的高成本，制约了物联网的规模应用。

2. 产业规模持续增长，但应用范围局域化

2011年，全球物联网产业体系市场规模为1 000亿美元，中国物联网市场规模亦达到2 000亿元人民币，全国已有28个省市将物联网作为新兴产业发展重点之一。物联网市场潜力巨大，在产业分布上，国内物联网产业已初步形成环渤海、长三角、珠三角，以及中西部地区等四大区域集聚发展的总体产业空间格局。在自身发展的同时，物联网还带动了微电子技术、传感元器件、自动控制、机器智能等一系列相关产业的发展，产生显著的产业集群效应。

目前，物联网技术已在我国公共安全、民航、交通、环境监测、智能电网、农业等行业得到初步的规模性应用，部分产品已打入国际市场。例如，智能交通中的磁敏传感结点已布设在美国旧金山的公路上；周界防入侵系统水平已处于国际领先地位；智能家居、智能医疗等面向个人用户的应用已初步展开。但是，参照互联网发展过程中经历的“孤岛”、“封闭”、“有限机构互联”、“全球互联”阶段，目前国内物联网的发展还处于“孤岛”阶段。所谓“孤岛”是指人与物（机器）之间是没有联网的，不同行业和不同企业的物联网还是局域网化的，没有互联。

3. 产业结构逐渐明晰，产业链已具雏形

2010年5月6日在天津发布的《中国RFID与物联网2009年度发展报告》称，中国物联网产业链初步形成。与其他传统产业链不同，物联网产业是个新兴产业，与所有的“物”相关，因此其产业链中大部分企业也涉及其他产业。从体系架构角度来看，物联网可以分为5层，分别是感知层、传输层、网络层、应用层、用户层。从产业链角度来看，物联网产业链可以简单分为：设备商、软件商、系统集成商、电信运营商、物联网服务商等。经过多年的发展，我国物联网产业已呈现出电信运营商、高校、科研机构、传感企业、系统集成、应用软件开发等环节迅速聚合联动之势，我国物联网产业链已经初步形成。下面，对物联网的5个层次分述如下：

（1）感知层由各种类型的采集和控制模块组成，如温度感应器、声音感应器、振动感应器、压力感应器、射频识别读写器、二维码识读器等，主要是用在物联网应用的数据采集和设备控制功能。

（2）传输层由物联网实现无缝连接、全方位覆盖的保障性网络集群，负责将感知层识别与采集的数据信息高速度、低损耗、安全可靠地传送到平台，同时能够良好地抗击外部干扰和非法入侵。

（3）网络层是指现行的通信网络，可以是互联网络、移动通信网络、广电网、企业内部专网，短程的传感网络等，主要完成物联网接入层与应用控制层之间的信息通信功能。

（4）应用层由各种应用服务器组成，主要功能包括对采集数据的汇集、转换、分析用户层呈现消费特征的适配以及事件的触发等。由于从感知层获取大量的原始数据本身不能为用户所识别和使用，只有经过转换、筛选、分析处理后才有价值，这些信息将通过相关的应用服务器进行适配，并根据用户的相关设置提供相应的信息。

（5）用户层为用户提供物联网应用接口，包括用户设备（如 PC、手机、平板电脑）、客户端应用软件等。

《中国物联网发展报告（2011）》认为，作为中国经济发展的一个新的增长点，目前我国物联网产业链条的雏形已经基本形成，并预测未来十年，物联网重点应用领域投资可达 4 万亿元，产出将达 8 万亿元，拉动就业 2 500 个。

2.4　我国发展物联网产业的机遇与挑战

物联网作为新的技术热点，具有巨大的经济和社会效益。它不仅能服务于全球各行业的信息共享需求，同时还能拉动物联网建设的基础技术产业的发展，能为经济发展创造重要的增长点。物联网行业从业人员需尽快认清我国发展物联网产业的机遇和挑战，尽快搜寻出物联网产业广阔的发展前景和巨大的市场空间。那么如何把握好机遇和挑战，是我国物联网产业健康发展的关键。

2.4.1　我国发展物联网产业的机遇

面对全球发展物联网产业的热潮，我们国家除了领导层面主观的高度重视以外，也具备了较好的发展物联网技术产业的客观条件，从而更好的利用这台经济的“发动机”。

1. 政策驱动

目前，世界很多国家都开始把物联网产业发展纳入战略性产业全面推动，我国物联网产业的发展在政府的支持下也已经取得重大进展。《国家中长期科学与技术发展规划（2006—2020 年）》和“新一代宽带移动无线通信网”重大专项中均将传感网列入重点研究领域。此外，国家“十二五”规划纲要提出，要推动重点领域跨越发展，大力发展节能环保、新一代信息技术、新能源、新材料等战略性新兴产业。物联网是新一代信息技术的高度集成和综合运用，已被国务院作为战略性新兴产业上升为国家发展战略。

近几年来，部分省市地方政府均将物联网作为重点发展的产业，全国各地掀起一轮物联网热潮，有一大批专家、学者和企业家着力于物联网的研究和开发。此外，2011 年 3 月，国内首个物联网产业示范基地——重庆市南岸区“国家物联网产业示范基地”在工业和信息化部的推动下授牌成立，同时就相关项目重庆市南岸区与相关企业签订超过 200 亿元的大单，国内外包括华为、中兴通讯、海尔智能家电等在内的 41 家知名企业与重庆南岸区政府签订入驻或合作协议。可以说，国家宏观政策环境的支持与引导是我国物联网发展必不可少的政策优势。

2. 技术研发

我国物联网技术的研发起步较早。中科院早在 1999 年就启动了传感网研究，并取得重大进展；2006 年，我国制定了信息化发展战略，将信息产业作为重要的发展战略；2007 年，十七大提出工业化和信息化融合发展的构想，各地区纷纷申请建立“两化融合”示范基地。再加上国家和政府在政策上对物联网的大力扶持，我国物联网的技术水平始终处于国际领先水平，并与德国、美国、韩国等一起成为国际标准制定的主导国家。

2009 年 1 月登记成立的无锡物联网产业研究院是我国物联网技术研究的典型代表之一，负责牵头制定国家标准，主导国际标准化进程。该院在国家政策支持下，主要研究传感网在政府信息化、能源、交通、环境监测、公共安全等领域的应用，并开发出了一系列具有自主知识产权的产品，相关产品已远销美国、加拿大等国，并被欧洲列入政府航空采购目录。无锡物联网产业研究院院长刘海涛认为：“在计算机领域，因为中国进入比较晚，所以在国际上的发言权很少，整个操作系统、平台都掌握在别人手上；而在以物联网为代表的信息产业第三次浪潮中，中国与其他国家几乎是同步启动的，具有同发优势。”

3. 规模优势

全国人大代表、中国移动通信集团江西有限公司董事长简勤指出：物联网的大规模应用必将有效推进工业化和信息化融合，促进中国传统产业转型升级，加快转变经济发展方式，优化经济结构。物联网自身特性也决定其必须进行规模化发展，否则难以形成一个智能运作系统。物联网要实现规模化，就必须采用大量的基础设备，同时要求降低应用设备所付出的成本。如果成本过大，使物联网得不到广泛应用，其所带来的便利就无法呈现出来。

2009 年 8 月，温家宝总理在视察中科院无锡高新微纳传感网工程技术研发中心时指出，要尽快突破核心技术，把传感技术和 TD 通信技术的发展结合起来，尽快建立“感知中国”中心。经过两年多的努力，我国无线通信网络已经覆盖到绝大多数地区，到处都可感知到无线信号，广泛的信号覆盖正是“感知中国”计划全面推进的重要保障，也是物联网在我国得以广泛应用的基础。此外，我国所具有的人口优势以及雄厚的经济实力也为物联网在各行业的应用和普及提供了重要的发展机遇。可以说，由于中国市场优势的存在，在未来全球物联网产业中，中国必将占有一席之地。

4. 产业化优势

目前，我国已具备了发展物联网的技术、产业和应用基础，部分领域形成了可观的产业规模，物联网在交通、物流、金融、工业控制、环境保护、医疗卫生、公共安全、国防军事等领域已有了初步应用。经过多年的发展与整合，我国物联网基础设备制造的相关产业已经较为完善，RFID 标签、读写器、微电子技术、计算机等一系列物联网相关设备制造产业都已经颇具规模，也形成了联想、矽鼎科技等一大批知名企业；在网络运营方面，移动、联通、电信三大网络运营商已经开始全面向 3G 网络发展；一大批科研院校，包括中科院、清华、北京邮电、南京邮电、大连海事及上海海事等大学都在积极推动物联网的相关研究，并有 28 所高校成为第一批设立物联网新兴工程专业的高校。

在未来物联网产业的发展过程中，一方面可以先选择物联网产业的产业链环节中相对成熟的技术进行转化应用，同时也可以将这些产业链中的环节嵌入到国内其他产业中进行整合应用，从而加快我国物联网产业化发展速度。

2.4.2　我国发展物联网产业所面临的挑战

一个完整意义上的物联网系统包括 3 层：感知层、传输层和应用层，分别对应全面感知、可靠传送和智能处理系统等功能。我国近几年来虽然在物联网研究和应用等方面取得了很大成就，但总体来讲，还处于低层次的应用阶段，在 3 个环节中都有很多需要解决的问题。

1. 感知层关键问题

感知层指的是无处不在的物联网末端，数量在万亿以上，包括 RFID、WSN、M2M 和两化融合智能系统的各种末端，主要负责识别物体、采集信息，是物联网系统的数据来源。感知层是物联网的核心，目前仍存在两大瓶颈需要突破，即核心技术的缺失和标准的混乱，实际上，这两个问题在其他层面也存在。

在所有技术中，RFID 技术是物联网发展的排头兵，物联网中所有的个体“身份”均需要 RFID、感应器等基础产业支持。但 RFID 产业目前在我国并不是很成熟：一是超高频的 RFID 技术才具有更高的安全性，但我国 RFID 产业仍然以低频和高频为主，在 RFID 高端芯片等核心领域无法产业化；二是国内传感器产化水平较低，高端产品被国外厂商垄断；三是应用水平低，虽然有些用户尝试使用，但由于目前提供 RFID 服务的企业实力，很难为客户提供长效的帮助，用户信息化水平比较低、管理水平不配套，双方都是停留在较低水平的层次上，难以形成真正的应用示范效应，反而制约了产业的发展。此外，传感器网络追踪方面，我国依然存在很多挑战：一是传感器处理能力和传感能力有限，由于传感器由电池提供能量，在运行过程中电池不能被补充或替换，为节省能量，每个结点不能总是处于活动状态，因此，能量往往成为进行传感网项目设计的首要考虑因素；二是能量匮乏、物理损害和环境干扰，传感器结点倾向于失败的风险；三是单个结点产生的信息通常是不准确或者不完全的，因此进行追踪时需要多个传感器结点进行协作。

物联网是一个多技术融合、多设备连接、多渠道传输、多项目应用、多领域交叉的一个大“网”，因此所有的接口、规格、通信协议等都需要按国家标准的指引。如同互联网需要统一的技术标准和一体化的协调机制而在全球成功推广一样，物联网产业的发展同样需要标准化体系和国家间良好协调机制的建立。从我国目前物联网行业的发展情况看，由于没有统一的技术标准和协作平台，导致进入该行业的企业各自为政，所开发出的技术大部分都不能相互适配和联通。如果这一问题解决不好，将在很大程度上制约着物联网的大规模推广应用。

2. 传输层关键问题

传输层包括所有有线和无线、长距离和短距离、宽带和窄带通信系统，主要负责将感知层获取的信息进行传递和处理，是物联网的基础设施。网络层是物联网数据传输的重要保障，存在的问题比较清晰，主要是地址的短缺以及如何将有线通信传输和无线通信传输融合起来的问题。

地址的短缺，影响着接入物联网中“物”的数量，限制了物联网的发展，因此必须解决寻址的问题。在码号寻址需求方面，目前 IPv4 地址不足，我国已获得的地址份额只占到全球的很小一部分，这势必影响我国巨大潜在市场的发展。由此可见，而 IPv4 地址并不能满足物联网和移动互联网的地址需求。而由于 NAT 等技术的存在，IPv6 地址并未得到广泛应用。

传输层主要分为有线通信和无线通信。有线通信将来会成为物联网产业发展的主要支撑，但无线通信技术也是不可或缺的，简言之，这两种通信方式对物联网产业来说起到同等重要、互相补充的作用。温家宝总理在视察无锡传感网中心时曾明确指出“把传感系统和 3G 中的 TD-SCDMA 技术结合起来”。因此，物联网产业必须将通信企业现有的较成熟的移动通信技术和物联网中的无线传感网络融合起来，才能形成更合理、完整、有效的物联网传输布局。

3. 应用层关键问题

应用层包括各种集成中间件技术和应用层软件技术，以及物联网门户系统，主要将物联网与行业专业技术深度融合，与行业需求结合，实现行业智能化，是整个物联网的中枢神经。在整个物联网的应用还并不清晰的情况下，在物联网较为底层的传感器可以应用到各行各业，相对具有确定性，而物联网上层的应用层面具有更强的爆发力。与传感设备的制造相比，如何运用设备更具想象空间。

目前，应用层存在两大瓶颈问题亟待解决：数据管理标准不一和闭环应用系统居多。数据管理是搭建物联网数据架构的基础，主要涉及两方面问题：一是数据所有权和隐私问题，包括由谁获得数据的商业归属权以及提供怎样的保护措施；二是数据模型的标准化和语义兼容问题，要能保证不同网络和感知系统之间数据信息的可信性和完整性。此外，全球物联网大多是应用在特定行业或企业的闭环应用，信息的管理和互联局限在较为有限的行业或企业内，这些闭环应用有着自己的协议、标准和平台，自成体系，很难兼容，信息业难以共享。单纯的闭环应用无法形成完整的应用体系，物联网的优势也无法充分体现出来。要从闭环应用走向开环应用，各行业内部必须对标准、盈利模式达成共识，并打破地域、行业及企业间的界限。

4. 产业链和商业模式问题

目前，国内相关产业链主要由终端制造商、应用开发商、网络运营商、最终用户等诸多环节构成，现阶段产业链较为分散，缺乏主导力量，各环节利益分配困难，难以找到一种共赢且可持续的商业模式。因此，急需借鉴各国经验，开发探索出多方共赢的商业模式，让物联网成为一种商业驱动力，让物联网各环节参与者都能从中获益，使物联网环节中各个产业均得到发展，推动物联网产业的规模化运行。

目前，世界各国物联网应用都处在零散的产业启动期，如何将零散应用整合为规模效应以真正实现产业化发展是物联网发展的关键所在。中国移动通信研究院副院长杨志强在2010物联网高峰研讨会上提出了现实中存在的3种模式：首先是垂直应用模式，这种模式高度标准化，能够大大提高物联网应用的推进速度，但必须跟企业实施战略合作才能得到有效推进；第二是行业共性平台模式，该模式下行业标准化推进难度大，需要政府、行业、企业共同合作推进；第三是公共服务模式，指以地域为主的公共服务平台，这种模式得到各级地方政府的支持，需求很大。这3种模式的良好发展不仅需要运营商的大力推动，更需要终端制造商和应用开发商等产业的合力开发。

2.5　物联网产业展望

物联网代表了未来的发展方向，被称为继计算机、互联网之后世界信息产业第三次浪潮，具有庞大的市场和产业空间。近几年，物联网正面临着前所未有的发展机遇，世界各国都在努力探索物联网的应用，试图将物联网产业作为拉动自身经济增长的中坚力量。面对严峻的国际竞争，我国必须励精图治，加速发展，争得未来高新科技发展的战略制高点。须做好以下几方面工作：

第一，着力发展物联网技术。企业应加强物联网核心技术的研发，在国际竞争中占据有利位置。世界各国物联网应用均处于初级阶段，我国和世界其他各国具有平等的地位，企业必须加大研发力度，掌握核心技术，以最大限度地占据市场份额，争取在竞争中处于领先地位。目前，物联网产业中亟待解决的技术问题有：新型传感器及传感结点研发技术；传感结点组网与协同处理技术；物联网软件及系统集成技术；物联网应用抽象及标准化技术；物联网共性支撑技术等。

第二，大力培育物联网产业。物联网发展应以行业用户的需求为主要推动力，以需求创造应用，通过应用推动需求，从而促进行业发展。从产业发展的生命周期看，我国物联网还处于培育期和成长期，在这个阶段技术积累和储备的基础上，将物联网推进到大规模商业化运作和产业化发展阶段，我国物联网行业才能进入成熟期和收获期。

第三，努力搭建物联网平台。物联网是跨行业、跨领域的应用，各行各业应用特点和用户需求不同，没有统一的标准和规范，造成物联网开发、集成、部署和维护的高成本，制约了物联网业务的规模应用。政府应在完善相关法律法规的基础上，搭建一体化的协调平台，根据行业特征制定统一的行业技术标准，为国内相关企业和民间资本的加入创造良好的投资环境。

第四，全力推广物联网应用。面向重点领域，先期在工业、农业、物流、电力、交通、环保、水利、医疗、安保、家居、园区等领域建设物联网应用示范工程，为物联网的应用创新和产业发展提供市场环境，培育完整的市场应用服务体系。政府在发展物联网核心产业、支撑产业和带动产业三大重点产业领域的基础上，应鼓励企业积极参与物联网应用示范项目建设，在示范先行的基础上有计划、有步骤地开展应用推广，不断总结经验，选择更好更合适的运营模式和盈利模式，保证物联网产业健康、快速发展。

小结

近几年，世界各国掀起了发展物联网的热潮。各国政府都制定了扶持物联网产业发展的政策，欧洲、美国、日、韩等均走在世界前列。我国早在1999年就开始在该领域进行研究，并取得不错的成果，加上国家领导人对这一领域的支持，物联网得到前所未有的发展机遇。

我国在发展物联网产业方面具有优势，如政策驱动、技术研发、规模优势和产业化优势等。其中，政策驱动是发展物联网产业的重要保障；我国研究物联网起步较早，因此在技术方面与物联网发展领先的国家差距不大，具有一定优势；我国经济实力雄厚，人口基数庞大，而物联网只有规模化应用才能真正发挥出它的优势，因此物联网在我国具有很好的发展前景。我国目前已有众多企业和科研院所从事物联网的开发及研究，且有近30所高校开设物联网技术相关专业，因此我国物联网发展势必能大大提高各行业的生产效率，改善居民的生活水平。

尽管物联网得到各国政府和企业的热捧，现阶段全世界各国对物联网的应用还处于初级阶段。我国发展物联网产业同样存在一些问题，这些问题有些表现在感知层、传输层和应用层，有些问题表现在整个商业链和商业模式中，如安全问题和标准的制定等。因此，我国在具有发展优势的同时，更应认清发展物联网产业中遇到的困难，努力攻克瓶颈问题，使我国真正掌握物联网产业的核心技术，占据物联网发展的制高点。

习题

1. 世界其他各国及我国物联网产业的发展现状是什么？
2. 我国发展物联网产业有哪些机遇和挑战？
3. 我国物联网今后的发展方向是什么？

第3章 物联网产业商业模式

学习要求：

- 理解商业模式的含义、构成要素及其理论发展路径，体会不同学者对于商业模式理解的异同，能够应用商业模式理论指导自己的工作和创业实践；
- 理解物联网商业模式的构成要素、我国选择物联网商业模式时需考虑的问题；
- 针对本章归纳、总结和设计的当前与未来物联网的十类商业模式，重点分析各类商业模式中的运营主体、主要的运营模式、盈利和收入分配方式、典型的应用行业和应用类型。

学习内容：

本章比较详细地从不同角度介绍了商业模式理论的丰富内涵，在此基础上，应用商业模式理论简要分析物联网的应用。结合我国物联网发展的特点，将我国物联网商业模式的构成要素划分为目标客户、网络结构及应用定位、产业链、收入分配机制和成本管理4个部分。分析了我国选择物联网商业模式时需考虑的问题，结合物联网的应用情况和发展趋势，归纳、总结和设计了当前与未来物联网的十类商业模式，重点分析各类商业模式中的运营主体、主要的运营模式、盈利和收入分配方式、典型的应用行业和应用类型。

学习方法：

理论联系实际，在掌握基本理论和物联网特点的基础上，结合案例和生活体验理解本章内容，并能初步应用。

引例　斯马克杯：物联网思维下的尝试

在美国一些咖啡店里，顾客买杯饮料时使用一种叫做斯马克（Smug）的可重复使用的智能杯子。杯子中嵌入了一个射频识别技术RFID芯片，顾客只需将杯子接近读写器，即可为饮料付钱。这不仅可以减少垃圾堆里纸杯的数目，还能够节省顾客买饮料的时间。顾客的姓名和之前的购买记录，也全都显示在POS机屏幕上。顾客因此也可得到更多个性化服务，比如在咖啡中多加些奶，或获得折扣和积分。据RFID射频快报网站文章，这套系统是由克里斯·哈贝格Chri.Hazlberg设想和开发的，当时他还是马凯特大学一名喝咖啡的学生，他现在已经毕业了。2008年在上生物工程课时，他不好好听课，竟想出一个基于射频识别技术的咖啡杯……

资料来源：《深圳特区科技》2010年第24期

3.1　商业模式概述

这一节介绍两位学者对于商业模式理论的综述，其中也涉及商业模式的不同分类。

3.1.1　原磊博士的总结归纳

中国社会科学院工业经济研究所的原磊博士在《国外商业模式理论研究评介》一文中，从商业模式的概念本质、体系构成、评估手段和变革过程等方面评介了国外商业模式研究已经取得的成果。根据原博士的统计，虽然商业模式（business model）一词最早于1957年出现在论文正文中，于1960年出现在论文的题目和摘要中，但是根据文献计量的结果，他认为商业模式正式作为一个独立领域引起研究者的广泛关注，却是1999年以后的事情。从国外商业模式研究状况曲线走势来看，国外商业模式研究呈现一种逐步上升的趋势。2003年、2004年和2005年，商业模式全文索引篇数分别达到了327篇、380篇和448篇，此时的商业模式已经成为学术期刊、报纸，甚至人们日常谈话中出现频率最高的热门术语之一。从内容来看，尽管研究者并没能很好地利用彼此的已有成果，但是商业模式研究依然取得了较大进步。

尽管商业模式在国外已经受到企业界和学术界的广泛关注，但迄今为止，学术界对商业模式的概念本质还没有达成共识。在参考Morris等（2003）对众多商业模式定义的归类，并结合对国外众多商业模式定义的理解的基础上，原磊博士认为目前国外商业模式的定义总体上是从经济向运营、战略和整合递进的。

经济类的定义仅仅将商业模式描述为企业的经济模式，其本质内涵为企业获取利润的逻辑。与此相关的变量包括收入来源、定价方法、成本结构、最优产量等。许多研究者都从这个角度对商业模式进行了概念界定和本质阐述。Stewart等（2000）认为，商业模式是企业能够获得并且保持其收益流的逻辑陈述。Rappa（2000）则认为商业模式的最根本内涵是企业为了自我维持，也就是赚取利润而经营商业的方法，从而清楚地说明企业如何在价值链（价值系统）上进行定位，从而获取利润。Hawkins（2001）

把商业模式看作是企业与其产品/服务之间的商务关系，一种构造各种成本和收入流的方式，通过创造收入来使企业得以生存。Afuah 等（2001）把商业模式定义为企业获取并使用资源，为顾客创造比竞争对手更多的价值以赚取利润的方法。商业模式详细说明了企业目前的利润获取方式、未来的长期获利规划，以及能够持续优于竞争对手和获得竞争优势的途径。

运营类定义把商业模式描述为企业的运营结构，重点在于说明企业通过何种内部流程和基本构造设计来创造价值。与此相关的变量包括产品/服务的交付方式、管理流程、资源流、知识管理和后勤流等。也有许多研究者从这个角度对商业模式进行了概念界定和本质阐述。Timmers 将商业模式定义为表示产品、服务和信息流的架构，内容包含对不同商业参与主体（business actors）及其作用、潜在利益和获利来源的描述。Mahadevan 认为，商业模式是企业与商业伙伴及买方之间价值流（value stream）、收入流（revenue stream）和物流（logistic stream）的特定组合。Applegate 把商业模式理解为对复杂商业现实的简化。通过这种简化，商业模式可用来分析商业活动的结构、结构元素之间的关系以及商业活动响应现实世界的方式。Amit 等把商业模式看作是一种利用商业机会创造价值的交易内容、结构和治理架构。他们描述了由公司、供应商、候补者和客户组成的网络运作方式。

战略类定义把商业模式描述为对不同企业战略方向的总体考察，涉及市场主张、组织行为、增长机会、竞争优势和可持续性等。与此相关的变量包括利益相关者识别、价值创造、差异化、愿景、价值、网络和联盟等。目前来看，国外对商业模式的定义大部分属于这个范畴。KMLab 顾问公司（2000）将商业模式定义为关于企业如何在市场上创造价值的描述，内容包括企业的产品、服务、形象与配销的特定组合，还包括用以完成工作的人员与作业基础建设的基本组织。Linder 等（2000）认为商业模式是组织或者商业系统创造价值的逻辑。Weill 等（2001）把商业模式定义为对企业的顾客、合作伙伴与供货商间关系与角色的描述，目的在于辨认主要产品、信息和资金的流向以及参与主体能获得的主要利益。DubossonOTorbay 等（2002）认为，商业模式是对企业及其伙伴网络为获得可持续的收入流，创造目标顾客群体架构、营销、传递价值和关系资本的描述。

整合类定义把商业模式理解为对企业商业系统如何很好运行的本质描述，是对企业经济模式、运营结构和战略方向的整合和提升。采取整合类定义的研究者认为，一种成功的商业模式必须是独一无二和无法模仿的。要做到这一点，就必须超越过去那种对商业模式的简单认识。商业模式不应当仅仅是对企业经济模式和运营结构的简单描述，也不应该是企业不同战略的简单加总，而是要超越这些孤立和片面的描述，从整体上和经济逻辑、运营结构与战略方向三者之间的协同关系上说明企业商业系统运行的本质。近年来，国外研究者已经尝试从这个视角来探讨商业模式。Morris 等（2003）在考察众多商业模式定义的基础上，给商业模式下了一个整合定义：商业模式是一种简单的陈述，旨在说明企业如何对战略方向、运营结构和经济逻辑等方面一系列具有内部关联性的变量进行定位和整合，以便在特定的市场上建立竞争优势。Osterwalder 等（2005）在对众多概念进行比较研究的基础上，并在去除了一些他认为不应包括在内的因素以后指出，商业模式是一种建立在许多构成要素及其关系之上、用来说明特定企业商业逻辑的概念性工具。商业模式可用来说明企业如何通过创造顾客价值、建立内部结构，以及与伙伴形成网络关系来开拓市场、传递价值、创造关系资本、获得利润并维持现金流。

3.1.2 郑欣博士的归纳

2011 年北京邮电大学郑欣博士在其学位论文《物联网商业模式发展研究》中，对于商业模式理论也有一个很好的总结。他从基本理论分类和特点、主要构成要素、分类方式、商业模式的应用与创新、商业生态系统等角度进行了总结。这里择要如下：

1. 基本理论分类和特点

郑博士认为，总结看来，可以将商业模式的概念归为以下 4 个大类：

1）盈利模式论

商业模式是盈利模式、收入模式。此种理论认为商业模式就是企业的运营模式、盈利模式，最根本是要分析企业如何获得更多的收入。埃森哲公司的王波、彭亚利（2002）认为商业模式的主要组成部分是市场经营类指标（企业运营机制）和行业战略类（企业的动态盈利能力）。RaPPa（2004）认为，商业模式就是保持一个公司持续生存和盈利的方式，将指导企业如何持续地获利。

2）价值论

此类理论认为商业模式就是企业创造价值的模式。Ami 和 zott（2000）认为商业模式是企业为自身和产业链其他合作伙伴创造价值的方式。Petrovic 等（2001）认为商业模式是一个系统，主要是由一系列为行业和企业创造商业价值的体系构成的。Magretta 和 Dubosson（2002）认为，商业模式是一种企业创造价值、提供价值和传播价值的网络体系，通过此类活动可以使得企业与其合作伙伴实现共同获利。Afuah 和 Tucci（2000）提出，应当把商业模式看成是一种公司发展的规章体系，同时企业可以由此为客户提供更大的价值。商业模式是企业在行业中寻求可以发挥最大效应的价值模式，同时根据其自身资源，寻找的一种特定的时间、地点、对象和模式的组成方式。拉里·博西迪、拉姆·查兰在《转型》一书中认为，商业模式是从整体角度考虑企业的一种工具。商业模式的 3 个组成部分是外部现实情形，财务目标以及内部活动。Benedetto、Giunta，Neri（2009）将商业模式定义为一种企业为行业的用户提供商品和服务的系统体系，资金流和价值流是核心的组成部分。JongLok Yoon（2007）将商业模式看作是一种价值产生和传递的过程，这种传递可以是金钱的传递，也可以是价值的最终实现。MartineZReol（2009）认为一切商业模式都是用户端驱动的，特别是在当前的 Web 2.0 时代，用户将直接参与到商业模式的运行当中，任何人都可能成为生产者、服务者和消费者，价值的产生和传递将空前复杂化，平台效应也将得到最大程度的放大。

3）系统体系理论

此类理论认为商业模式是一个由众多因素和相互关系所构成的系统、体系或者集合。泰莫斯定义商业模式是指一个完整的产品、服务和信息流体系，包括每一个参与者在其中的位置和作用，以及它们各自的收益方式和价值体现。在分析商业模式过程中，主要关注一类企业在市场中与用户、供应商、其他合作伙伴的关系，特别是个体间的物流、现金流和信息流的部分。

Malladevan（2000）认为，商业模式是对企业至关重要的 3 种流量——价值流、收益流和物流的综合体系。Thomas（2001）认为，商业模式是企业开办一项可以产生利润的业务所涉及的流程、用户、供应商、渠道、资源和竞争力的整体系统。Kaplan（2003）等强调了商业模式的综合性和创新性。罗珉、曾涛和周思伟（2005）认为，商业模式是一个行业或者企业在一定的外部环境下，通过对于内部系统组成和相关关系，以及内外部互动机制进行挖掘把握的一种内容集合。商业模式一般应该包含 3 部分内容：

（1）商业模式的存在需要有一定的外部环境，包括政策、产业发展阶段以及市场的主要需求等。

（2）商业模式包括一个内部系统，包括系统内部的组织结构关系以及内部各个要素与外界系统的协同发展。

（3）商业模式本身在不同环境下的动态发展，包括发展周期和模式等内容。

4）整合理论

整合论是在对众多理论的比较研究的基础上并去除一些非必要因素后，对商业模式提出的比较综合而全面的定义。Morris 等（2003）认为商业模式是一种集成性的表述，旨在说明企业如何对自身的战略发展、运营方式和市场营销等一系列具有互相关联的内容进行定位和整合，以便在其特定的市场上获得竞争优势和利润。Osterwalde（2004）认为商业模式是一种包含了一系列个体组成及其竞合关系的分析工具，用以阐明某个个体或者行业的商业发展模式。它描述了企业能够为其目标客户提供的价值，并通过创新、营销和其他市场买卖行为实现公司盈利和未来可持续发展的方式和途径。

根据当前对于商业模式的研究可以看出，国内外诸多学者在这一领域的研究尽管有不同的侧重点，但都在不同程度上体现了对客户需求、市场价值、企业定位、收入和盈利模式等关键要素的重视。

在此基础上，根据未来商业模式的发展方向，作者认为需要强化的是商业模式研究定义当中价值理论和体系理论的内容，强化价值在商业模式当中存储和流动的作用，并要结合商业生态和系统科学的相关观点和整合方面的内容，对于不同外界环境和不同时期的商业模式进行区分和预测分析，从而形成一个横向与纵向结合，系统性和动态性结合的商业模式理论体系。

作者进一步归纳商业模式一般有如下的一些特点：

（1）有效性：一方面是指能够较好地识别并满足客户需求，不断挖掘并提升客户的价值。另一方面，商业模式的有效性还指通过商业模式的应用还能够提高自身和合作伙伴的价值，创造整体性的经济效益。

（2）整体性：商业模式必须是一个整体，需要有多个个体的参与，各类个体需要有一定的地位，商业模式的组成部分之间必须有相互联系，把各组成部分有机地关联起来，通过相互作用，形成一个良性的流动循环。

（3）差异性：一个好的模式应该有不同于原有的任何模式的特点，又不容易被竞争对手仿造、复制。商业模式本身需要具备相对于竞争者而言独特的价值存在和创新特性。

（4）适应性：行业所采用的商业模式必须具备一定的应对能力、需要适应宏观环境、市场环境和客户需求在一定范围内的变化，好的商业模式必须保持必要的灵活性和环境适应性，能够有自主性的商业模式的行业和企业才能发展长久。

（5）可持续性：商业模式不但需要有一定的自主性和优越性以防止竞争对手的模仿和超越，还应能够保持一定的时间持续性，以保证行业或者企业有一定的空间对于模式进行适当的发展和更新。如果商业模式调整过于频繁，增加企业成本的同时也会给客户带来混乱。

（6）生命周期特性：任何商业模式都有其适合的环境和前提假设条件，都会有一个诞生、发展、成熟和衰退的周期。商业模式是动态的，周期性的，商业模式不都是适用于任何时间和任何情况的，其演进的过程体现出了一定的自然生态学特征。

（7）创新性：商业模式是在不断更新演化的，其创新实际是企业对其整体经营和运行模式的更新和再次创造。不同于一般产品创新和企业流程创新所体现的持续性创新，商业模式的创新一般是破坏性的，它常常要求打破原有的组织障碍，发展新的能力，建立新的技术标准等，因而也能为企业带来更多的发展机会。

2. 主要构成要素

1）盈利模式

Afuall 和 Tucci 提出的商业模式盈利模式主要是由客户价值(企业为客户提供的各种价值内容）、范围（其服务的客户对象和市场功能）、定价（产品和服务的价格）、收入来源、关联活动（与盈利有关的一切其他活动）、实现（为实现盈利各个要素的必要活动）、能力(各类活动所需的能力)、持久性(企业动态发展的动力)等 8 个要素组成。Tsalgatidou（2001）认为商业模式是企业产品、服务与提供信息的组合方式，还应有对于行业竞争的分析方式。

2）价值理论

价值理论元素的代表是 Chesbrough 和 Rosenbloom 的六要素体系，分别是价值主张（客户的主要需求，相关需求产品以及覆盖方式）、市场分割（对于细分市场的划分）、价值链结构（不同企业在价值链当中的位置和主要作用）、收入来源和成本结构、价值网中的位置（在竞合关系复杂的价值网络当中的位置和相关关系）以及竞争战略（企业短期和长期的发展策略）。Brandenburger 和 Nalebuff 提出的价值网概念，认为企业的发展进程受到 4 个核心组织成分的影响，即顾客、供应商、竞争对手和补充服务者。这里的补充服务者是指那些能够提高企业或者行业产品或服务范围和吸引力的企业。

3）体系论

Alt 和 Zimmerma（2000）指出，商业模式包含 6 个要素，分别是使命、结构、过程、盈利、法律和技术。商业模式是由多个维度所构成的，没有单一存在的商业模式类型。Murata · Y，Hasegawa · M、Murakami · H、Harada · H、Kato · S（2009）认为商业模式是由 5 个层次组成的，包括应用层、平台层、连接层、服务层和终端层，根据具体行业的需要还可能存在监控层，商业模式本身就是各个要素在几个层次之间相互传递的过程，其流动的主要形式是资金、信息以及与其相关的各种商业行为。娄永海（2009）利用俄罗斯著名的 TRIZ 理论（发明问题的解决理论：Theory of Inventive Problem solving)，认为商业模式的分析需要从 7 个方面来进行，包括创新性、盈利性、客户价值挖掘、风险控制、后续发展、整体协调和行业领先几个部分。

4）整合理论

庄建武（2010）认为商业模式的构成主要包括以下 3 个部分：

（1）用户的价值定位：主要是商业模式主体创造价值的方法和主要覆盖的需求类型。

（2）成本的结构：主要是指商业模式当中消耗的各类资源。

（3）利润保护机制：主要是通过一定的市场回馈来保证企业的成果可以得到维持和发展，提供持续的创新动力，保持竞争优势。

Karunamurthy · R、Khendek · F、Glitho · R · H（2007）将商业模式定义为一种基于由产业业务流程所共同组成的系统组合，其发展的重点在于企业对于价值的创造以及用户需求的覆盖、挖掘和满足。

varshney’ u（2008）认为商业模式应该是一个产业系统的集合，其中，主要面对用户的各种服务提供商。各种制造商、内容提供商、广告商是系统的重要组成部分，而物流、信息流和现金流，则是系统当中结点传递的主要内容。

Royon’ Y、Frenot · s（2007）认为商业模式是与行业应用相关联的，包括管理、技术和应用 3 个部分，用户需求是主要驱动力，价值是主要的传递内容。

根据上面对商业模式 4 个方面的分析，其各自主要的要素类型如表 3-1 所示。

表 3-1　商业模式的构成要素

构成要素 / 项目	盈利模式	价　值	体　系	整　合
企业战略			√	√
企业价值主张		√	√	√
收入来源/模式	√	√	√	√
关键成功因素	√	√	√	√
核心能力	√	√	√	√
目标顾客	√	√		√
差异化产品和服务	√	√		√
分销渠道		√		√
定价模式	√	√		√
组织架构	√	√		√
可持续性	√	√		
系统体系			√	√
行业领先				√

根据上面对于商业模式的构成要素分析，首先需要有总体性的发展阶段归纳和预测，不同类型的商业模式需要根据自身特点，在相应的发展阶段予以施行，单个商业模式的系统组成主要包括两大部分：

1）外部环境部分

这部分的要素主要体现在商业模式在横向角度所体现出的特征，是维持商业模式生存和发展的外部环境因素，主要包括以下几个部分：

（1）政策管制：包括商业模式所在的区域政治环境、相关的政策法规和监管措施、市场竞争体系和格局、企业生存空间、自由度和开放性等内容。

（2）技术创新：包括相关技术发展的历史、现状和趋势，核心应用技术内容，辅助技术内容，技术创新的促进和阻碍因素，等等。

（3）产业需求：包括行业的整体资源、产品特点，用户群体分类和主要特征，消费习惯特征，需求发展历史、现状和趋势，主要和潜在目标客户，产业推动力，等等。

2）内部系统部分

这部分是商业模式的核心内容，主要体现在系统内部的结点分布、自身运转以及交互机制等，主要包括以下几个部分：

（1）静态结点：包括商业模式所包含的企业或者个体的类型、各自特点、分布位置、整体价值链等。

（2）自身运转：主要包括个体自身的战略定位、核心竞争力、经营范围运营机制、实现模式、成本定价机制、营销模式、盈利模式、收入分配模式和关联活动等。

（3）交互机制：主要包括个体间的竞合博弈关系，价值流、资金流、信息流和物流的流动作用形式等。

商业模式的重要性越来越得到人们的重视，对商业模式的理论研究不断深入。在各种观点中，越来越多的学者开始通过系统性的分析方式，全面研究商业模式，但商业模式的理论研究起步比较晚，对商业模式的含义、构成要素等尚未有权威的、统一的界定，相信随着商业模式应用的日益广泛、深入，关于商业模式的研究也会不断跃上新的台阶。

3．分类方式

商业模式是一个系统和动态的体系，这也决定了其在多维度的作用下会体现出不同的形式，这种形式的类型可能千变万化，不同企业、不同行业、不同的时代背景其使用的商业模式也会大相径庭，因此对于其分类的方式，也会产生多种不同的分类标准和维度。具有代表性的分类方式主要有以下几种：

1）基于电子商务的分类方式

主要是基于商业模式在电子商务的表现形式，大致可以划分为 4 大类 11 个模式，主要包括网上商店、网络采购、电子商城、电子拍卖、虚拟社区、协同平台、第三方市场、价值链整合、价值链服务提供、信用服务、信息中介及其他第三方服务等 11 种。

2）基于网络价值的分类方式

主要是根据在行业体系当中不同的经济控制程度和价值集成程度作为标准，划分为 5 类商业模式：

（1）集市模式：该模式是让买卖双方聚在一起共同谈判价格，买卖双方的交易性质相对比较简单，此模式的代表企业主要是 C2C 网站。

（2）集合体模式：该模式的企业对商品进行分类，面向用户提供一个类似于商品中介式的服务，此模式的代表企业主要是 B2C 网站。

（3）价值链模式：该模式的企业组织和运用网络销售整合型和单一价值型产品，此模式的代表企业以耐克和戴尔等直销企业为主。

（4）联盟模式：通过提供平台吸引其他企业加盟，此模式的代表企业有Linux分布式网络；通过大量快速的现金流来维持企业运作，此模式的代表企业有联邦快递等公司。

3）基于价值链位置的分类方式

该分类方式主要是根据公司在价值链中的位置，明确了一个企业盈利的活动方式。该分类方式将商业模式归类为9种形式，分别为经纪人模式、广告模式、信息媒体、商人模式、制造者模式、会员模式、社区模式、定金及效应模式。

4）基于企业关系分类

（1）共链型商业模式：各独立企业个体共同在一条价值链生存与发展。

（2）虚实型商业模式：指从空间定位划分，有虚拟空间定位的商业模式，如电子商务模式。

（3）资本型商业模式。

5）按企业资本的构成性质划分

（1）产业资本商业模式：以生产加工为主的企业。

（2）商业资本商业模式：以商业零售为主的企业。

（3）金融资本商业模式：如银行、投资公司等。

（4）产业资本+商业资本商业模式：如国美、苏宁、海尔、联想等制造加销售型企业。

6）按品牌比较商业模式划分

（1）以经营产品、服务为主的商业模式。

（2）以经营品牌、信誉为主的商业模式。

（3）以资本经营为主的商业模式。

（4）以商品经营（产品、品牌）和资本经营结合的商业模式。

7）基于企业生存的依赖程度划分

（1）偏重于融资模式为主的商业模式。

（2）以偏重于管理模式为主的商业模式。

（3）以偏重于营销模式为主的商业模式，如直销公司。

（4）以偏重于生产加工为主的商业模式。

目前看来，对于商业分类的标准主要是依照企业的盈利方式、价值链或者网络位置、核心功能、企业关系、企业构成、企业品牌和企业生存等，体现出较强的行业特色。

4．商业生态系统

生态系统（Ecosyetem）是英国生态学家Tansly首先提出的，它指的是在一定的空间和时间的背景下，由各种类型的生态种群与其生长的环境所组成的具有一定大小和结构的整体，系统当中的各个部分借助内外部物质循环、能量传递、信息流通而相互联系、影响和依赖，从而形成具有自适应性、自调节和自组织功能的系统。而在当前市场中，对于由企业、消费者、其他市场相关机构和市场及所处自然、社会和经济环境所构成的生态系统被称为商业生态系统。

一般的生态系统是由生产者、消费者、还原者和自然环境组成。在商业生态系统中，制造商和供应商一般可以认为是生产者，下游的企业或者家庭可以认为是消费者，对于产品资源进行回收再利用的可以认为是还原者，整个系统其他的组成成分还包括自然、经济和社会环境。对于与商业模式相关的生态学研究，总体体现出如下特点：

（1）所需生态学的基本理论目前发展相对比较成熟，其中的大量内容都可以为本研究所借鉴。

（2）商业生态系统中，已经形成了较为完善的生态系统架构，对于作用关系的类型分析比较多，有初步的定量模型建立。

（3）对于外界环境、内部种群以及内外协同关系的研究模式是当前主流的商业生态系统分析方法。

（4）当前该研究领域行业覆盖比较广泛，研究思路也基本上沿袭了生态学和商业运营结合的理念，但总体看来，研究的理论性较强，实际操作和应用的分析设计不够。

3.2 物联网商业模式

本节应用商业模式理论简要分析物联网的应用。

3.2.1 物联网商业模式的构成要素

结合我国物联网发展的特点，为了抓住重点，简化分析，可以将我国物联网商业模式的构成要素划分为目标客户、网络结构及应用定位、产业链、收入分配机制和成本管理 4 个部分。

1. 物联网目标客户

原则上凡是存在指挥调度、协同管理等需求的政府部门、商业企业和个人用户都是物联网的潜在客户。物联网不仅要实现人对人、人对物、物对人的信息自动化，还要实现物与物之间的信息自动化。对于物联网的目标客户，面向人群的客户群可划分为个人、集团和家庭 3 个市场，在向面向非人群的客户群中出现了物，即动物、器物，所以有面向人的客户群的营销服务，还有面向非人的即面向物的客户群的营销服务。当然，面向物的客户群是不能和相关的人的客户群割裂开来营销服务的，而是需要有机地结合起来。从行业应用的角度来看，目前针对网络化生产的行业和单位是物联网的大买家。物联网应用具有较大的时空维度变化、巨量的数据交互需求的特征，一旦实现可行的经济的信息化，则管理水平、生产效率有划时代的变革性。可营销的目标客户分类如下：

（1）政府部门：政府、海关、交警、消防、电力、煤气、自来水、公共设施、社区服务。

（2）社会服务：广播影视、医院急救、体育场馆、社会福利机构、文化团体、大中小学校。

（3）商业服务：旅游、饭店、娱乐、餐饮、物业、银行、保险、证券、投资。

（4）企业集团：油田、矿山、大型厂矿、制造业、农场、畜牧、林业、房地产。

（5）贸易运输：公交出租、邮政快递、仓储物流、水运航空、批发零售、连锁超市。

（6）大型活动：展览会、运动会、大型会议、集会活动。

（7）个人用户：大众社团、家族成员、私人俱乐部。

虽然上述的客户群很多，面很广，但在物联网业务发展推广初期，仍需选择好首先可切入的目标市场，选择正确的目标客户。初期，影响力大、可引起社会效应与示范效应的行业应用应该是首选政府、电力、交通等，特别是政府规划的大工程、大项目、示范工程、示范项目，是物联网产品介入市场的机会。物联网产品或业务运营的企业应迅速选择目标客户进行市场定位，采用差别化的市场经营对策，加强服务，就一定能够提高市场竞争力，在物联网领域脱颖而出，并带动物联网领域的突破性成长。

2．网络结构及应用定位

从网络结构上看，物联网主要由感知层、接入层、网络层及应用层组成。如果把物联网看做一个人的“神经系统”，那么感知层就相当于“末稍神经系统”，接入层可看成是“脊髓”，网络层便是“大脑”，应用层则是“中枢神经系统。”通过整个“神经系统”，便可以实现物联网的信息采集和设备控制功能。目前，我国的物联网发展尚处于初级阶段，感知层和接入层是较为关键的部分，技术和安全成为两大突出问题。但是，随着技术研发的成熟及相关标准的制定，平台运营与应用推广问题将会成为业界关注的焦点。

从应用的角度可对物联网进行如下定位：它利用互联网、无线通信网络资源对所采集的信息进行传送和处理，是智能化管理、自动化控制、信息化应用的综合体现。物联网的主要应用类型如表 3-2 所示。

表 3-2　物联网的主要应用类型

应用分类	用户	典型应用
数据采集	公共基础设施\机械制造业\零售连锁行业\质量监管行业	水电行业的远程抄表\公共停车场\环境监控\仓储管理\产品质量监管、货物信息跟踪
环境监控	医疗行业\机械制造业\建筑业\公共基础设施\家庭	医疗监控\危险源监控\数字城市\智慧校园\家居监控\智能电网
日常便利	个人	手机支付\智能家居
定位监控	交通\物流	出租车辆定位监控\物流车辆定位监控

3．产业链

物联网发展初期，终端设备提供商确认目标客户需求后便寻求应用开发商，并开发差异化应用，二者共同组成最终设备提供商，共同担当系统集成商的角色；通信运营商则负责提供配套的运营平台。这种由最终设备提供商主导的结构，虽然能满足客户对终端的个性化需求，但产业内部的市场较零散，业务功能较单一，尚处于培育阶段，系统的可靠性及安全性很难得到有效保障。因此，未来产业链中的主导者将逐渐向其他成员倾斜，并且产业链各方要既竞争又合作，才能实现整个产业持续稳定发展。

4．收入分配机制和成本管理

随着物联网的不断发展，越来越多的投资者进入了物联网领域。如何平衡各成员间的竞争关系，打破各自为政的局面，从而带动整个产业链和谐高效运转成为各方关注的焦点。其实质就是内部利益的协调问题，主要涉及收入分配机制和成本管理。虽然目前尚未形成明确的收入分配机制，但将来可能会出现多种形式。比如，运营商和设备提供商之间以前主要是买卖关系，双方互不承担风险，但今后运营商将建立新的共享机制，从而使双方共担风险、共享部分收益。成本管理涉及的相关成本费用主要包括平台建设成本及运维费、识读器及识读标志成本、相关网络的通信费。在物联网发展初期，其成本主要集中在投资方面，随着产业规模的扩大，此类成本会有所减少；在中后期，涉及运营维护方面的成本费用会逐渐增多。可见，针对不同时期的成本特点，采取相应的成本管理措施具有十分重要的意义。

3.2.2　我国选择物联网商业模式时需考虑的问题

1．体制性障碍

虽然国家正在大力推进大部制改革，但行业管理部门各自为政现象仍大量存在，使得大量信息零散分布。如智能交通的应用，由于信息资源分布在公交、民航、铁路等多个部门，共享程度非常低，急需一个信息整合中心来实施协同管理。因此，我国所需选择的物联网商业模式应能积极地消除产业发展中的各种体制性障碍。

2．网络互通与信息共享

此问题不仅存在于电信网、互联网、电视网等公共网络之间，也存在于公共网与行业专网以及行业专网与行业专网之间。这些网络的互通与信息共享将直接影响到物联网应用开展的难易程度和实际运行效果。例如，视频监控现已广泛应用到许多不同的专网之中，但各专网基本上独立运作，未实现全面联网，由此产生的信息滞后性直接影响企业的应急能力。可见，今后所选择的商业模式应由一个统一的标准来规范，以保证网络资源的平滑对接，增强网络的通达性。

3．信息资源的深度开发

目前，国内一些领域（如道路交通、灾难预防等）虽然已经实现了内部小范围的互联互通，但基本上停留在技术和网络对接层面，使分析处理环节受到限制，在很大程度上影响了物联网的智能化进程。因此，将来所采用的商业模式应能建立各类信息资源服务公共平台，并由一个专业的集成商负责社会化的增值开发，从而为物联网的智能化应用奠定坚实的基础。

3.2.3　现有物联网商业模式分析

如何让好的服务与设备顺畅地向客户传递，如何使客户以最经济、最便捷的方式享受服务？这就需要良好的商业模式做引导。面对物联网的发展，国内外运营商从组织保障、产业链合作、业务应用开发与服务方面加快了整体性布局和探索，也在商业模式上有了各自的偏好。国内外主要运营商的物联网商业模式如表 3-3 所示。

表 3-3　国内外主要运营商的物联网商业模式

运 营 商	运作形式	商业模式分类
美国电信运营商 AT&T	• 与 SmartSynch 和 Cooper Power Systems 合作建设智能电网 • 与 Jasper Wireless 合作连接新兴消费电子和设备的 M2M 平台，同时专门成立实验室进行测试验证等	以直接提供通道为主
美国最大的无线网络运营商 Verizon	• 设置 Open Development Initiative • 与高通合资成立 M2M 服务公司 nPhase，2010 年与 Vodafone 组建 M2M 战略联盟	以间接提供通道为主
法国电信运营商 Orange	• 组建国际 M2M 中心 • 收购 Mobile & Data 公司（M2M 业务） • 与 Sorin Group 合作远程医疗及监控服务	以自营为主，兼有合作开发
德国移动运营商 T-Mobile	• 开发用于 M2M 的嵌入式 SIM 卡 • 与 Echelon 合作推进智能仪表服务市场	以自营为主，兼有合作开发与推进
全球最大的移动通信运营商之一英国 Vodafone	• 推出 M2M 平台和智能 M2M 服务 • 宣布组建新的国际 M2M 业务单元	统一规划，以自主建设和运营为主， 也提供定制服务
挪威移动运营商 Telenor	• 组建 Object 业务单元聚焦物联网服务 • 与 Telit 合作 M2M 服务 • 与 Airbiquity 合作欧洲汽车及船队 M2M 业务 • 与 Logica 合作进行 M2M 的系统集成	合作运营为主
日本最大的无线网络运营商 NTT	• 手机 RFID 应用全球领先 • 面向企业及个人的 RFID 与传感器应用 • 建立了与系统集成商的紧密结合	合作运营与定制标准化模块
韩国电信运营商 SK 电信	• 组建 M2M 业务单元 • 与 GE 进行医疗健康服务合作	提供通道及合作运营
中国移动	• WMMP 协议上实现开放架构 • 成立物联网研究院	通道服务，合作开发，单独推广

注：此表引自张云霞．物联网商业模式探讨[J]电信科学，2010 年第 4 期

基于以上分析，国内外主要的商业模式基本集中为 4 种方式：通道型、合作型、自营型、定制型。通道型只是单纯提供网络连接服务，如 AT&T、Verizon、韩国 SK 电信、中国移动等；合作型是运营商在一些应用领域挑选系统集成商的合作伙伴，由系统集成商开发业务和进行售后服务，电信运营商负责检验业务在网络上的运行情况，并且代表系统集成商进行业务推广以及计费收费，如 SK 电信、NTT、Telenor、中国移动等；自营型是运营商自行开发业务，直接提供给客户的方式；定制型运营商根据客户的具体需求特殊制定 M2M 业务，如 Orange、Vodafone 等。

从运营的角度看，目前物联网主要有移动运营商主导运营和系统集成服务商主导运营两种商业模式。移动运营商主导运营的主要模式包括通道型与自营型 2 种，系统集成服务商主导运营的主要模式包括合作型与定制型 2 种。

在中国，产业链各厂商都各自为战，随着大物联网概念横空出世，未来必定要实现全盘互通，需要将视野拓展，而不仅限于原有的小格局，在大背景发生骤扩的同时，必然召唤新的商业模式。

3.3　物联网产业商业模式展望

北京邮电大学的郑欣博士在《物联网未来十类商业模式探析》一文（登载在《移动通信》2011 年第 7 期）中通过对物联网及其商业模式的简要介绍，结合物联网的应用情况和发展趋势，归纳、总结和设计了当前与未来物联网的十类商业模式，重点分析各类商业模式中的运营主体、主要的运营模式、盈利和收入分配方式、典型的应用行业和应用类型。

1．系统集成商核心型

这类商业模式的主要特点是：由系统集成商租用电信运营商网络，通过整体方案连带通道一起向用户提供业务，这是目前使用较多的商业模式。因为物联网应用均是特殊行业中的个体内部实现，且企业专业化特征较为明显，需要由行业内专业的系统集成商提供服务，特别是行业壁垒高、对应用要求复杂的行业更需要系统集成商的存在。此类系统集成商一般是第三方企业，拥有较强的软硬件开发和集成能力，同时在行业当中拥有较高的地位。在此类商业模式中，系统集成商是主要的收益获得者和收入分配者。技术水平是此类商业模式的核心，主要适用的用户是企业客户，实际的应用类型以采集类为主，而由于运营商非主体性和网络短程性的特点，其应用范围应该是固定区域空间内的数据实时采集和检测，具体可应用于环保监控、自动水电表抄送、智能停车场、电梯监控、自动售货机等。

2．运营商运营型

这类商业模式主要是由电信运营商向使用物联网业务的企业客户直接提供通道服务，客户除了提供资源之外，剩下的网络租用和运营都由运营商来完成。这主要是由于运营商的专营网络可以为企业提供服务，而企业本身又没有相应的开发能力。目前比较典型的应用体现在电力、交通等行业，运营商为企业提供数据通道，根据需求集成软硬件终端，按包月或流量计费。

该类模式比较适用于自身实力不够强或不注重自主研发的行业企业，以运营商代包的方式来实现物联网业务。也适用于企业客户，以采集类和定位类应用为主，应用范围被多样化的区域覆盖，具体可应用于环保监控、自动水电表抄送、智能停车场、电梯监控、物流监控、智能交通等。

3．运营商合作推广型

该类商业模式体现为双主体，即运营商与系统集成商或相关的服务提供商合作，系统集成商开发业务，电信运营商负责业务平台建设、网络运行、业务推广及收费。电信运营商一般占主导地位，同时也是其进入物联网市场的主流模式。

在此类商业模式中，运营商是核心，是技术进步的主要接收和应用者；同时其也集成软硬件，并针对市场提供服务。在实际运营中，个体间的合作竞争现象比较普遍，系统的效率可以达到最大值，其他个体对于运营商业务的所谓竞争和替代也是一种提升服务能力，通过价值交换提高附加值的手段。从此类商业模式的应用类型和范围上看，可以覆盖所有的业务和行业模式，其区分的关键在于物联网技术的发展程度以及市场对于其接受的情况。

4．移动金融型

该类模式的行业专属性较强，主要由开通移动金融服务的客户进行相关平台的建设，并自行搭建相关设备，租赁通信运营商的网络，通过现金形式的佣金进行相关费用贴补。目前，此类商业模式主要集中体现为银行的移动POS应用，最典型的应用是各大运营商和银行合作开展的移动支付业务以及大城市常见的公交一卡通。该模式是与传统的市场交易行为连接最为紧密的模式之一，其盈利性相对较差，主要着重于对用户习惯和黏性的培养。

5．用户自建体系型

在这类模式下，原来作为系统主要资源之一的用户，即所谓的客户，承担了物联网平台的全部费用和整个服务体系的搭建。这类模式下的物联网应用一般有私密性要求，对于信息的感知和传递有较高的安全性要求，跨行业拓展难。典型应用有电力行业的电力监控、水利行业的水文监控、气象学的物候监控、环保行业的污染源监控、化工的产品监控、交通的路况监控等。在该类商业模式中，用户是唯一的核心，其他系统个体起辅助作用。一般来说，此类行业当中用户相对强势。

6．公共事业应用型

此类商业模式一般由政府等公共事业部门搭建公共平台，客户租用或者购买平台以及相关的软硬件产品，并支付相关通信费用。在这类模式下，GPS车辆定位、视频监控是使用得最多的应用，其中也可能由通信运营商搭建相关公共平台。该类商业模式是物联网民生化应用的最直接体现，可以贯穿于物联网发展的各个阶段，政府在其中起着关键性的作用，其对于技术、市场的把握非常重要；同时在发展初期，必要的资金投入也是不可缺少的。在物联网发展初期，此类商业模式可以作为面向市场的主要政策推广模式，主要的公共事业平台以此类模式搭建，可让用户在政府承担成本的情况下免费体验物联网的应用，从而有利于培养用户的相关使用习惯，为物联网行业其他类型的业务推广打下基础。

7．广告平台型

物联网的网络广告模式是传统媒体广播模式的延伸，在实际运行过程中，一般是由运营商、互联网企业搭建公共平台，集成物联网感知和传递的软硬件设备，然后租给广告商进行运营，而广告商通过广告收入来支付物联网平台运营费用。

由于物联网行业覆盖广泛，潜在客户源多，因此物联网网络越来越被广告商视为广告渠道之一。像出租车、公交车、地铁中的移动电视，楼宇电视，营业厅的移动广告屏幕，既是物联网网络的覆盖点，也可以在用户群覆盖不断扩大的基础上衍生为综合类信息发布平台。该类商业模式，是物联网市场推广中间接获利的主要形式，对于用户群体的认知覆盖是保证该商业模式成功的最主要条件；而广告外界资金的引入是除了政府投入之外，整个系统进化的最直接动力。

8．软硬件集成商主导型

该模式主要来源于苹果的“iPhone”商业模式，即苹果公司通过与运营商合作，在分得运营商相关收入 30%以上的同时，还通过智能终端系统 iOS、应用程序商店 APP STORE，成功促使广大的应用开发者为系统开发各种类型、各种价位的应用。这样，在销售硬件的同时，还开拓了应用下载这一新的盈利点，从而在移动互联网市场取得了巨大成功。

在物联网领域，也可能催生新的“苹果”，在硬件制造或者软件开发等领域具有优势的厂商如能将优势整合，形成一个综合个体主导生态系统的话，就可以发掘甚至创造出新的盈利点。此类商业模式适用于与个人用户市场相关的便利类和控制类领域，通过在已有智能手机终端系统或者未来可能出现的专有物联网终端开发相关行业应用下载，让用户自行选择和使用符合自身需求的物联网软件平台和应用，同时创立一个新的物联网系统生态环境。

9．软件内容集成商主导型

该类商业模式主要指 google 的“Android”商业模式，与“iPhone”模式类似的是，该类商业模式需要集成商和运营商合作开发相应的软件和应用平台，同时还需要大量的应用开发者以及广告商的参与。与“iPhone”模式相比，其系统的核心是软件内容集成商，硬件制造商是主要的合作类型，同时集成商在内容上拥有更多的资源与更大的主导权，广告效应更为集中。

该类商业模式是 google 在移动互联网的成功案例，与苹果模式的区别在于，其成功有赖于 google 这类企业强大的软件开发能力以及内容的产生、整合和搜索能力。而在物联网的应用中，随着技术发展在各个阶段中的成果体现以及内容重要性的提升，此类商业模式的应用范畴进一步扩展，其应用的核心在于软件与内容相结合并推向市场。从应用类型上看，各类应用均可涉及，而其成功与否的主要决定因素是发展周期，代表性的应用为位置服务、智能物流、智能家居、数字城市和智能校园等，特别是在以内容主导型的细节行业应用方面表现尤为突出。

10．“云聚合”模式

在物联网商业模式的发展过程中，结合云计算的思路提出云聚合的概念。云聚合是一种建立在云计算基础上，以用户服务为中心，根据已有的运营平台和业务能力，针对目标市场整合内外部资源，形成用户、商家、其他市场参与者共同创造价值的网络商业模式。其主要特点是，在一定的安全机制下，形成信息的全面自由流通，通过大量快速的信息传送来实现价值的高速增值。各个主体通过不断的投入产出活动吸引用户资源和创造价值。

在物联网未来的应用中，各类个体之间的界限可能趋于模糊，一些强势的个体可能会承担系统中的多个角色而成为所谓的生态主导者；一些小企业仍可利用大企业所留下的空隙生长空间，发掘潜在的市场单一需求点，在某个专营的领域内做强。这样，就形成了一种类似于生态系统的整体性互利共生的机制，系统在不断的更新和个体更替当中保持较强的活力，类似于系统科学中耗散结构的状态。该类商业模式是未来物联网发展的理想模式之一，也是其真正形成一个融合型网络、覆盖生活每个角落的前提和基础。

3.4 物联网商业模式案例

物联网首先要解决业务的不确定性问题，即业务为谁做，是服务于消费者、企业还是行业应用。本节针对保障食品安全这个重要的民生问题，以及农业、商务、质监、工商、卫生、环保、食药监管等 8 部门齐抓共管的政府监管治理现实，探索基于物联网的猪肉溯源应用体系，梳理和实现猪肉制品供应链上养殖、屠宰、流通到消费的业务逻辑。理清基于物联网的猪肉溯源应用的关键环节在于：感、传、知、管。通过 RFID 等技术感知猪肉或食品的信息；经过多种形态的网络将信息传送至溯源数据中心；对溯源数据进行高性能处理、价格预测，为管理部门和用户提供溯源信息；利用溯源核心软件和多部门监管核心软件，实现猪肉或食品生产链中各个环节的监管。感、传、知体现了物联网的技术本质，管则是溯源数据的综合利用。

3.4.1 基于物联网的猪肉溯源系统总体框架

总体框架结合各级政府贯彻落实国家《食品安全法》和《商务部财政部关于开展“放心肉”服务体系建设试点工作的通知》精神，以政府管理模式创新引导技术创新，以高新技术改造传统行业，以高效低成本运转牵引供应链业务流程优化，制定符合中国国情的典型物联网技术应用方案。采用“电子标签、身份卡、溯源电子秤”等物联网核心技术和设备，实现从生猪生产屠宰到猪肉流通全流程溯源和管理。

采用先进的超高频 RFID 电子标签技术和 RFID 身份卡实时记录产品从养殖（种植）到生产加工、销售流通全流程品控环节的主要操作信息和操作人，结合 GPRS、3G 以及互联网等网络技术将食品供应链关键质量点控制数据信息实时上传至统一的监管数据中心，并利用具有防伪性 RFID 电子标签或者分割肉二维码不干胶标签、二维码脚环绑定产品个体上，充分利用高新技术赋予产品完整身份证明，并在终端消费市场全部转换为二维码凭证给消费者以满足其充分的知情权。在整个食品供应链上以“卡、单、标签三者同行”赋予个体产品乃至分割产品完整的自上而下信息追踪记录，从而提供反向便捷的自下而上的追溯依据，为政府对食品安全的监管、召回和预警预测提供充分的支持。

系统逻辑结构分为 4 层，分别是网络层、智能处理层、业务应用层和窗口展示层。网络层由 RFID 硬件感知、接入、汇聚、传输等设备构成，采用多种网络技术和协议，实现数据的感知、采集和传输；智能处理层支持高性能计算、大规模存储，实现数据分析、价格预警分析、数据备份和数据挖掘等功能；业务应用层实现猪肉产品从养殖、屠宰、流通、消费的供应链管理，执行多个政府部门的联合监管；窗口展示层提供食品安全政务监管统一平台，支持互联网、热线电话、手机短信等多种公众查询手段。系统安全体系保障信息系统安全，实现认证、授权、访问控制、数据备份等信息安全服务。食品安全质量体系提供食品质量标准，实施监督、检验、认证等。

系统目前已经涵盖了 278 个功能点，为政府和最终用户提供真实、可靠的检验数据和分析结果，主要包括两大核心软件：

（1）供应链用户业务管理系统，主要有养殖、屠宰、批发、市场、加工、定点单位 5 个子系统。

（2）政府联合监管系统，主要有农委、商务、工商、质监、卫生 5 个监管子系统，并由成都市食品安全办公室统一在此平台上实现部门间的协调组织工作。

3.4.2　猪肉溯源信息的感知和采集

生猪产品从生产到销售主要有以下几个环节：养殖、屠宰、加工、配送、批发或零售，各个环节都涉及信息的写入、读取和传送。从养殖环节着手，通过不同形式的 RFID 猪肉标签和供应链业务人员 RFID 身份卡的实时信息绑定，分别向下游屠宰环节和批发零售环节通过移动无线通信技术自动化地链接质量信息和数据上传下载，实现从生猪养殖到肉品零售终端相关信息的正向跟踪，同时也实现了肉品零售终端到生猪养殖相关信息的逆向溯源，从而对生猪产品供应链上的经营者进行有效约束，并有力支持政府主管部门对生猪及肉品流通的监管与综合分析。系统涉及的各个环节所面临的问题解决思路如下：

1．养殖环节

生猪养殖分为配种、怀孕、待产、仔猪、商品猪等不同阶段，仔猪出栏后将佩戴 RFID 电子耳标，并通过该电子耳标关联小猪的上代信息，在养殖过程中由饲养员通过 RFID 手持机将母猪、仔猪及成品猪的饲料信息、防疫信息、用药信息、环境信息等写在猪耳朵的 ID 电子耳标上，并通过无线通信 GPRS/3G 上传到食品安全平台数据中心，并在政府数据中心建立完整的猪只个体养殖档案。养殖场无须自建服务器系统。每个规模养殖场仅需配备兼容二维码和 RFID 手持机和 RFID 电子耳标。（电子耳标表面已获得农业部二维码印制授权）。

2．屠宰环节

屠宰前各生猪运抵厂区，检疫员首先要查检动物检疫证或产地检疫证、消毒证、免疫卡等，查证、验误无误，生猪进入待宰圈，不合格生猪通过无害化处理等措施进行控制。通过收购登记处计算机联网设备记录生猪来源、收购数量、检疫证、收购日期等信息，即在生猪进厂后都先建立生猪屠宰档案，然后在机械化流水生产线上进行生猪屠宰以及实行严格的宰后成品检验，经各关检验合格后执法工作人员开具动物检疫合格证明，生猪产品方可盖章、允许出厂。出厂时在猪肉白条上绑定射频识别酮体电子标签（经过超声波医疗级清洗消毒、并在专门的紫外线消毒柜中存放保管后可重复使用），使每片猪肉白条具有唯一的识别码，使用射频识别通道批量获取 RFID 猪肉识别码，并通过 RFID 溯源一体机与下游经营者（买主）RFID 身份卡信息自动关联绑定。同时，一体机也与销售电子称相连接即时获取出厂肉品重量，并在 xCRF-820Ⅱ一体机上打印出具溯源系统肉品交易凭证。该批出厂肉品的溯源编码、重量、下游买家等信息同时上传到政府溯源监管系统中，每片猪肉对应唯一的商家或经营户，实现屠宰环节上生猪进厂与白条出厂的信息链接。

如果是大型屠宰企业直接生产分割肉出厂配送到零售终端，则使用 RFID 溯源一体机 XCRF—820 I（热敏标签型）进行标签关联并打印具有溯源信息的二维码不干胶凭证，张贴在分割肉包装后进行肉品配送。同样，该批出厂肉品的溯源编码、重量、下游买家等信息上传到政府溯源监管系统中共享使用。

屠宰企业肉品在流向各专卖店、批发市场、农贸市场经营户或团体采购单位时，均按同一流向和同一交易者生成该屠宰企业当日唯一批次号的交易凭证。

定点屠宰企业须按设计好的流程，依次完成生猪屠宰档案建立、白条肉出厂和分割产品出厂等管理过程。

3. 批发环节——滑轨交易

本地带有溯源信息的猪肉经过专用车辆运输抵达批发市场，办理入场手续以后，批发市场检测中心对猪肉产品进行含水量等有关指标的检测，合格后才能进入滑轨交易系统进行批发，在此成交的供应商和销售商的交易信息进入政府数据监管中心。农贸市场经营户、超市大卖场、团体采购单位等流通单位和个人在生猪批发交易市场获得批发市场交易凭证。溯源标签、下游经营户身份卡、交易凭证三者同行。

外地猪肉同样需要统一到批发市场进行交易，分为以下两种情况：

（1）不具备企业内部溯源信息系统的外地猪肉，须在批发市场经过检测中心对猪肉产品进行含水量等有关指标的检测，合格后才能进入滑轨交易系统进行批发，同时在批发市场信息系统中录入完整肉品质量信息和产地厂家信息，肉品在出批发市场时绑定批发市场专用 RFID 射频标签，并按批次生成批发市场交易凭证，溯源标签、下游经营户身份卡、交易凭证三者同行。

（2）具备企业内部溯源信息系统的外地猪肉，在其猪肉均具备溯源标签且追溯信息完备的前提下，可以将进入本地的该企业猪肉批次信息、标签信息、重量信息、终端客户信息等远程接入批发交易市场进行管理，并定期由专人将肉品送到批发市场检测中心进行送检，或者由批发市场指定送检相结合，批发市场系统为接入远程管理的外地客户自动按终端客户同一批次生成交易凭证，远程送抵外地屠宰企业系统，供用户自行打印具备 CA 认证的肉品交易凭证提供给客户，并作为政府监管部门的检查依据。

这种方式实现了猪肉食品交易信息流和资金流与物流环节的分离，首次在国内大型猪肉批发交易市场实现了电子商务交易，并由政府管理的专业化批发市场严把外地猪肉流入市场质量关。

4. 零售环节——农贸市场

生猪在农贸市场、便民肉店等零售终端进行销售时，工作人员首先读取猪肉绑定的 RFID 数据与政府安全溯源监管系统实现数据交换和对接。进肉来源单一的农贸市场经营户所配备的专用电子称，该称具有 RFID 标签的阅读功能和可追溯信息处理功能，读取 ID 标签数据以后再称量每块切割猪肉时，其打印的销售小票上就会标注猪肉识别码，同时将每次称重数据上传到每个农贸市场管理方的服务器，再通过互联网实时上传到政府数据中心，便于工商或市场人员对销售情况的实时掌控。由于 RFID 电子标签溯源编码使用一次后就自动失效，因此保证了每块猪肉产品识别码的唯一性，消费者或食品安全监管人员通过自助查询终端、互联网、查询电话、短信等方式输入猪肉产品识别码，进行质量信息追溯查询，即可了解这块猪肉是在哪里养殖生产、在哪里屠宰加工、是否检验检疫合格等信息。综上分析，在零售终端实现分割肉溯源的关键技术是如何设计开发一个可识别 RFID 标签的电子秤。

分析该“ID 溯源标签电子秤”至少应该具有如下功能：

（1）用户购买任何重量的猪肉（30 kg 以内）都能进行精确称重，并能通过该称打印出与猪肉相关的溯源信息，即用户可获得与该猪肉相关的溯源号。

（2）该电子秤可根据销售情况实时地将数据传输到数据中心，以便于用户根据溯源号到信息中心进行查询。

（3）该电子秤应该具有多种（WLAN、GPRS、RS485、433nlhz 短距离）与数据中心进行通信的方式，以保证在网络环境恶劣的情况下，电子秤的销售数据仍然能够准确地传输到数据中心。例如，当零售市场网络环境非常恶劣时，电子称可将销售数据暂时保存在本地的高速存储器中，一旦网络通畅，电子秤会主动将临时缓存数据传输到服务中心，如果网络一直不可用，则可采用 USB 的方式直接复制数据到数据中心。

（4）具有防伪造功能，通过数据的实时关联，可防止零售商把多个非法猪肉绑定在合法标签上。

（5）通过 CRC 循环校验技术能够确保猪肉销售数据能够准确无误地传输到数据中心。

3.4.3 多政府部门联合监管

猪肉食品安全联合监管主要涉及市场管理、加工企业管理、团体采购单位管理，以及多个政府部门的协调等方面。农业委员会制定生猪养殖、屠宰检疫等环节质量安全整治行动方案，组织产地检疫、屠宰检疫，严格出具检疫合格证明，采取有效措施建立动物疫病标识追溯体系。商务局负责食品质量安全整治，加强生猪定点屠宰管理，加强产地检疫和屠宰检疫。无耳标的生猪不许调运，没有检疫（验）证明的猪肉不准销售；严查生产加工、销售病死猪肉、注水猪肉等违法行为。确保县城以上城市所有市场、超市、集体食堂、餐饮单位销售和使用的猪肉 100%来自定点屠宰企业。工商局制定猪肉流通环节质量安全整治行动方案，完善进货索证索票制度和检查验收制度，切实加强对生猪肉品市场巡查，严格市场准入制度。对没有“两章两票”的生猪肉产品，一律不许进入市场销售，确保农贸市场、超市销售的猪肉 100%来自定点屠宰厂（场）。卫生局制定食品安全流通环节食品安全卫生整治行动方案，完善市场食品卫生情况，切实加强对生猪肉制品餐馆、食品定点单位等的巡查工作。质监局完善进货索证索票制度和检查验收制度，确保加工企业使用的猪肉 100%有定点屠宰票据，严防病死、注水、未经检疫检验或检疫检验不合格的猪肉进入加工环节。加强猪肉原料基地的全面清查，确保猪肉100%无禁用药。对猪肉运输包装 100%加贴检验检疫标志。市场管理用户制定销售市场规范化的生猪肉品溯源检查、流通环节的制度；切实落实巡查猪肉食品绑带电子溯源标签的工作。

业务用户实现猪肉生产流通相关环节的猪肉来源去向及质量信息的录入工作。业务用户包括养殖场工作人员、屠宰场工作人员、批发零售市场工作人员及零售点销售人员、食品加工企业人员、批量采购的定点单位人员等。消费者用户主要是社会公众消费者。

为杜绝私屠滥宰的猪肉非法流入市场，危害消费者的生命健康，市场开办方必须严格履行每个摊位销售猪肉的证章和电子标签检查，同时利用配备的 RFID 巡查手持机扫描白条猪肉电子标签，并实时和政府监管数据中心通信，获得中心所记录的该白条产地来源、屠宰和销售流向信息与纸质凭证比对，信息一致才可入场销售。同时，市场开办方的巡检率在政府数据中心保留记录，作为该市场开办方进行绩效评估的数据依据。

与此同时，市级工商局所辖各工商所均配备 RFID 巡查手持机，工商所抽查人员不定期到辖区各市场检查猪肉入市准入情况，其抽检率也作为工商部门履责情况的考核依据。

猪肉加工企业以及餐饮企业、单位食堂、酒店等团体采购单位，均发放市统一的 RFID 身份识别卡，规定必须凭卡到屠宰企业、批发市场或者农贸市场、超市等流通终端持卡购肉，其购肉信息将进入市政府食品安全数据中心平台，使全市猪肉消费流向清晰、数据准确。

在共用一个数据中心的省、市、区县三级业务管理平台下，商务、农委、工商、质检、卫生等政府部门工作人员随时可以通过互联网按各自权限进入系统查看整个流程的运行状况及关系到与本部门有关的生猪产品情况，农委部门可以实时监管管辖区域内生猪养殖情况，工商部门可以实时监管管辖区域内个体经营户猪肉的销售情况，质检部门可以实时监管管辖区域内食品加工企业的进货情况，卫生部门可以实时监管管辖区域内餐饮企业的猪肉进货情况。与此同时，也通过系统运行图对各个相关政府部门的工作情况进行统计，有效地对政府部门的工作情况进行监督，提高政府部门的工作效率。

小结

商业模式伴随互联网的兴起成为人们谈论的热门话题。基于信息技术的商业模式的创新充满诱惑并且没有止尽。商业模式的内涵非常丰富，我们要抓住其主要构成要素来理解，而对于它的创新，可以从更多方面进行。物联网行业商业模式还在探讨摸索过程中，可以预计的是，将来会有许多精彩的物联网商业模式。

电子商务的发展表明，商业模式创新永无止境，同时商业模式创新和信息技术的发展是推动电子商务发展的根本动力。发展物联网应用事业还在摸索过程中，这个过程的根本任务就是寻找合适的商业模式。商业模式的内涵在不断发展和丰富，尽管人们的理解不尽一致，但基本都认同商业模式，包括战略目标、目标客户、收入和利润来源、价值链等内涵。商业模式就是关于如何根据战略目标要求创造价值，满足客户需求，同时自己获得收入和利润的理论。需要注意的是研究商业模式，以前着重研究某个企业或者某个项目的商业模式（以企业价值链为核心），近年随着产业链理论的兴起，特别在研究物联网应用时由于物联网应用的特殊性，人们更多地从宏观上研究这个产业里的各个主体如何分工合作。本章内容比较深，理论性较强，但是如果透彻理解，对于今后创新创业或者改进自己的工作会有很大帮助。在本章最后介绍了一个物联网商业模式的案例，从这里我们将看到物联网世界的精彩。

习题

1. 搜集资料，比较有关价值链的不同理解。
2. 搜集资料，比较有关产业链的多种含义。
3. 注意观察生活中有哪些物联网技术的应用。
4. 设计一种物联网商业模式。

第4章 物联网产业链

学习要求：

- 学习认识物联网产业链结构及各环节；
- 了解物联网产业链特点；
- 理解物联网产业链成长周期并认识物联网产业在不同成长周期下的产业链核心。

学习内容：

本章主要通过分析物联网体系结构帮助学生对物联网产业链结构开展学习认识，在此基础上对物联网产业链各环节进行详细的介绍和分析；通过演绎典型物联网应用形成过程，帮助学生对物联网产业链的典型特点进行分析和理解；通过对物联网产业链成长周期进行分析，向学生展示物联网的成长过程，帮助学生对物联网不同成长周期下产业链核心进行学习和认识。

学习方法：

在对物联网体系结构、物联网应用形成过程、物联网产业链成长周期的基本理解和认识的基础上，结合本章案例学习和认识物联产业链环节、特点及其核心。

引例　太湖蓝藻湖泛智能监测预警及蓝藻打捞处理智能管理调度物联网系统

作为一个较为完整的典型环境物联网应用——太湖蓝藻湖泛智能监测预警及蓝藻打捞处理智能管理调度物联网系统，于2009年在无锡市太湖大范围应用，并在蓝藻爆发预警中起到了显著的作用。

无锡政府自2007年先后在太湖治污、周边环境整治上耗资千亿。原先太湖蓝藻爆发监测预警需要每天进行人工取水、实验室化验的老办法。每日早上6点取到的太湖不同位置水样到晚上6点才能拿到水质报告。而蓝藻爆发非常迅速，如果不及时处置，两个小时就会演变成大规模的爆发。因此，用传统方式进行蓝藻爆发预警和蓝藻防治十分困难。

2009年，无锡市开始采用物联网应用系统在太湖大范围部署传感器，通过无线数据传输方式进行全天候在线监测太湖水的各项变化。浮动监测站采用GPS卫星定位技术，通过太阳能电池板提供工作电力。浮标搭载的水质监测设备，可迅速测出湖水的pH值、溶解氧、浊度、蓝绿藻等7项水质数据，自动将数据无线传输到后方的水质监测平台。截至2009年年底，五里湖、梅梁湖、贡湖和宜兴沿岸等水域已相继投放设立了86个固定式、浮标式水质自动监测站，覆盖饮用水水源地、主要出入湖河道、太湖湖体和重点监控水域。

从技术和应用所涉及的物联网产业链结构角度来看，太湖蓝藻湖泛智能监测预警及蓝藻打捞处理智能管理调度物联网系统主要包括芯片与技术提供商、设备制造商、软件开发商、系统集成商、服务提供商等多个物联网产业链环节。其中，芯片与技术提供商与设备制造商向该系统提供终端设备所需要使用的传感器、微型处理芯片、RFID芯片、GPS系统、太阳能电池板及供电系统；服务提供商建立太湖各监测站终端设备到远程监控中心之间的无线数据传输链路并提供数据传输服务；软件开发商负责整个系统数据采集、分析、预警及应用软件系统；系统集成商将终端设备所需的各项技术和系统进行集成，将上述各个产业链环节提供的硬件、软件、服务在同一标准下进行集成整合，提供给太湖蓝藻监控单位使用，并提供运营和维护支持。

从太湖蓝藻湖泛智能监测预警及蓝藻打捞处理智能管理调度物联网系统这个典型物联网应用系统来看，物联网应用是一个复杂的、多环节的系统性工程，需要产业链诸多环节进行分工协作。

资料来源于：2011-11-01整理自张海泉.太湖蓝藻治理的创新实践.无锡导刊.www.wuxi.gov.cn/wxdk/294838.shtml.

4.1　物联网产业链的环节

产业链是各个产业部门之间基于一定的技术经济关联，并依据特定的逻辑关系和时空布局关系客观形成的链条式关联关系形态。因此，要搞清楚物联网产业链及其环节，至少要从技术及供应关系上对物联网有一个成体系的认识。

4.1.1　物联网体系结构

典型的物联网，其体系结构可以分为3层：感知层、网络层和应用层，如图4-1所示。

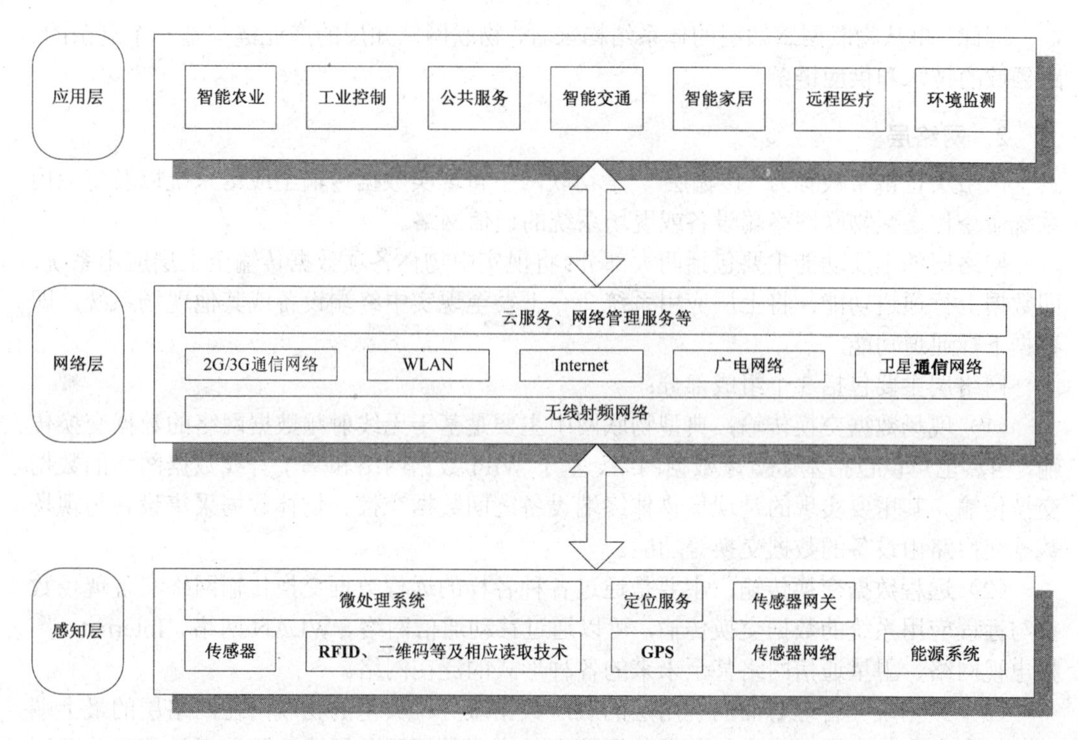

图4-1　典型物联网体系结构

感知层、网络层与应用层三者关系基本上可以概括为：依照应用层的需求，感知层对现实世界进行自动化、信息化认知，由网络层负责感知层与应用层之间的信息交换传输，最终由应用层将感知层获得的现实世界的数据进行分析处理后，转化为能被人类或其他信息系统认知的信息。

1．感知层

感知层是物联网中将人类感知扩展到更大范围现实世界中的自动化、信息化技术手段，是物联网体系结构的基础层。

感知层的主要功能是自动化物体识别与物体物理、化学、行为等属性基本数据的采集，因而感知层的主要体系结构又包含物体身份识别技术、物体属性数据获取技术及为身份识别和属性数据获取服务的其他技术和子系统。

感知层进行物体识别主要通过射频识别（Radio Frequency Identification，RFID）技术、二维码技术、条形码技术、生物身份识别技术等；进行物体各项属性基本数据采集主要是通过各种物理、化学、光学传感器及GPS（获取地理位置数据）；整个物体识别和数据获取过程都在包括微处理器在内的微控制系统控制下进行，同时由能源系统提供整个过程所需消耗的能量。

物体识别可以包括物体的身份、种类、特性、价格等信息，且不同的识别技术所可能包含的物体识别信息的丰富程度也有所不同；物理、化学、光学传感器可以用以测量现实世界物体的温度、湿度、压力、气体浓度、音频、视频、光谱、姿态、速度等客观物理、化学、行为属性的基础数据；物联网能源系统可以是有源系统，但更多的会是无源的锂电系统、生物电系统、太阳能或风能系统，甚至有一天可能会发展为核能系统。

因此，单从物联网感知层的体系结构来看，物联网感知层的产业链都是一个复杂的、跨领域的技术和供应链条。

2. 网络层

网络层也常常被称为“传输层”，是物联网中将现实数据传输至应用系统以及将应用系统命令传送至物联网终端设备或现场系统的通信网络。

网络层的主要功能主要包括两大部分：将现实中物体各项数据传输至上层应用系统，即数据上行通道功能；将上层应用系统命令下发至现实中终端设备或其他现场系统，即数据下行通道功能。

网络层主要包括 3 个组成部分：

（1）现场数据交换传输：典型物联网中主要是基于无线射频数据网络的数据交换传输，当然也可以包括基于蓝牙数据网络、基于 WiFi 数据网络和基于有线数据网络的数据交换传输。其主要实现的是现场物体终端设备之间数据交换、物体数据采集设备与现场数据交换路由设备的数据交换等功能。

（2）远程数据交换传输：主要是通过各种各样的远程数据交换传输网络实现现场数据与远程应用系统的数据交换传输，可以通过移动通信网络、WLAN 网络、Internet、广播电视网络、卫星通信网络甚至未来的各种形式的泛在网络。

（3）数据统一管理与面向应用层的底层数据服务：典型的物联网在网络层的最上端可以存在一个与应用层紧密相关的数据管理与底层数据服务层次。随着云计算和物联网共性技术的发展，该层次将会在物联网经典的三层次结构的网络层与应用层之间形成一个独立的数据层，从而为应用层和网络层提供云计算服务，统一授权认证管理服务和数据云存储、数据挖掘服务。

典型的物联网网络层的物理结构如图 4-2 所示。

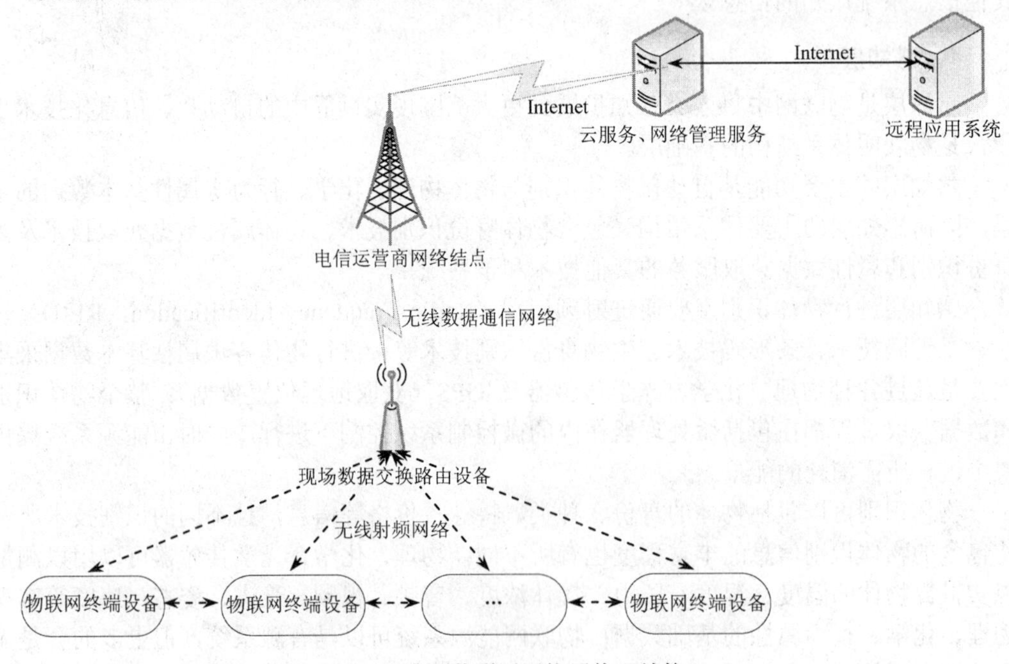

图 4-2　典型物联网网络层物理结构

3. 应用层

应用层是物联网面向社会生产、生活、公共服务各项活动提供服务的具体表现层，其包括的范围可以覆盖人类社会生产、生活、公共服务的各项活动，目前经常接触到的应用有智能农业、工业控制、公共安全、智能交通、智能家居、远程医疗、环境监测、电子商务、国防军事领域等。在全球范围内，如美国提出的“智慧地球”、日本提出的 i-Japan、韩国推出的 u-Korea 都是物联网应用的宏伟计划。

随着经济和技术的发展，物联网的应用层将遍及人类社会的各个角落，成为人们生产、生活不可或缺的重要组成部分。

4.1.2　物联网产业链结构

从对物联网体系结构的介绍可以看出，物联网产业链是涉及多技术领域、多行业、多环节的复杂技术和供应链条。经归纳整理，物联网产业链结构如图 4-3 所示。

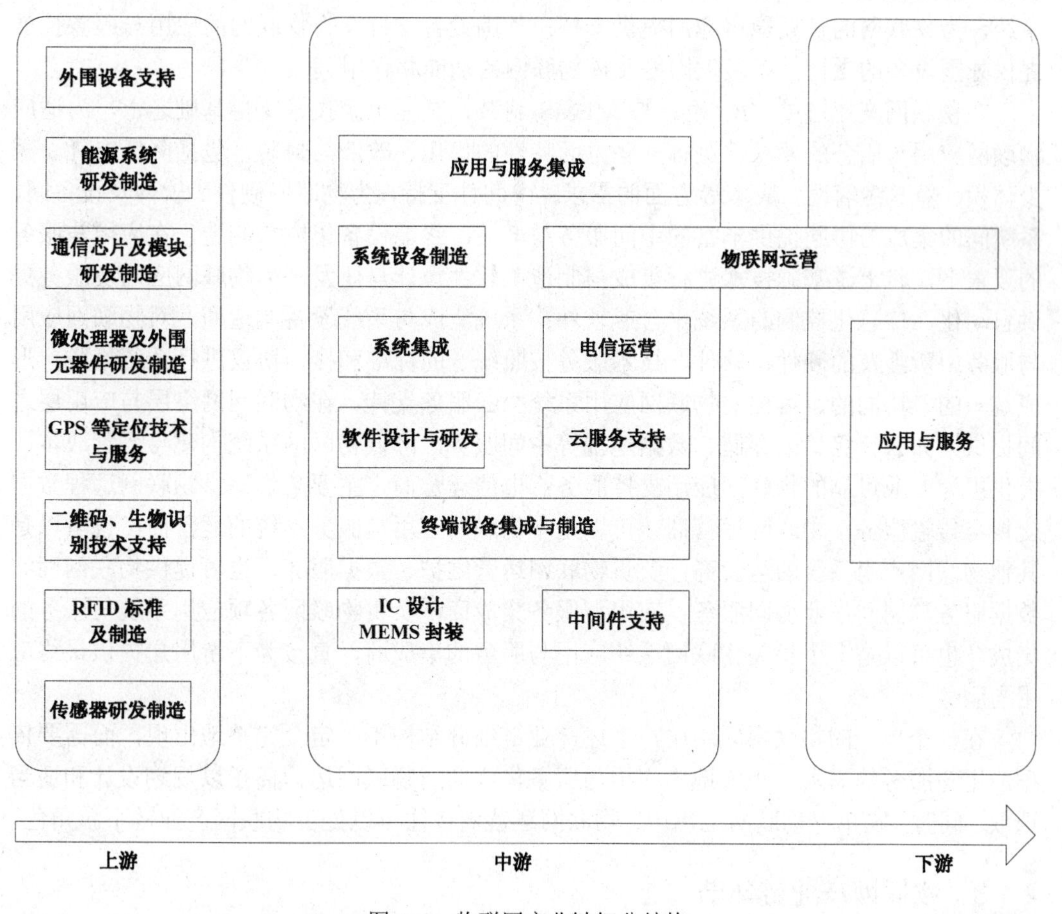

图 4-3　物联网产业链细分结构

物联网产业链结构主要包括上游的传感器研发制造、RFID 标准及制造、二维码与生物识别技术支持、GPS 等定位技术与服务、微处理器及外围电子元器件研发制造、通信芯片与模块研发制造、能源系统研发制造、外围设备支持等；中游的 IC 设计与 MEMS 封装、中间件支持、终端设备集成与制造、软件设计与研发、系统集成、系统设备制造、云服务支持、电信运营、物联网运营、应用与服务集成；下游的面向生产、生活、公共服务领域的应用与服务。

在物联网产业链细分结构中，传感器研发制造商负责物理、化学、光学传感器的设计、研发、制造，通过不断的技术进步和成本的降低，支持物联网应用与服务的发展；RFID 标准及制造商，负责 RFID 新标准的发展和 RFID 的制造与封装，提高 RFID 的性能和数据存储量；二维码、生物识别技术支持提供低能耗的物体识别与信息标注技术，不断提高物体识别技术的识别率；GPS 等定位技术与服务为物联网应用与服务提供从模糊到精准定位；微处理器及外围电子元器件的研发制造主要为物联网终端设备提供更为微小、计算能力更强、功耗与成本更低的数字化、自动化微控制系统；通信芯片及模块研发制造，为物联网终端设备提供更为可靠、效率更高的数据通信技术；能源系统研发制造，为物联网终端设备提供单位能量更高的能量存储器及更为便捷清洁的可持续功能系统，为物联网的长期稳定应用提供支持；外围设备支持，为物联网的应用与服务扩展提供外围设备的支持，以最大限度发挥物联网的功能和作用。

在物联网产业链中，IC 设计与 MEMS 封装，是在上游技术支持基础之上，为适应物联网应用与服务的要求，进行某些方面特性的优化、改造与封装，包括降低能耗、减少体积、降低终端设备成本等方面的需求；中间件支持，为物联网硬件、软件及设备间、系统间的集成与协同提供丰富的中间服务与产品；终端设备集成与制造，在应用与服务的要求下，将上游基础技术进行集成与制造；软件设计与研发，为物联网应用及服务提供自动化、信息化控制的系统平台或软件；系统集成与系统设备制造商，对物联网应用与服务中所涉及的硬件、软件、技术服务按照统一的标准和接口协议进行系统集成，形成统一的、协同的、可控的物联网应用系统；云服务支持，在物联网网络层与应用层之间提供诸如云计算、云存储、数据挖掘等中间服务，降低物联网系统构建与运营成本，提供更为专业可靠的物联网应用支持服务；电信运营商，主要负责提供物联网远程数据交换与传输服务；物联网运营商，可以是本物联网应用与服务系统的运营商，也可以是其他物联网应用系统的运营商，负责物联网运营维护、数据服务，也可提供物联网网间数据服务与网间作业协同服务；应用与服务集成商，负责物联网各项应用系统与服务的集成，也可以是多个相关物联网系统应用与服务的集成商，直接为下游用户提供最终应用与服务。

在一个单一的物联网应用中，上述产业链细分结构不一定会完整地出现，而需要依据应用与服务的需求，相应地由应用与服务集成商或物联网运营商予以规划设计和适当选取。同时，在单一物联网应用中，物联网运营商往往可以处于物联网产业链下游角色。

4.1.3 物联网产业链环节

通过对物联网产业链细分结构的汇总，按照技术与供应关系，物联网产业链可以概括为芯片与技术提供商、设备制造商、系统集成商、软件开发商、服务提供商、物联网运营商及用户等七大环节，如图 4-4 所示。

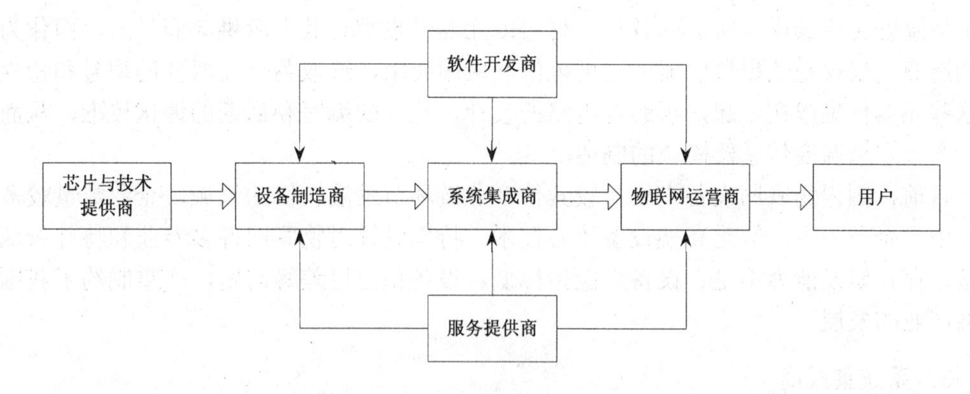

图 4-4　物联网产业链七大环节[①]

1. 芯片与技术提供商

物联网芯片与技术提供商处于物联网产业的最上游，是物联网产业链的基础环节，为下游设备制造商和系统集成商提供技术标准、规范，并提供芯片级或元器件级技术解决方案与产品。主要包括 RFID 芯片设计、二维码码制设计、最小化单元电子元器件设计制造、微控器设计、传感器设计、能量解决方案等。

目前，国内物联网在芯片与技术领域，技术水平比国外发达国家还有很大差距，特别是在高端产品市场。在技术标准规范上，我国暂时还没有国外全面、先进；在许多芯片和核心技术领域，还受到国外专利、商业行为和其他因素的制约。这些问题，对于我国物联网产业的长远发展非常不利。

2. 设备制造商

物联网设备制造商处于物联网产业链较为上游的环节，为下游系统集成商提供具有一定功能特性的设备、元件及模块，并为系统集成商和软件开发商提供数据接口标准。

有部分对物联网产业链环节的分析认为，设备制造商主要集中在数据采集层面，包括电子标签、读写器模块、读写设备、读写器天线、智能卡等提供商。这种认识有一定的合理性，但不够全面。

从一个典型的物联网终端设备的物理结构来看，往往包含着传感器模块、微控制模块（主要由微控器、电子元器件、集成电路板构成）、振晶、RFID 模块（包含物体身份标识、小容量存储、无线射频数据通信及读写控制等功能）、通信模块、天线模块、电源控制模块、能量模块等几个部分。这些构成物联网设备的每一个模块，实际上都是对多个技术和元器件的集成，因此都应该包含在设备制造商责任范畴。

其实，设备制造商这一环节又可进行更为精细的划分。以传感器模块为例：一个数字型温度传感器，一般是由热敏电阻、滤波器、放大器、ADC（Analog-to-Digital Converter，即模/数转换器，是将自然界模拟信号转换为数字信号的元器件）、微处理器、校正电阻、电路等构成。而仅热敏电阻也存在多种材料的，有不同的提供商，滤波器、放大器、ADC、微处理器、校正电阻也都有多种性能、不同型号的产品，由不同的提供商提供。因此，

① 魏长宽·物联网：后互联网时代的信息革命[M]，北京：中国经济出版社，2011：65.

数字型温度传感器模块所需的各种原材料或元器件也都有其上游供应商供给，而作为设备制造商，仅仅是依据传感器的应用范围和应用要求，选取各个元器件的型号和特性，将这些元器件集成在一起，再经过电路的设计、软件的编写和后期的调试校准，从而完成一个数字型温度传感器模块的制造。

目前，国内物联网设备市场是较其他产业链环节发展较快的领域，企业数量较多，但以中小企业为主，缺乏高端设备核心技术。特别是针对物联网许多专业和特殊领域的设备，存在研发能力不足、设备性能指标低、设备稳定性差等问题，严重制约了我国物联网产业的发展。

3. 系统集成商

物联网系统集成商是根据用户的需求，选取相应的芯片和技术解决方案、选择适合的设备产品，在适当的封装工艺和网络运营商、软件开发商的支持下，将硬件、软件集成为面对某个或多个应用领域、应用需求的整套解决方案，提供给用户的厂商。

目前，我国虽然已经拥有不少面向物联网应用集成的系统集成商，但往往是具有某一行业专业领域信息化资源和项目积累的系统集成商，缺乏关注多行业应用的专业物联网系统集成商。在物联网标准体系缺失和不规范的大背景下，这样的系统集成格局，对于我国物联网未来相关联行业领域、跨领域应用的对接与整合的长远发展不利，容易造成未来物联网行业领域应用各自为战、各建一滩的局面，导致物联网系统信息孤岛、应用孤岛的形成。

4. 软件开发商

物联网软件开发商是根据用户的需求，按照系统集成商、设备制造商提供的数据交换标准和接口，开发面向物联网应用的中间件和软件系统，实现现实世界与计算机界面的信息交互与数据处理，支持物联网用户的自动化、智能化、信息化需求。

由于物联网应用中，许多是来自于原有行业信息化应用向现实世界的延伸，相应的软件系统的研发是建立在以往行业信息化系统的基础上进行的升级改造。那么，原有软件开发商就转化为物联网产业链中的一个重要环节。

目前，我国软件开发商在技术和产品上相对已经比较成熟，但由于存在物联网技术和设备标准的缺失和不统一，软件开发商在开发难度和开发成本上面临着一定的困难。随着云技术和信息化共性技术的不断发展，国内许多面向物联网产业的软件开发商正在逐步由项目型、产品型软件企业转向物联网服务型企业，但同样面临物联网技术标准的缺失与不统一，严重地制约了软件开发商向服务型企业转化的进度。

5. 服务提供商

物联网服务提供商，通常是为设备制造商、系统集成商、物联网运营商提供服务的厂商。物联网服务提供商往往在某个领域具有物联网产业链其他各环节所不具备的资源优势。典型的物联网服务提供商有通信网络运营商、第三方支付服务商、终端可持续能源提供商、终端设备身份认证与统一管理服务商，甚至是有传统软件企业转化而来的云服务提供商等。

目前，我国物联网服务提供商主要是在通信网络运营服务层面，包括中国移动、中国联通、中国电信及各级广电网络、卫星通信等数据通信服务商。而随着物联网的发展和物联网标准的形成和统一，越来越多的云服务提供商可以提供数据交换传输云服务、数据存储计算及数据挖掘云服务，终端设备身份认证与统一管理服务商可以提供物联网各应用系统终端身份认证、授权管理、证据保存等服务，第三方支付服务商可以提供物联网各应用在商务和消费领域的支付结算服务，终端可持续能源提供商则可以为遍及现实世界的物联网终端设备提供无线可持续供电解决方案与服务。

随着物联网的发展与成熟，未来会有越来越多形式的物联网服务提供商为物联网的应用和用户提供多种方便、快捷、低成本的服务与增值服务。

6. 物联网运营商

物联网运营商是负责物联网应用系统终端部署、运营、维护和管理的服务提供方。

从目前的物联网应用来看，物联网运营商往往又兼具用户的身份。例如，面向某一行业的物联网应用，通过系统集成商交钥匙工程后，转化成为既负责物联网终端部署、运营、管理，又满足自身需求的角色。而随着物联网在社会生产、生活、公共服务领域的不断扩展，物联网运营商的角色将逐步细分出第三方运营商的角色，由第三方进行物联网的部署、运营、维护及管理，同时为该物联网应用的受益者——消费者、行业应用单位、政府提供服务并收取服务费用。

7. 用户

物联网产业链中用户的角色即代表物联网最终应用与服务的直接受益者，或者说一项物联网应用的建设，都是最终为他们提供服务。

4.2　物联网产业链的特点

物联网是在传感网、现代通信网和信息技术的基础上发展而来的，其产业链横跨了现代电子信息产业多个领域，是一个复杂的多技术、多产业、多环节的产业，对于物联网产业链特点的分析和认识，可以从物联网应用的构建过程来开展。

4.2.1　物联网应用的构建过程

物联网应用的构建是由需求发起、基础技术推动的。而物联网的应用不仅仅是诸多技术环节所支持的，还需要服务环节的支持和整合。

目前，典型物联网应用的构建过程基本上可以通过图 4-5 予以说明。

构建一个物联网应用系统，需要产业链中多环节在技术、服务上共同协作：

（1）由于物联网相关基础技术的发展和成熟，用户提出并向产业链上游提出一种尚未解决的信息化需求，这种需求对上游产业链各环节在技术、服务及整合层面上提出基于基础技术的升级和改造要求。

（2）物联网运营商在用户新的需求基础上，规划物联网应用在技术、服务及整合层面上的技术标准和服务要求，并对技术和服务提出具体的技术选型、性能要求和服务期望。

（3）系统集成商在技术选型、性能要求、服务期望的基础上，面向其下游设备制造商、软件开发商、服务提供商征询相应的技术支持与解决方案，并在此之上进行系统集成的技术标准和服务规范，在技术集成和服务集成的过程中不断沟通和协调下游设备制造商、软件开发商、服务提供商之间面临的整合障碍。

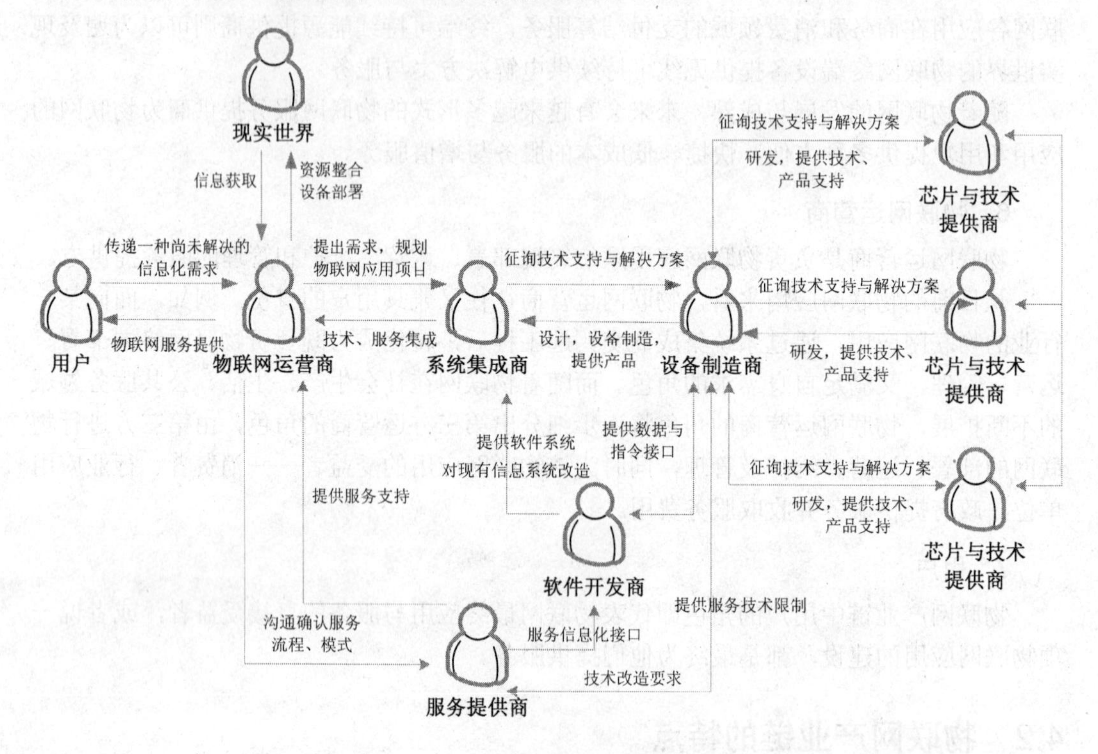

图 4-5　典型物联网应用的构建过程

（4）设备制造商在系统集成商制定的技术标准下，面向芯片与技术提供商征询技术支持与解决方案，在众多关键技术和元器件提供商的支持和协助下，将各芯片与技术提供商所提供的满足物联网应用需求和技术标准的技术、产品、元器件进行硬件系统集成；同时，在这个过程中，设备制造商也在系统集成商的统一协调下，与软件开发商和服务提供商充分沟通，并且不断调整技术细节，便于未来系统在技术和服务商的有机整合。

（5）软件开发商在系统集成商的技术标准和服务提供商的服务规范下，依据设备制造商提供的数据与指令接口，开发针对用户需求的软件系统，为物联网应用的信息化、自动化提供支持和保障。

（6）服务提供商在与物联网运营商沟通确认的服务流程与模式的基础上，在系统集成商的协调之下，积极开展与设备制造商、软件开发商的沟通和协作，在技术上向软件开发商和设备制造商提供相应的接口和技术支持；同时，依据新技术、新服务和新应用的需求，对自身技术和服务进行相应改造与优化。

（7）在技术和服务进行集成之后，物联网运营商将对现实世界进行资源整合与设备部署，从而获取现实世界中的有效信息，在系统集成商的技术支持和服务提供商的服务支持下，为用户提供物联网服务。

除了以上的物联网应用构建所需在产业链各环节中开展的工作之外，有些物联网应用还需要和原有信息系统应用或其他物联网应用系统进行信息和指令的交互。因此，物联网运营商肩负着外部资源整合的责任，并且要有系统集成商、软件开发商、服务提供商、甚至整个产业链的各环节与原有系统或其他物联网系统进行技术、服务商的整合。

由此可见，面临各行各业物联网应用的需求，构建一个完整的物联网应用系统需要调动众多的物联网产业链环节，需要各环节之间在技术和服务上充分沟通、协同，不断地对各环节技术和服务进行修正后，才能将整个物联网产业链各环节的技术、产品和服务整合为一个可解决实际问题的物联网应用。

4.2.2 物联网产业链特点

通过对物联网应用构建过程的了解可以看出，物联网产业链具有产业链长、产业链环节多、产业链各环节关联性强等显著特点。

1. 产业链长

物联网产业链与传统制造型产业和服务型产业有所区别，既存在产品的提供，又存在服务的提供；不论是提供的产品还是提供的服务，都是多个产业链环节、多个企业共同协作完成的。物联网产业链相对传统产业链条来说，的确相对复杂一些，其价值的传递不单单存在于产品或者服务的单一形式，而往往存在产品、业务、服务等多种形式的。并且，可以从典型物联网应用构建过程分析中看出，其价值的传递过程并非向传统产业链那样单线条传递，而是形成了矩阵式的价值传递结构。

2. 产业链环节多

从物联网产业链结构的分析中可以看出，物联网产业链包括芯片与技术提供商、设备制造商、系统集成商、软件开发商、服务提供商、物联网运营商及用户等七大环节。而在前六大环节中，又存在众多的、因物联网应用所需而各异的、因物联网应用和技术发展不断扩充的诸多产业链细分结构。

产业链环节的众多不仅仅体现在诸多细分结构中，在诸多细分环节中，还各自存在着各自的技术和价值链条，形成了各自细小的产业链。如果耐心地进行学习和梳理，会发现物联网产业链环节几乎覆盖了所有科技研发、生产、制造的各个领域。

因此，物联网产业链不仅环节多，而且环节套环节，形成了庞大的、复杂的技术、供应和价值链条。

3. 产业链各环节关联性强

物联网产业链各环节都是以满足最终客户需求为目标进行技术与服务整合，因此在技术提供与服务提供过程中，整个产业链各环节在技术标准和服务规范基础上形成硬件、软件、服务层面的有机合作，各环节间关联性极强。

在物联网应用的形成和拓展过程中，许多新的产业链环节可能会继续逐渐加入物联网产业链中，并且将随着上下游间的合作与沟通在技术、服务商不断加强与产业链其他环节的关联，从而逐步形成凝聚力更强的物联网产业链。

4.3 物联网产业链的核心

产业链的核心环节对于产业发展具有极其重要的作用，谁占领了产业链核心环节，谁就赢得了竞争的主动权。特别是我国在过去的社会经济发展过程中，诸多产业链核心环节掌握在他国手中，从而严重制约了我国相关产业的发展和优化升级。

物联网作为一个新兴的产业，在早期的发展过程中，各方观点基本认为基础技术环节是物联网产业的核心。但对于物联网产业链核心的认识，不应简单定位于基础技术环节或认定为产业链中的某个环节。由于物联网产业具有明显的成长周期，因此，我们应该在不同的成长周期去关注该周期的产业链核心环节，从而在物联网成长发展过程中，聚焦产业链核心环节，打造物联网产业链核心竞争力。

物联网产业从理论上也将尊重其他产业的成长规律，存在产业从起步发展到繁荣最终走向衰落的成长周期。根据产业成长周期理论，物联网产业也将经历产业发展初期、导入期、成长期、成熟期。在这个发展过程中，物联网产业链也将从简单产品提供发展到产品、业务、服务整合提供的产业链条。

因此，我们从物联网产业的发展初期、导入期、成长期、成熟期 4 个阶段来分析物联网产业链的核心。

1. 发展初期：基础的芯片与技术环节是物联网产业链的核心

技术的发展是推动物联网发展的引擎。随着技术的发展，特别是近 20 年来各种科学基础和信息技术的发展，为物联网的应用提供了良好的技术支持。

以近几年推动物联网迅猛发展的 RFID 技术为例，正是电磁感应、无线通信等基础科学的发展和信息技术进步、制造工艺的提升，使得 RFID 技术能够支持物联网近场无线数据通信与物体识别的需求，并且在成本和体积上不断适应更多商业领域的应用。同样，在支持物联网发展的关键性技术上，诸如传感技术、微处理技术等，都是在基础科学、信息技术发展的基础上，不断给予物联网应用需求以更加完善的支持。

在物联网的发展初期，物联网基础技术还不够成熟，设备制造处于技术研发、产品试生产阶段，系统集成商的作用尚未充分展现，软件开发商和服务商还不能从宏观层面去理解和支持物联网应用的需求。在这个阶段，最为重要的就是基础的芯片与技术环节的发展，为未来物联网产业的发展创造机遇。

2. 导入期：设备制造与系统集成环节是物联网产业链的核心

在物联网的导入期，物联网快速发展，企业参与范围广泛、行业应用和个人应用日新月异，使得设备制造环节与系统集成环节成为物联网产业链的关键环节。正是由于设备制造商和系统集成商的存在，使得基础技术与物联网应用有机地结合起来，满足面向现实世界的信息化需求。

然而在这一阶段中，正是由于应用需求的推动，设备制造商与系统集成商忙于解决一个又一个的物联网应用需求。而在充分竞争的市场环境中，各个企业各自为战，自成体系，甚至重复建设，往往就忽视了物联网未来系统间的协作与效率问题。因此，在物联网产业发展的导入期，虽然设备制造与系统集成环节是产业链的核心，但并不是所有的这两个环节中的企业都能称为真正的“核心”。在这一阶段，标准的制定才是设备制造与系统集成环节的核心，即真正的物联网产业链核心。或者说，在物联网发展的导入期，具有核心标准的设备制造与系统集成企业或产业联盟是物联网产业的核心。

3．成长期：服务提供环节是物联网产业链的核心

在物联网的成长期，技术已基本发展成熟，各项应用日渐完善，技术提供与集成环节在产业的发展过程中竞争日益残酷，除了极少数掌握高端核心基础技术和制定行业标准的企业外，技术提供与技术集成已经不再是物联网产业链的核心。那些在物联网发展过程中，通过激烈的市场竞争和资源整合，为物联网应用提供各项具有核心竞争力的服务型企业成为物联网产业链的核心。

从目前物联网的发展趋势和可预见的物联网应用趋势来看，作为物联网产业链核心的服务提供环节可能包括物联网通信运营商、物联网身份认证与授权服务商、物联网云资源提供商及更多的为物联网各项应用提供所需基础资源和服务的服务型企业。正是由于技术的大众化，使得物联网应用的开展将把重点转移到这些为物联网应用提供基础资源和服务的服务型企业上来，这一物联网产业链的服务提供环节，将是物联网成长期中成本、效率甚至是物联网能否开展和运营起来的决定性因素，他们也将在物联网的成长期中占有价值链中最优厚的一部分。

4．成熟期：物联网运营环节是物联网产业链的核心

物联网的发展将最终覆盖、甚至跨域行业应用和个人应用，形成庞大的、难以计量的市场。在成熟期，物联网产业中最为核心的将不再是技术提供和整合；随着应用布局的完成，服务提供商也将逐渐在运营商更有价值的庞大数据库上逐渐转化为互相依存关系。

在物联网的成熟期，运营商凭借庞大的数据库掌握整个产业链中的核心优势，将直接面向广大用户提供服务，并具备对物联网产业链上下游企业进行整合的优势，最终成为物联网的主导者。

小结

物联网产业链将随着物联网的发展日渐完善与清晰，在对现有应用认识和产业经济学理论的指导下，我们可以通过对物联网体系结构的认识来了解物联网产业链各个环节，并在此基础之上分析和理解物联网产业链的特点。在物联网产业链核心方面，不应该拘泥于已经历的和正经历的产业链成长阶段来固化地认识，而应该在物联网成长周期中动态地认识和发掘物联网产业链的核心。

同时，在学习和认识物联网产业链知识中，也不应该拘泥于本章对于物联网现有认识和理论的推导，应适时结合物联网的最新发展，不断修正和更新对物联网产业链的认识。

习题

1. 物联网产业链的七大环节是什么？

2. 物联网产业链的特点有哪些？

3. 物联网在各成长周期下，产业链核心分别是什么？

4. 试举物联网应用实例，分析该应用实例所涉及的物联网产业链细分结构包括哪些？

第5章 物联网产业发展

学习要求：

- 全面了解物联网的标准、政策、法律法规等宏观环境；
- 了解物联网在几大主要的产业领域的分布情况；
- 清晰物联网发展的趋势；
- 掌握物联网的发展策略，思考在当前环境下，发展物联网的可行性建议。

学习内容：

本章从物联网发展的宏观环境、产业分布、发展趋势、发展策略4方面，为读者描述了一幅物联网产业发展的蓝图，并结合实际情况对物联网发展提出策略。

学习方法：

在了解物联网产业发展的趋势基础上结合案例理解本章内容。

引例　RFID与邮政的缘分

中国邮电邮政总局简称“中国邮政”，由原邮电部邮政总局于1995年10月4日正式注册为法人资格。中国邮政集“信息流、物流、资金流”于一身，入选了中国世界纪录协会世界上最大的邮政网络，也创造了多项世界之最。

2000年3月，中国邮政确定了电子邮政的发展战略，“科技兴邮”成为中国邮政的出路。中国邮政实施“科技兴邮”战略，在邮件处理领域全面实施了条码技术，并建成覆盖全国的综合计算机网。但是，由于条码识别技术自身固有的局限性，在总包的交接和分拣过程中还难以实现自动化处理，限制了邮件传递速度和作业处理效率的进一步提高。而RFID技术具有远距离、非“视线”、高速、批量识别以及无须人工干预、信息可擦写、可工作于各种环境等特点，非常适用于邮政生产作业。因此，在中国邮政第十个“五年计划”的科技发展规划中，就已将RFID作为新技术应用的重点之一进行规划。

2005年年初，在科技部和中科院的支持下，中国邮政以速递总包处理业务为突破口，在上海邮政速递总包处理中进行了射频识别技术的应用实验。次年，项目通过初验，并投入试运行。结果装卸车识读率达99.4%、分拣识读率达100%（初验测试值），处理中心内部速递作业和总包分拣处理可提高效率约20%，实现了速递部门与邮运部门交接环节的即交即清以及对各环节邮件处理时间信息的自动采集，支撑了物流网络的优化，完善了速递总包跟踪查询的环节，避免了邮件延误和丢失，方便了质量考核。在上海邮政速递，RFID应用的效益不仅体现在作业效率和服务质量的提高上，而且还由于600余个支局每天循环使用射频标签，不再使用一次性的条码标签，每年在一次性条码标签材料、设备损耗及人工成本方面就可以节约32万元。

2008年开始，中国邮政在全国“全夜航”涉及的总包处理中，全面推广应用RFID技术，并开展在普邮总包、物流总包、信盒、集装箱及资产管理等领域的研究和实验工作。

中国邮政在2010年的年报中指出，要扎实推进新技术应用科技成果的转化，积极推进了RFID在普邮全程时限管理方面的应用。

资源来源于：2010-09-01节选自中国电信集团公司.走近物联网. 人民邮电出版社.

5.1　物联网产业发展宏观环境

物联网被称为继计算机、互联网之后世界信息产业的第三次浪潮。美国将“新能源”和“物联网”列为振兴经济的两大武器。我国对物联网发展也高度重视，在《国家中长期科学与技术发展规划（2006—2020年）》和“新一代宽带移动无线通信网”重大专项中均将物联网列入重点研究领域。

中科院早在1999年就启动了传感网研究，组成了2 000多人的研究团队，先后投入数亿元，在无线智能传感器网络通信技术、微型传感器、传感器终端机、移动基站等方面已取得重大进展，目前已拥有从材料、技术、器件、系统到网络的完整产业链。总而言之，我国物联网研究没有盲目跟从国外，而是面向国家重大战略和应用需求，开展物联网基础标准体系、关键技术、应用开发、系统集成和测试评估技术等方面的研究，形成了以应用为牵引的特色发展路线，在技术、标准、专利、应用与服务等方面已接近国际水平，使我国在该领域占领价值链高端成为可能，未来的产业空间是巨大的。

5.1.1　标准环境

物联网发展初期，各行业各企业彼此不能通用，不能实现互联互通，标准不统一，这些都直接制约了产业的布局以及企业参与的积极性。例如，智能交通的电子不停车收费系统（Electronic Toll Collection，ETC）在很多省份之间不能实现通用，给用户带来了不便，也影响了其发展；现有的人与机器（Man to Machine，M2M）产品还处于起步阶段，多数业务系统分散、规模化复用能力很弱；各省市的电信运营商有各式各样的需求，但是这种需求又很难复制，每个需求都要做一个解决方案，这样做起来工作量非常大。

2010 年 6 月 8 日，中国物联网标准联合工作组在北京成立，以推进物联网技术的研究和标准的制定。联合工作组由全国 11 个部门及下属的工业和信息化部电子标签标准工作组、全国信标委传感器网络标准工作组、全国智标委等 19 家相关标准化组织自愿联合组成。联合工作组在成立倡议书中表示：要倾全国之力，联合推进中国的物联网标准体系建设。

据悉，目前中国标准化协会正在吸收大量各行各业的会员参与标准制定，从各类实际应用中提炼出最通用的部分形成标准，使标准真正在产业发展中发挥重要作用。中国通信标准化协会泛在网技术工作委员会已经完成了 M2M 技术业务的总技术要求、M2M 应用的通信协议的技术要求。

1．感知层

感知层顾名思义就是感知系统的一个层面，这里的感知主要就是指系统信息的采集。感知层就是把所有物品通过一维/二维条码、射频识别（Radio Frequency Identification，RFID）、传感器、红外感应器、全球定位系统等信息传感装置自动采集到与物品相关的信息并上传，完成传输到互联网前的准备工作。RFID 在供应链管理、工业控制、智能交通、智能家居等领域中都得到很好的应用。例如，粘贴在设备上的 RFID 标签和用来识别采集 RFID 信息的读写器就属于物联网的感知层。人们采集到的信息是 RFID 标签里存储的内容，需要在采集装置的本地进行处理，然后将有用的数据传输到系统控制管理中心。例如，高速公路不停车收费系统、超市仓储管理系统等，都是基于此类结构的物联网应用。

感知层作为物联网架构的基础层面，主要是达到信息采集并将采集到的数据上传的目的，感知层主要包括：自动识别技术产品和传感器（条码、RFID、传感器等）、无线传输技术（WLAN、Bluetooth、ZigBee、UWB 等）、自组织组网技术和中间件技术。

1）条码识别

条形码是将宽度不等的多个黑条和空白，按照一定的编码规则排列，用以表达一组信息的图形标识符。条码识别是光学识别：将采集到的条码反射光通过光电转化变为电信号，经整形、模数转换以及译码，转换成相应的数字、字符信息，通过与计算机相连的识读器将信息送入信息系统进行数据处理与管理。

2）RFID

射频识别（RFID）又称电子标签、无线射频识别。RFID 是一种通信技术，可通过无线电信号识别特定目标并读写相关数据，而无须识别系统与特定目标之间建立机械或光学接触。该技术是一种非接触的自动识别技术，射频标签与射频识读器之间通过感应、无线电波反射的工作方式进行非接触双向通信，识读器可以对标签进行读写操作。按供电方式分为有源射频识别系统和无源射频识别系统。有源是指标签内有电池提供电源，其作用距离较远，但寿命有限、体积较大、成本高，且不适合在恶劣环境下工作；无源是指标签内无电池，它利用波束供电技术将接收到的射频能量转化为直流电源为卡内电路供电，其作用距离相对有源卡较短，但寿命长且对工作环境要求不高。

按载波频率分为低频、高频射频和超高频射频。低频射频标签主要有 125 kHz 和 1 342 kHz 两种，高频射频标签频率主要为 13.56 MHz，超高频射频标签主要为 433 MHz、800～900 MHz、2.45 GHz、5.8 GHz 等。有时，人们也称 2.45 GHz 以上的射频识别系统为微波系统。在应用方面，低频系统主要用于短距离、低成本的应用中，如多数的门禁控制、校园卡、动物监管、货物跟踪等。高频系统用于门禁控制和需传送大量数据的应用系统；超高频系统应用于需要较长的读写距离和高读写速度的场合，其天线波束方向较窄且价格较高，在火车监控、高速公路收费等系统中应用。

3）WLAN

无线局域网（Wireless Local Area Networks，WLAN）是利用无线技术在空中传输数据、话音和视频信号，其历史起源可以追溯到 50 年前，当时美军首先开始采用无线信号传输资料，并且采用相当高强度的加密技术，这项技术让许多学者得到了一些灵感。作为传统布线网络的一种替代方案或延伸，无线局域网使人们可以随时随地获取信息，提高了办公效率。此外，因为 WLAN 可以便捷、迅速地接纳新加入的雇员，而不必对网络的用户管理配置进行过多的变动。

在物联网中，WLAN 可以利用在有线网络布线困难的地方使用 WLAN 方案，而不必再实施打孔布线作业，因此不会对建筑设施造成任何损害。

Wi-Fi 是无线保真（Wireless Fidelity）的缩写，属于无线局域网的一种，是一种可以将个人计算机、手持设备（如 PDA、手机）等终端以无线方式互相连接的技术。Wi-Fi 的主要特点是传输速率高、可靠性高、建网快速、便捷、可移动性好、网络结构弹性化、组网灵活、组网价格较低等。物联网中可以通过 Wi-Fi 网络连通 RFID 识读器等手持终端和信息传输结点。

4）Bluetooth

蓝牙（Bluetooth）是一种支持设备短距离（10 m 内）通信的无线电技术，能在包括移动电话、PDA、无线耳机、笔记本式计算机等众多设备之间进行无线信息交换。

1994 年，瑞典爱立信公司就在进行蓝牙的研发。它可以在较小的范围内，通过无线连接的方式安全、低成本、低功耗地进行网络互联，使得近距离内各种通信设备能够实现无缝资源共享，也可以实现在各种数字设备之间的语音和数据通信。由于蓝牙技术可以方便地嵌入到单一的 CMOS 芯片中，因此，特别适用于小型的移动通信设备，通过建立无线通信解决了设备连接电缆的不便。

5）ZigBee

紫蜂是“Zigbee”的音译，是一种短距离、低速率低功耗的无线网络传输技术，采用 DSSS 技术调制发射，用于多个无线传感器组成网状网络，在自动控制和远程控制领域可以嵌入各种设备，比蓝牙的效果更好。简而言之，ZigBee 就是一种便宜的、低功耗的近距离无线组网通信技术。推动紫蜂技术发展的主要组织是 Zigbe 联盟。

6）UWB

超宽带（Ultra-Wideband，UWB）是一种无载波通信技术，利用纳秒至微微秒级的非正弦波窄脉冲传输数据，有人称它为无线电领域的一次革命性进展，认为它将成为未来短距离无线通信的主流技术。该技术起源于 20 世纪 50 年代末，此前主要作为军事技术在雷达等通信设备中使用。UWB 是一种高速而又低功耗的数据通信方式，从理论上讲，UWB 可以与现有无线电设备共享带宽。UWB 的特点如下：抗干扰性能强，传输速率高，带宽极宽，消耗电能少，保密性好，发送功率非常小，成本低。

WLAN、Bluetooth、ZigBee、UWB 四种无线传输技术的技术特点如表 5-1 所示。

表 5-1　四种无线传输技术技术特点对照表

无线传输技术 / 指标	无线局域网（WLAN）	蓝牙（Bluetooth）	紫蜂（ZigBee）	超宽带（UWB）
传输速率	高	低	低	高
功耗	高	高	低	低
有效范围	30～50 m	10 m 以下	10 m	10 m 以下
成本	高	高	低	低
安全性	高	高	低	低
复杂度	高	高	低	低

2. 网络层

物联网的网络层可以理解为搭建物联网的网络平台，它建立在现有的移动通信网、互联网和其他专网的基础上。通过各种接入设备与上述网络相连，如手机付费系统中由刷卡设备将内置手机的 RFID 信息采集上传到互联网，网络层完成后台鉴权认证并从银行网络划账。

1）下一代承载网

下一代的承载网是指基于承载网的融合，即 3 种业务网（PSTN/Cable Modem/Internet）的承载网建立在一个统一的网络上来承载，这并不是说现在的 IP 网可以承载另外两个网络，而是指基于 IP 技术的发展变化后的 IP 网，它是在满足另外两个网的需求发展而来的。

对于现在物联网的发展而言，它的承载网仍然是以互联网、移动通信网为主的公共网络。未来网络的发展，将面向民用和专用两个方面：民用网络就是涉及范围广、适合大众使用的网络，例如 Internet；专用网络是能够为物联网提供服务的专有网络，这样的专用承载网称为“下一代承载网”。

2）M2M 无线接入

M2M 是一种理念，是所有增强机器设备通信和网络能力的技术的总称。从狭义上说，M2M 仅代表机器与机器（Machine to Machine）之间的通信，广义来讲也包括人与机器（Man to Machine）的通信，是以机器智能交互为核心的、网络化的应用与服务。早在 2002 年诺基亚便开始推动 M2M 的解决方案，他们将其定义为“以以太网和无线网为基础，实现网络通信中各实体间信息交流”。M2M 作为实现机器与机器之间的无线通信手段，为制造业的信息化提供了一种新的解决思路。例如，在电力设备中安装可监测配电网运行参数的模块，实现配电系统的实时监测、控制和管理维护；在石油设备中安装可以采集油井工作情况信息的模块，远程对油井设备进行调节和控制，及时准确了解油井设备工作情况；在汽车上配装采集车载信息终端、远程监控系统等，实现车辆运行状态监控等。

目前，欧洲电信标准化协会（ETSI）和第三代合作伙伴计划（3GPP）等国际标准化组织都启动了针对快速成长的 M2M 技术进行标准化的专项工作。

3．应用层

物联网的应用层利用经过分析处理的感知数据，为用户提供丰富的特定服务，以实现智能化识别、定位、跟踪、监控和管理。目前，已经有不少物联网范畴的应用，譬如通过一种感应器感应到某个物体触发信息，然后按设定通过网络完成一系列动作。例如，当你早上拿车钥匙出门上班时，在计算机旁待命的感应器检测到之后就会通过互联网自动发起一系列事件：通过短信或者喇叭自动报今天的天气，在计算机上显示快捷通畅的开车路径并估算路上所花费的时间，同时通过短信或者即时聊天工具告知你的同事你将马上到达。各种行业和家庭应用的开发将会推动物联网的普及，从而给整个物联网产业链带来利润。

应用层主要包含应用支撑平台子层和应用服务子层。其中，应用支撑平台子层用于支撑跨行业、跨应用、跨系统之间的信息协同、共享、互通的功能，主要包括公共中间件、信息开放平台、云计算平台和服务支撑平台。应用服务子层包括智能交通、供应链管理、智能家居、工业控制等行业应用。

1）公共中间件

公共中间件主要是指在应用物联网的过程中，当遇到操作平台和应用程序之间因接口标准不同，无法直接连接的时候，要应用到某一部件作为通信服务的提供者，这一部件就称为公共中间件。

在应用层中的公共中间件与感知层中的信息采集中间件技术不同。信息采集中间件主要应用于整个物联网末端的信息采集中，应用层中间件主要应用于操作平台和应用程序之间的通信，所以同样需要中间件。由于应用的环节不同，中间件技术也不同。

2）云计算

云计算（Cloud Computing）是基于互联网的分布式计算技术的一种，通过这种方式，共享的软硬件资源和信息可以按需提供给计算机和其他设备，整个运行方式很像电网。狭义的云计算是指 IT 基础设施的交互和使用模式，指通过网络以按需、易扩展的方式获得所需的资源；广义的云计算是指服务的交互和使用模式，指通过网络以按需、易扩展的方式获得所需的服务。这种服务可以是 IT 和软件、互联网相关的，也可以是任意其他的服务，它具有超大规模、虚拟化、可靠安全等独特功效。

那么云计算又和物联网有什么关系呢？例如，将云计算看作人的大脑，则物联网则是人的五官和四肢。为了能够更好地利用物联网提供便捷的环境，人们便考虑将云计算运用到物联网中，提高物联网的存储、计算和资源共享的能力。云计算与物联网的结合方式可以分为以下 3 种：

（1）单中心，多终端。分布范围较小的各物联网终端（传感器、摄像头或 3G 手机等），把云中心或部分云中心作为数据或处理中心，终端所获得信息、数据统一由云中心处理及存储，云中心提供统一界面供使用者操作或者查看。

（2）多中心，大量终端。有些数据或者信息需要及时甚至实时共享给各个终端的使用时也可采取这种方式，这个的模式的前提是我们的云中心必须包含公共云和私有云，并且它们之间的互联没有障碍，这样对于有些机密的事情，比如企业机密等可较好地保密而又不影响信息的传递与传播。

（3）信息、应用分层处理，海量终端。对需要大量数据传送，但是安全性要求不高的信息和数据（如视频数据、游戏数据等），可以采取本地云中心处理或存储；对于计算要求高，数据量不大的信息和数据，可以放在专门负责高端运算的云中心；而对于数据安全要求非常高的信息和数据，可以放在具有灾备中心的云中心。此模式根据具体的应用模式和场景，对各种信息、数据进行分类处理，然后选择相关的途径给相应的终端。

综上所述，物联网的 3 个层次：感知层作为物联网架构的基础，主要通过条码、RFID、传感器等达到对信息采集的目的；网络层则作为物联网架构的中间层面，承载着对感知层采集来的数据的网络传输；应用层则是物联网的最终目标层，将物联网与生产、生活切实结合在一起。

5.1.2　政策环境

2006 年，国务院发布的《国家中长期科学和技术发展规划纲要（2006—2020 年）》中关于“重要领域及其优先主题”、“重大专项”和“前沿技术”部分均涉及物联网的内容。财政部出台《物联网专项基金管理办法》，6 月修订了《基本建设贷款中央财政贴息资金管理办法》，增加了为物联网企业提供场所服务的贴息。这些都为物联网提供了有力的政策支持，在一定意义上促使物联网在中国的发展。

政策环境详见附录 A。

5.1.3　法律环境

1．隐私问题

物联网的发展离不开 RFID 技术，但由于 RFID 的微型化、穿透性以及标签具有唯一识别的特性，RFID 相关读取技术在读取信息的同时，可能泄露个人隐私信息或企业的商业秘密。具体而言，它对隐私构成的威胁主要有以下两种：

1）不正当读取个人信息

虽然信息的披露与保密都有需要保护的社会利益基础，但是二者之间存在一定的矛盾和冲突，这就明确了信息的正当和不正当读取的划分标准：有些信息的读取是为了公共利益或与私人利益无太大关联，属于知情权的保护范围，是正当的；而有些信息的读取已经远远超出了知情权的合理范围，侵犯了私人的专属领域，其行为是不正当的。RFID应用中不正当读取个人信息的主体包括RFID使用人和未授权第三方。由于RFID本身具有穿透性强、信息存储量大、成本低的特性，其使用人和未授权第三方在使用RFID进行信息读取的过程中都有可能侵犯个人隐私权。

RFID使用人是指经过合法授权可以使用RFID读取个人信息的自然人、法人、其他组织或政府机关。具体包括商业领域中商品的制造商或零售商，医疗领域中的医院及其医护人员，图书馆管理中的图书管理员，电子护照管理中的政府机构等。他们在各自的领域活动中有权使用RFID读取所需的个人信息，而不被认为是侵权。但是，如果他们读取信息时存在以下几种情形，则可以被视为侵权：

（1）未获得信息所有人的同意而在其商品或服务中嵌入RFID标签并读取个人信息；

（2）未明确告知信息所有人RFID标签的存在；

（3）未明确告知信息所有人何时何地读取信息以及读取信息的类型和目的；

（4）读取信息时未告知信息所有人享有修改或更正信息的权利；

（5）未获得信息所有人的同意而在该领域的活动结束后继续使用RFID标签读取个人信息。

未授权第三方是指未经合法授权而使用RFID读取个人信息的自然人、法人或其他组织。由于RFID标签和后台数据库之间的通信是非接触和无线的，这就为第三方非法读取和篡改标签中的信息提供了条件。标签本身受到成本的限制，因此不能保证安全，非法用户只要拥有相同规格的阅读器，并且在标签的可读取范围内，就能够任意地读取标签中的信息，造成个人信息的泄露，进而危及个人的隐私，而读写式RFID标签中的信息还可能面临被篡改的风险。

2）不正当使用个人信息

RFID应用中不正当使用个人信息包括以下几种情形。对于上述RFID使用人来说，具体包括：

（1）使用个人信息时未采取适当的措施确保信息的安全性和完整性；

（2）未经同意将读取的个人信息用于初始目的之外的其他目的，不合理利用或滥用个人信息；

（3）未经信息所有人的同意使用与发布个人信息；

（4）不当泄露或故意传播个人信息；

（5）未经信息所有人修改或更正而使用或披露错误的个人信息。

对于上述未授权第三方而言，他们可以利用相同规格的阅读器任意读取标签中的信息，并对其中的信息进行删除、添加或修改，危害信息所有人数据的完整性；此外，未授权第三方还有可能利用所获取的信息冒名顶替，无事生非，干扰他人生活甚至从事某些不法行为。

由此可见，RFID 应用引发了前所未有的侵犯个人隐私风险，这就亟需立法予以保护，才能应对新技术发展带来的挑战。

2. 安全问题

首先，传感网络是一个存在严重不确定性因素的环境。广泛存在的传感智能结点本质上就是监测和控制网络的各种设备，它们监测网络的不同内容、提供各种不同格式的事件数据来表征网络系统当前的状态。然而，这些传感智能结点又是一个外来入侵的最佳场所。从这个角度而言，物联网感知层的数据非常复杂，数据间存在着频繁的冲突与合作，具有很强的冗余性和互补性，且是海量数据。其次，当物联网感知层主要采用 RFID 技术时，嵌入了 RFID 芯片的物品不仅能方便地被物品主人所感知，同时其他人也能进行感知。特别是当这种被感知的信息通过无线网络平台进行传输时，信息的安全性相当脆弱。同样，在物联网的传输层和应用层也存在一系列的安全隐患，亟待出现相对应的、高效的安全防范策略和技术。

1）智能感知结点的自身安全问题

由于物联网的应用可以取代人来完成一些复杂、危险和机械的工作，所以物联网机器、感知结点多数部署在无人监控的场景中。那么攻击者就可以轻易地接触到这些设备，从而对它们造成破坏，甚至通过本地操作更换机器的软硬件。

2）假冒攻击

由于智能传感终端、RFID 电子标签相对于传统 TCP/IP 网络而言是“裸露”在攻击者的眼皮底下的，再加上传输平台在一定范围内是“暴露”在空中的，“窜扰”在传感网络领域显得非常频繁、并且容易。所以，传感器网络中的假冒攻击是一种主动攻击形式，它极大地威胁着传感器结点间的协同工作。

3）数据驱动攻击

数据驱动攻击是通过向某个程序或应用发送数据，以产生非预期结果的攻击，通常为攻击者提供访问目标系统的权限。数据驱动攻击分为缓冲区溢出攻击、格式化字符串攻击、输入验证攻击、同步漏洞攻击、信任漏洞攻击等。通常，向传感网络中的汇聚结点实施缓冲区溢出攻击是非常容易的。

4）恶意代码攻击

恶意程序在无线网络环境和传感网络环境中有无穷多的入口。一旦入侵成功，之后通过网络传播就变得非常容易。它的传播性、隐蔽性、破坏性等相比 TCP/IP 网络而言更加难以防范，如类似于蠕虫这样的恶意代码，本身又不需要寄生文件，在这样的环境中检测和清除这样的恶意代码将很困难。

5）拒绝服务

这种攻击方式多数会发生在感知层安全与核心网络的衔接之处。由于物联网中结点数量庞大，且以集群方式存在，因此在数据传播时，大量结点的数据传输需求会导致网络拥塞，产生拒绝服务攻击。

6）信息安全问题

感知结点通常情况下功能单一、能量有限，使得它们无法拥有复杂的安全保护能力，而感知层的网络结点多种多样，所采集的数据、传输的信息和消息也没有特定的标准，所以无法提供统一的安全保护体系。

7）传输层和应用层的安全隐患

在物联网络的传输层和应用层将面临现有TCP/IP网络的所有安全问题，同时还因为物联网在感知层所采集的数据格式多样，来自各种感知结点的数据是海量的并且是多源异构数据，带来的网络安全问题将更加复杂。

由于国家和地方政府的推动，当前物联网正在加速发展，物联网的安全需求日益迫切。理顺物联网的体系结构、明确物联网中的特殊安全需求，考虑怎样用现有机制和技术手段来解决物联网面临的安全问题，是当务之急。

3. 知识产权问题

物联网的健康发展与知识产权制度存在着密不可分的联系，主要体现在以下几个方面：

1）物联网的健康发展，需要一个公平竞争的市场环境

知识产权属于一种“信息产权”，从某种意义上讲，它是对符合法定条件的、处于专有领域的一些“信息”提供的法律保护。作为构建物联网的核心技术信息可以作为“商业秘密”直接得到知识产权法的保护；而更多核心技术信息的固化、表达可以文学作品、计算机软件、数据库等形式取得版权和其他权利的保护；某些核心技术信息可以商品化，构成“信息化商品”受到商标、商誉等权利有关电子商务的授权专利，美国已有1 500多件，日本有接近200件，随后的国家是加拿大、英国、荷兰等的保护。物联网中进行的商业竞争自然也要受到反不正当竞争法的制约和限制。

2）物联网的经营模式可以成为专利保护的一种客体

随着物联网的发展，涉及因特网、物联网经营模式专利的纠纷也必将不断增加。物联网中，RFID标签是最为关键的技术与产品环节，RFID标签存储着规范且互用性的信息，通过无线网络，可将其采集到中央信息系统，实现物品识别，进而通过开放性网络实现信息交换和共享以及物品管理。中国专利多以实用新型为主，发明型专利数量较少；而国外企业与组织在中国申请的专利，发明专利授权量远高于国内。

4. 召回制度的法律责任主体认定问题

众所周知，在产品召回制度中，产品召回的责任主体是生产者，而销售者则承担连带责任。但是，随着物联网技术的不断发展，尤其是RFID技术的广泛应用，贴在商品或其零件上的RFID标签可以全程跟踪商品的生产过程，因此，在认定缺陷产品的法律责任主体时不仅可以保护消费者的利益，更实现了公平合理。商品的哪个部件出现了缺陷，应当由此部件的生产者承担相应的法律责任。而这种责任的具体认定依赖于RFID标签的信息记载，这样就可以将缺陷产品的法律责任具体细化到单一或多个特定的生产商，从而有利于法律责任主体的认定和案件的处理。

但是，我国现行法律并没有相关的法律规定对此予以承认和规制，这就急需完善现有的召回制度和相关法规，从而建立一个公平合理的法律责任追究体制。

5.1.4 社会环境

美国权威咨询机构FORRESTER预测，到2020年，世界上物物互联的业务跟人与

人通信的业务相比，将达到 30: 1，因此，物联网被称为是下一个万亿级的通信业务。中国近年来互联网产业迅速发展，网民数量全球第一，在未来物联网产业发展中已具备基础。物联网连接物品网，达到远程控制的目的，或实现人和物或物和物之间的信息交换。当前，物联网行业的应用需求和领域非常广泛，潜在市场规模巨大。物联网产业在发展的同时还将带动传感器、微电子、视频识别系统一系列产业的同步发展，带来巨大的产业集群生产效益。

中国工业和信息化部通信发展司司长张峰指出，物联网是当前最具发展潜力的产业之一，将有力带动传统产业转型升级，引领战略性新兴产业的发展，实现经济结构和战略性调整，引发社会生产和经济发展方式的深度变革，具有巨大的战略增长潜能。它是后危机时代经济发展和科技创新的战略制高点，已经成为各个国家构建社会新模式和重塑国家长期竞争力的先导力。我国必须牢牢把握产业创新方向和机遇，加快物联网产业的发展。

我国物联网产业现存七大问题：

（1）缺乏核心技术自主知识产权。在物联网技术发展产品化的过程中，我国一直缺乏一些关键技术的掌握，所以产品档次上不去，价格下不来。缺乏 RFID 等关键技术的独立自主产权是限制中国物联网发展的关键因素之一。

（2）行业技术标准缺失。目前，行业技术主要缺乏以下两方面标准：接口的标准化；数据模型的标准化。虽然我国早在 2005 年 11 月就成立了 RFID 产业联盟，同时次年又发布了《中国射频识别（RFID）技术政策白皮书》，指出应当集中开展 RFID 核心技术的研究开发，制定符合中国国情的技术标准。

（3）产业链发展不均衡。虽然目前国内三大运营商系统设备商都已是世界级水平，但是其他环节相对欠缺。物联网的产业化必然需要芯片商、传感设备商、系统解决方案厂商、移动运营商等上下游厂商的通力配合，所以要在我国发展物联网，在体制方面还有很多工作要做，如加强广电、电信、交通等行业主管部门的合作，共同推动信息化、智能化交通系统的建立。加快电信网、广电网、互联网的三网融合进程。

（4）各行业间协作困难多。物联网应用领域十分广泛，许多行业应用具有很大的交叉性，但这些行业分属于不同的政府职能部门，要发展物联网这种以传感技术为基础的信息化应用，在产业化过程中必须加强各行业主管部门的协调与互动，以开放的心态展开通力合作，打破行业、地区、部门之间的壁垒，促进资源共享，加强体制优化改革，才能有效地保障物联网产业的顺利发展。

（5）盈利模式无经验供借鉴。物联网分为感知、网络、应用 3 个层次，在每一个层面上，都将有多种选择去开拓市场。这样，在未来生态环境的建设过程中，商业模式变得异常关键。对于任何一次信息产业的革命来说，出现一种新型且能成熟发展的商业盈利模式是必然的结果，可是这一点至今还没有在物联网的发展中体现出来，也没有任何产业可以在这一点上统一引领物联网的发展浪潮。目前，物联网发展直接带来的一些经济效益主要集中在与物联网有关的电子元器件领域，如射频识别装置、感应器等。而庞大的数据传输给网络运营商带来的机会以及对最下游的如物流及零售等行业所产生的影响还需要相当长时间的观察。

（6）用户使用成本壁垒存在。因为电子标签贵，读/写设备贵，所以很难形成大规模的应用。而由于没有大规模的应用，电子标签和读写器的成本问题便始终没有达到人们的预期。成本高，就没有大规模的应用，而没有大规模的应用，成本高的问题就更难以解决。如何突破初期的用户在成本方面的壁垒成了打开这片市场的首要问题。所以，在成本尚未降至能普及的前提下，物联网的发展将受到限制。

（7）安全问题是应用推广的关键问题。在物联网中，传感网的建设要求 RFID 标签预先被嵌入任何与人息息相关的物品中，如何确保标签物的拥有者个人隐私不受侵犯便成为射频识别技术以至物联网推广的关键问题。而且如果一旦政府在这方面和国外的大型企业合作，如何确保企业商业信息，国家机密等不会泄露也至关重要。所以说在这一点上，物联网的发展不仅仅是一个技术问题，更有可能涉及政治法律和国家安全问题。

5.2　物联网产业分布

物联网分布在日常生产、生活的各个方面，覆盖商业、工业、农业等各个领域。本节主要就供应链物流、智能交通、工业制造、金融服务、智能家居、安全监控、食品安全等领域做一个介绍。

5.2.1　供应链物流

供应链物流是以物流活动为核心，协调供应领域的生产和进货计划、销售领域的客户服务和订货处理业务，以及财务领域的库存控制等活动。包括了对涉及采购、外包、转化等过程的全部计划和管理活动和全部物流管理活动，涉及供应商、中间商、第三方服务供应商和客户。

1．物联网在供应链中的应用

在物联网中，产品在生产完成时贴上产品电子代码（Electronic Product Code，EPC）的电子标签，此后在产品的整个生命周期，该 EPC 代码成为产品的唯一标识。以此 EPC 编码为索引能实时地在物联网上查询和更新产品的相关信息，也能以它为线索，在供应链各个流通环节对产品进行定位追踪。在运输、销售、使用、回收等任何环节，当某个读写器在其读取范围内监测到标签的存在就会将标签所含 EPC 数据传往与其相连的 Savant 中间件。Savant 首先以该 EPC 数据为键值，在本地或者 Internet 上的 ONS 服务器获取包含该产品信息的 EPC 信息服务器的网络地址（即 IP 地址），然后 Savant 根据该地址查询 EPC 信息服务器，获得产品的特定信息，进行必要的处理后，把信息传送到后端企业应用程序做更深层次的计算处理。同时，本地 EPC 信息服务器和源 EPC 信息服务器对本次读/写器读取进行记录和修改相应数据。由于供应链管理中各个环节都是处于运动或松散的状态，因此，信息和方向常常随实际活动在空间和时间上转移，结果影响了信息的可得性、共享性、实时性及精确性。基于 EPC 技术的物联网的应用，很好地克服了上述问题。EPC 标签具有可读/写能力，对于供应链这种需要频繁改变数据内容的场合尤为适用。它发挥的作用是数据采集和系统指令的传达。广泛用于供应链上的仓库管理、运输管理、生产管理、物料跟踪、运载工具和货架识别、商店，特别是超市中商品防盗等场合。同时，在减少库存、有效客户反应（ECR）、提高工作效率和操作的职能化方面取得了很好的效果。并能够大大降低供应链中存在的“牛鞭效应”。

从整个供应链来看，EPC 系统使供应链的透明度大大提高，物品在供应链的任何地方都被实时追踪。安装在工厂配送中心、仓库及商品货架上的读写器能够自动记录物品在整个供应链的流动：从生产线到最终的消费者。

EPC 技术在物流的诸多环节发挥着重大作用，其具体应用价值主要体现在以下 5 个环节：

1）生产环节

在生产制造环节应用 EPC 技术，可以完成自动化生产线运作，实现在整个生产线上对原材料、零部件、半成品和产成品的识别与跟踪，减少人工识别成本和出错率，提高效率和效益。采用了 EPC 技术之后，就能通过识别电子标签来快速从品类繁多的库存中准确地找出生产线上所需的原材料和零部件。EPC 技术还能帮助管理人员及时根据生产进度发出补货信息，实现流水线均衡、稳步生产，同时也加强了对产品质量的控制与追踪。

2）运输环节

在运输管理中对在途运输的货物和车辆贴上 EPC 标签，运输线的一些检查点上安装上 RFID 接收转发装置。因此，当货物在运输途中时，无论是供应商还是经销商都能很好地了解货物目前所处的位置及预计到达的时间。

3）存储环节

在仓库里 EPC 技术最广泛的使用是存取货物与库存盘点，它能用来实现自动化的存货和取货等操作。

基于 EPC 的实时盘点和智能货架技术保证了发货退货的正确性以及补货的及时性；而仓储区内商品可以实现自由放置，提高仓储区的空间利用率，并能够提供有关库存情况的准确信息；从而降低了库存，增强了作业的准确性和快捷性，提高了服务质量，降低了存储成本，节省了劳动力和库存空间，同时减少了整个物流中由于商品误置、送错、偷窃、损害和库存、出货错误等造成的损耗。

4）零售环节

物联网可以改进零售商的库存管理，实现适时补货；有效跟踪运输与库存，提高效率，减少出错。

比如，当贴有标签的物件发生移动时，货架自动识别并向系统报告这些货物的移动。智能货架会扫描货架上摆放的商品，若是存货数量降到偏低的水位，或是侦测到有人偷窃，就会通过计算机提醒店员注意。因此，能够实现适时补货，减少库存成本，还能起到货物防盗的作用。

智能秤能根据果蔬的表皮特征、外观形状、颜色、大小等自动识别水果和蔬菜的类别，并对该商品计量、计价和打印小票：在商场出口处，带有射频识别标签的商标由读写器将整车货物一次性扫描，并能从顾客的结算卡上自动扣除相应的金额。这些操作无须人工参与，节约了大量人工成本，提高了效率，加快了结账流程，同时提高了顾客的满意度。

另外，EPC 标签包含了极其丰富的产品信息，例如生产日期、保质期、存储方法以及与其不能共存的商品，这样，可以最大限度地减少商品耗损。

5）配送/分销环节

在配送环节采用 EPC 技术能大大加快配送的速度和提高拣选与分发过程的效率与准确率，并能减少人工、降低配送成本。

如果到达配送中心的所有商品都贴有 EPC 标签，在进入配送中心时，装在门上的读写器就会读取托盘上所有货箱上的标签内容并存入数据库。系统将这些信息与发货记录进行核对，以检测出可能的错误，然后将 EPC 标签更新为最新的商品存放地点和状态。这样管理员只需要操作计算机就可以轻松了解库存，通过物联网查询货品信息及通知供应商商品已到或缺货。这样就确保了精确的库存控制，甚至可确切了解目前有多少货箱处于转运途中、转运的始发地和目的地，以及预期的到达时间等信息。

2. 物联网在物流领域的应用

物联网的成熟一方面是来自产业的成熟；另一方面是来自行业的需求，尤其是以物流领域为主。传统的物流已经不能满足快速发展的需求，大力发展现代物流迫在眉睫。物联网的诞生直接为发展现代物流业起到了非常重要的作用，而物流又加速了物联网的发展。

1）自动识别和数据采集

如何保证对物流过程的完全掌控，物流动态信息采集应用技术是必需的要素。动态的货物或移动载体本身具有很多有用的信息，例如货物的名称、数量、重量、质量、出产地，或者移动载体（如车辆、轮船等）的名称、牌号、位置、状态等一系列信息。这些信息可能在物流中反复使用，因此正确、快速读取动态货物或载体的信息并加以利用可以明显地提高物流的效率。目前流行的物流动态信息采集技术应用中，主要使用到一、二维条码技术、磁条技术、视频识别、射频识别（RFID）等技术。

（1）一维条码技术：一维条码是由一组规则排列的条和空、相应的数字组成（见图 5-1），“条”指对光线反射率较低的部分，“空”指对光线反射率较高的部分，这些条和空组成的数据表达一定的信息，并能够用特定的设备识读，转换成与计算机兼容的二进制和十进制信息。因为符合条码规范且无污损的条码的识读率很高，所以一维条码结合相应的扫描器可以明显地提高物品信息的采集速度。加之条码系统的成本较低，操作简便，又是国内应用最早的识读技术，所以在国内有很大的市场，国内大部分超市都在使用一维条码技术。

但一维条码表示的数据有限，条码扫描器读取条码信息的距离也要求很近，而且条码上损污后可读性极差，所以限制了它的进一步推广应用，同时一些其他信息存储容量更大、识读可靠性更好的识读技术开始出现。

（2）二维条码技术：由于一维条码的信息容量很小，如商品上的条码仅能容纳几位或者十几位阿拉伯数字或字母，商品的详细描述只能依赖数据库提供，离开了预先建立的数据库，一维条码的使用就受到了局限。二维条形码最早发明于日本，它是用某种特定的几何图形按一定规律在平面分布的黑白相间的图形（见图 5-2）记录数据符号信息的，在代码编制上巧妙地利用构成计算机内部逻辑基础的“0”、“1”比特流的概念，使用若干个与二进制相对应的几何形体来表示文字数值信息，通过图像输入设备或光电扫描设备自动识读以实现信息自动处理。

图 5-1　一维条码

图 5-2　二维条码

二维条码继承了一维条码的特点，同时由于二维条码能够在横向和纵向两个方位同时表达信息，因此容量是一维的几倍到几十倍，从而可以存放个人的自然情况及指纹、照片等信息。二维条码具有可靠性高（在损 50%仍可读取完整信息），保密防伪性强等优点。

（3）磁条技术：磁条技术是以涂料形式把一层薄薄的有定向排列的铁性氧化粒子，用树脂黏合在一起并粘在诸如纸或塑料这样的非磁性基片上。磁条从本质意义上讲，和计算机用的磁带或磁盘是一样的，它可以用来记载字母、字符及数字信息。磁条的优点是数据可多次读写，数据存储量能满足大多数需求，由于其黏附力强的特点，使之在很多领域得到广泛应用，如信用卡、银行 ATM 卡、机票、公共汽车票、自动售货卡、会员卡等。但磁条卡的防盗性能、存储量等性能比起一些新技术如芯片类技术还是有一定差距。

（4）射频识别：射频识别（RFID）是通过无线射频方式进行非接触双向数据通信对目标加以识别的一种技术。无线射频识别的距离从几厘米到几十米不等，可以输入数千字节的信息，同时，还具有极高的保密性和不可伪造性。

RFID 技术从 1948 年问世到 20 世纪末、21 世纪初才被 ISO 和其他机构认定为供应链的主要管理手段，并积极开展相关的标准化工作。尤其是近年来，RFID 应用得到广泛的推广，呈现出欣欣向荣的景象。在欧美，RFID 已被认为是资本市场上最稳健的投资方向之一。

2004 年，美国有线新闻网发布了对未来人类社会生活产生巨大影响的十项技术，其中 RFID 榜上有名，排列第三。国际著名专业技术市场咨询公司 Gartner 选出了 2005 年最具影响力的十大技术，RFID 同样位居其中。Gartner 认为，到 2012 年，RFID 和类似的无线芯片会有所变化，从供应链管理技术演变成能够带给消费者增值的应用，如寻找对象所在位置、状况报告等。可以预期的是，RFID 标签成本会降低到使得这项技术的实施变得理所当然的地步。感应器可以嵌入到不耐久存的产品装运设施中，以便在货物从仓库运到商店上架的过程中，监视其温度、震动、腐坏和其他因素。

2）定位与流程跟踪

物流跟踪的手段有多种，可以用传统的通信手段（如电话等）进行被动跟踪，也可以用 RFID 手段进行阶段性的跟踪，但目前在物流领域最受重视的是利用全球定位系

（Global Positioning System，GPS）和地理信息系统（Geographic Information System，GIS）进行跟踪。它主要包括运输工具上的GPS定位设备、利用GIS和相应的软件建立的跟踪服务平台、信息通信机制和其他诸如货物上的电子标签或条码、报警装置设备等。利用这些技术可以跟踪货运车辆与货物的运输情况，使货主及车主随时了解车辆与货物的位置与状态，保障整个物流过程的有效监控和快速运转。这些技术还用于物流规划分析，包括车辆路线、最优路径、网络物流调度、设施定位和集散分配等方面的分析，优化物流解决方案，提高物流精确度，缩短物流在途时间，提高物流周转率，降低物流运输和库存成本。同时，许多特种物流运输过程中不仅需要追踪地理位置信息，还需要追踪物品的其他信息，例如冷链物流过程中物品的温度等。

3）数据交换与互联互通

公共信息平台一直是物流信息化的焦点话题，目前全国很多地方都在建公共信息平台。实现公共信息平台互联互通，是公共信息平台今后的发展方向。

2011年1月，交通运输部道路运输司《推进交通运输物流信息共享平台应用》工作会议指出：由于地区经济社会发展差异，我国各省（区、市）物流信息化建设发展水平并不均衡。早先由浙江交通部门发起建设的交通运输物流公共信息平台经过近4年的开发、应用和完善，具备了在更大范围应用推进的条件。交通运输物流公共信息共享平台建设单位、浙江省道路运输管理局局长张平平表示:平台的定位坚持“交换是核心、标准是基础、应用是关键、综合是方向、建设是要务、创新是生命”，浙江将与其他省（区、市）同行，“不争名、不争利、不争权、不转向、不摇摆”，全面促进传统运输业向现代物流业的转型升级。2010年该平台被确定为交通运输部试点示范项目，2011年提升为国家交通运输物流公共信息共享平台。

4）智能决策和管理

中国物流与采购联合会戴定一副会长在物联网与智能物流大会上表示:物联网在应用方面对物流行业的驱动可以概括为“物联网促进物流智能化”。这里包含3个基本要点：一是如何部署更加广泛、及时、准确的信息采集技术，如RFID、各类传感器、地理定位系统、视频采集系统等；二是如何把这些信息实现互联互通，既满足专用的要求，也能实现方便的开放和共享；三是信息如何管理、加工、应用，解决各种现实问题，把虚拟世界的信息转化到实体世界的应用中，也就是进入到IBM称之为“智慧地球”的时代。在物流领域来看，物联网只是技术手段，目标是物流的智能化。

以往“智能=信息化+自动化”的公式已经不足以概括物联网时代的“智能”概念，物联网时代的“智能”是基于网络的，或者说是依托“基于网络的集中式数据处理和服务中心”的。“集中”是关键，因为智能的网络也称为“神经网”，可分为功能简单的“末梢”、功能复杂的“中枢”和连接两端的网络三部分。末梢相当于传感器、RFID等采集信息的网络，“中枢”相当于集中式数据处理和服务的中心，把采集的信息经过复杂的深加工，再反馈到系统的各部分，做出协调、优化的应对措施，这是基于网络的智能发展趋势。这样的智能不同于“傻瓜相机”式的独立智能解决方案，而一定要基于网络和集中的数据处理和服务中心。

5.2.2　智能交通

1．智慧交通与智慧客车

2009 年，IBM 启动“智慧地球”战略，即以互联网为基础，将各种创新的感应科技嵌入各种物体和设施中，从而令物质世界极大程度数据化；然后随着网络的高度发达，人、数据和各种事物都将以不同方式连入网络；最后利用先进的技术和超级计算机对这些堆积如山的数据进行整理、加工和分析，将生硬的数据转化成实实在在的洞察，使人类可以以更加精细和动态的管理方式管理生产和生活，从而达到“智慧状态”。在 IBM 所提出的“智慧地球”思想中，“智慧的交通”（见图 5-3）作为其战略之一，即是通过上述构想，让交通“智慧化”，为社会带来更多的便利，缩短人们的空间距离，保护环境。

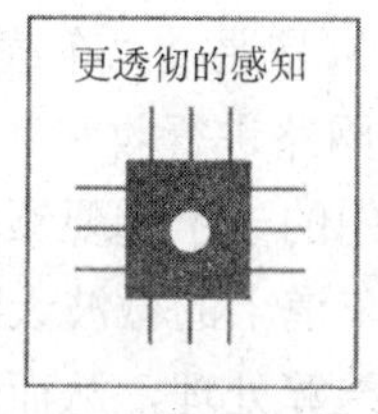

嵌入在道路中的传感器可监控交通流量。车上安装的传感器监控车的状态，并将其移动的信息传送到交通网

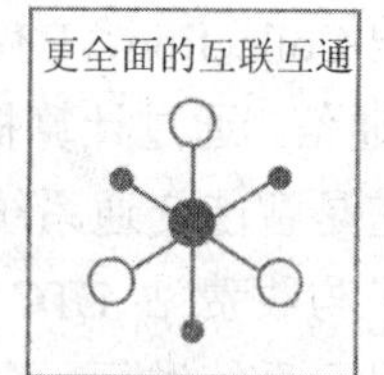

建立在先进信息技术和电子技术基础上的整合的无线及有线通信可对交通状况进行有效预测，以帮助城市规划者实现交通流量最大化

智能化的交通基础设施可更加智能地优化交通网络流量，并改善客户总体体验

图 5-3　智慧的交通

据统计，交通拥堵造成的损失占 GDP 的 1.5%～4%。美国每年因交通堵塞造成的燃料损失相当于装载 58 个超大型油轮的装载，每年的损失高达 780 亿美元。斯德哥尔摩在 18 个路边控制站用激光、摄像和系统技术，对车辆进行探测、识别，并按照不同时段不同费率收费，将交通量降低了 20%，将等待时间减少了 25%，将尾气排放降低了 12%。

未来城市交通如同一个有机体，汽车与交通设施之间、汽车与汽车之间都由无线信息连接；通过电力化、车联网和自动驾驶等未来交通技术的实现，能够整合城市交通设备、信息等各方面的资源，构建了城市智能交通系统。

智慧客车利用先进技术，将人—车—道路—计算机有机结合成为一个完整的网络系统，对各项信息收集整理，由管理终端做出正确的指示。智慧客车可自动将客车驾驶员的操作信息和车辆运行信息记录到芯片中，形成实时的数据信息，供后台信息处理和调度管理系统调用，实现信息无纸化。再运用计算机和网络通信技术，建立适合客运公司日常业务的管理信息系统，同时运行于不同的部门，其中各子系统之间数据传输通过互联网和局域网完成，实现数据共享，以便于科学管理、客观地处理和分析来自信息采集层的营运信息，产生各种车辆调度、营运等统计信息和报表，并综合其他相关资料，提供出多种线路布置和车辆调度的信息供决策者选择，以确定最佳的布设方案、最佳调度方案和最佳配车数，进而提高车辆运营管理和决策依据的有效性。

智慧客车可方便地统计出车辆的运行距离，在什么地方加油，加了多少油等，最大限度减少不必要的损耗，降低成本：

（1）降低车辆运营成本和人力成本：通过对在线车辆进行实时监控和调度，将信息实时上传到调度中心，保证了车辆的合理化运行、企业运力资源的最优配置，便于规划出最佳行驶路径，从而减少车辆运行时间和司机作业时间，降低车辆运营成本和人力成本，甚至于对车辆保养做出提醒，减少了大量的人工统计工作。

（2）降低维护成本：通过对各时间段、各路段的车辆运行情况进行采集、传输与分析，为辅助决策提供了必要的数据，并提高了运营企业安全智能化及运营排班智能化水平，实现了司机、车、设备管理的智能化，最大限度地降低了维护成本。

2. 高速公路不停车收费系统

不停车收费系统（Electronic Toll Collection，ETC）是通过“车载电子标签+IC卡”与ETC专用车道内的微波设备进行通信，通过计算机网路进行收费数据的处理，实现不停车自动收费的全电子收费系统，它是智能交通系统中的一个重要领域和应用环节。通过安装在车辆风窗玻璃上的车载电子与收费站 ETC 车道上的微波天线之间的微波专用短程通信，利用计算机联网技术与银行系统进行后台结算处理，从而使到达车辆通过路桥收费站不需要停车便能完成路桥通行费缴纳的目的。通过不停车电子收费的技术手段，可以提高公路的通行能力、车辆运行效率，同时降低了油耗和车辆损耗，减少尾气排放，起到了节约能源和保护环境的作用。

目前，我国90%以上的高速公路收费方式还是采用人工收费或半自动收费方式，原始的人工收费、半自动收费方式已成为我国道路发展的主要瓶颈，存在以下几个方面的弊端：

（1）收费设施技术落后，收费站出入口容易形成交通拥挤；

（2）各路段收费方式、标准的不统一，给车主交费造成混乱；

（3）财务管理混乱，票款流失严重；

（4）收费停车，停车排队浪费时间和燃油，汽车尾气对环境造成污染。

不停车收费是一种利用 RFID 技术并综合计算机网络技术，用于解决当前交通收费效率低的矛盾。ETC 通道（见图 5-4）特别适用于高速公路或交通繁忙的桥隧。实施不停车收费，一方面，可以允许车辆高速通过，减少车辆在收费口因缴费、找钱等动作而引起的排队等候；另一方面，可使公路收费走向电子化，降低收费管理的成本，有利于提高车辆的营运效益，同时也大幅降低收费口的噪声和尾气排放。

当前，我国各省市都在大力和积极建设区域范围内的 ETC 系统，各地 ETC 系统建设现状和规划也各有特点和侧重，但是在实施过程中，都不可避免地遇到了缺乏可用的细化应用技术规范作为工程建设的技术指导，电子收费核心设备的兼容互换、工程应用缺乏开发、测试依据等种种问题。同时建设成本、车道资源、交通流特点及需求不同等原因，也使得跨区域的电子收费互联互通举步维艰。

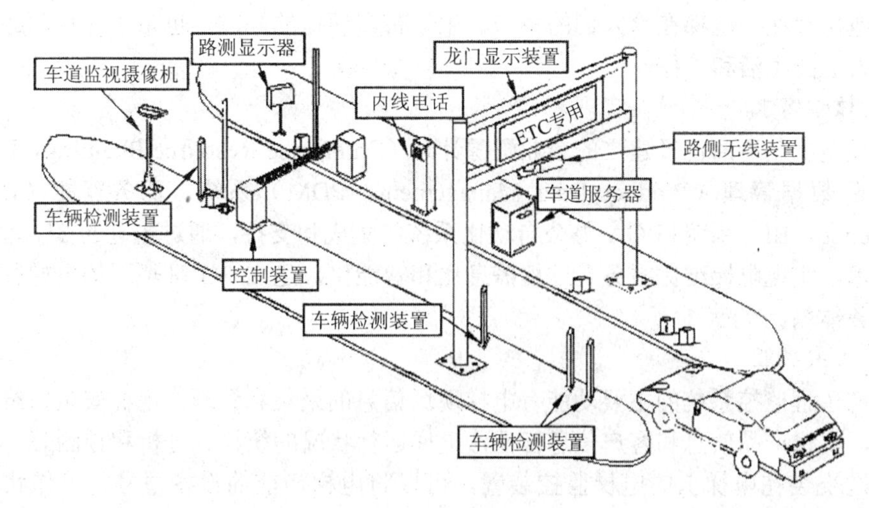

图 5-4　ETC 通道

但是，令人欣慰的是，为了进一步推动基于国家标准的 ETC 系统的跨区域互联，交通部已经启动了京津冀和长三角两个区域联网不停车收费示范工程，相信还会有更多的示范工程不断启动。

5.2.3　工业制造

工业制造是物联网应用的重要领域。具有环境感知能力的各类终端、基于泛在技术的计算模式、移动通信等不断融入到工业生产的各个环节，可大幅提高制造效率，改善产品质量，降低产品成本和资源消耗，将传统工业提升到智能工业的新阶段。

1. 温湿度控制

温湿度控制应用是通过有线宽带或者 3G 无线网络，将各地的温湿度信息上传到温湿度数据增值平台，为客户提供实时温湿度检测、即时报警、即时控制及历史记录查询等服务，在许多方面均有重要的应用。

1）工业温湿度监控

通过对温湿度的监控可以判断生产设备的工作情况，从而使工作人员做出正确的判断和操作，因此温湿度监控是工业生产自动化的重要任务。

2）农业温湿度监控

农作物的生长、家禽的养殖及农产品的保存等都与温湿度密切相关。通过对温湿度的监控可以实时掌握生产环境情况，及时作出相应措施，保证农业生产的顺利进行。

3）其他行业温湿度监控

温湿度监控在安防、物流、能源等众多领域均有其具体应用，创造了巨大的经济价值和社会价值。

2. 电梯远程监测

无论是在车站、机场、商店、宾馆，还是在住宅及商务楼，几乎任何较大的建筑物内都有电梯存在。电梯在给人们的生产、生活带来便捷的同时，也带来各种问题，严重影响了人们的生活和工作。

1）*核心需求*

依托电梯制造商已经建立的企业资源计划（Enterprise Resource Planning，ERP）系统、产品数据管理（Product Data Management，PDM）系统、商务智能（Business Intelligence，BI）系统和 OA 办公自动化系统的集成和支持，通过先进的 3G 远程无线通信技术，实现电梯维保服务全过程信息化和智能化，建立 3G 环境下的电梯行业产品售后服务体系。

2）*主要功能*

电梯远程监控系统的主要功能有电梯现场信息的采集和管理，电梯安装、维修、保养管理，电梯产品信息和客户信息管理，电梯运行状况的统计、分析和预测等。

通过安装在电梯上的电梯监控装置，可以将电梯当前的设备型号、工作状态、性能参数、安装位置信息等数据通过无线网络定时发送到电梯远程监控中心，远程监控中心工作人员可通过关键参数分析当前电梯的运营状态。远程监控中心人员通过对关键参数的分析判断，在故障发生前即可觉察到故障并采取预警措施，例如根据电梯型号、安装位置等信息迅速准备好备用品，安排维护人员迅速赶到现场维修、紧急停用电梯等。

3．环保监测及能源管理

物联网与环保设备的融合，实现了对工业生产过程中产生的各种污染源及污染治理各环节关键指标的实时监控。在重点排污企业排污口安装无线传感设备，不仅可以实时监测企业排污数据，而且可以远程关闭排污口，防止突发性环境污染事故的发生。目前，电信运营商已开始推广基于物联网的污染治理实时监测解决方案。

4．工业安全生产管理

物联网在工业安全生产上也具有重要应用：把感应器嵌入到矿山设备、油气管道、冶钢车间等危险环境作业中，可实时告知作业人员周边的环境及安全状态，极大降低安全事故。工业安全生产管理的发展方向是：从分散、独立、单一的网络监管平台向系统、开放、多元的综合网络监管平台发展，最终达到实时感知、准确辨识、快捷响应、有效控制的目的。

5.2.4 金融服务

金融服务是物联网重要的应用领域之一，比如无线 POS 刷卡、自动售货机智能化销售、金融 IC 卡的一卡多用、手机移动支付产业、RFID 防范 ATM 取款诈骗等。通过物联网远程维护，可以把金融终端衍生到县城、乡镇以及中小商户。

1．无线 POS

国内近几年无线 POS 年增长量在 8 万台左右，无线 POS 终端设备市场年增长值在 2 亿元左右。无线 POS 通过无线通信线路和收单银行或银联中心与发卡机构的主机相连，完成自动鉴别银行卡的真实性、合法性、有效性，具有自动授权和自动转账的功能。

无线 POS 应用具有以下特点：

（1）采用行业中最先进的智能芯片加密技术，具备独一无二的高安全性。

（2）享有银联认证标准，账户信息安全。

（3）无须布线，成本低。

（4）交易只需要 4 s，远远少于 PSTN 的 20 s，减少了客户的等待时间。

2. 自动售货机

如今，在车站、码头、酒店、宾馆、校园、商业街道、高档写字楼等地方都可以看到自动售货机。它给人们的生活带来了极大方便，也是城市现代化、自动化的重要象征。物联网技术应用在智能售货机远程管理方面，可以实现对自动售货机设备状态、货物信息、销售信息等进行远程管理，增加商家的销售收入，减少自动售货机设备故障率。

自动售货机装上无线通信设备后，可根据商家需要定时上报售货机中各类货物销售统计信息，当某类货物即将售罄时，自动发送货物配送请求到商家物流配送中心，迅速得到补充；在自动售货机受到破坏时，立即将报警信息发送到相关部门。

智能售货机远程管理系统主要有以下几方面功能：

（1）自动售货机设备故障自动上报；

（2）自动售货机货物销售数据统计；

（3）自动售货机自动请求货物补充；

（4）GIS 电子地图；

（5）数据处理、存储、统计、查询和打印功能。

3. 手机移动支付

手机移动支付即用户使用手机对所消费的商品或服务进行账务支付的一种服务方式，它是一种全新的个人移动金融服务。手机移动支付的原理是将客户的手机号码与银行卡账号进行绑定，通过手机短信息、语音等操作方式，随时随地允许用户用手机实现电子支付、身份认证。手机移动支付即将改变用户使用手机的方式，引发一系列新型的用户消费和应用模式。手机移动支付有以下特点：

（1）高安全性：采用行业中最先进的智能芯片加密技术（256 位硬件加密），通过 COMMON CRITERIAL+5 安全认证，账户信息享有银联认证的可靠保障。

（2）便捷性：只需要一部手机和无线网卡，采用手机客户端方式，用户可以轻松享受新增值服务和业务。

（3）移动支付模式：手机移动支付适合于任何一张有银联标志的信用卡或者借记卡，用户可以随时随地刷卡支付，真正实现智联银行账户的移动支付模式。

5.2.5 智能家居

比尔·盖茨用了 7 年时间，花费巨资在华盛顿湖畔建造了一座智能化豪宅，每个门都装有气象情况感知器，可以根据各项气象指标，控制室内的温度和通风情况。在住宅门口，安装了微型摄像机，除主人外，其他人欲进入门内，必须由摄像机通知主人。每一位客人在跨进盖茨家时，都会得到一个别针，并要将它别在衣服上。这个别针将告诉房屋的计算机控制中心，你对于房间的温度、电视节目和电影的爱好。所以，一旦房间内的电视和音乐被选定后，它们会随着人们从一个房间走到另一个房间，就算是在水池中，也会从池底冒出如影随形的音乐来。主人在回家途中，浴缸已经自动放水调温，做好一切准备。地板能在 6 英尺的范围内跟踪到人的足迹，在有人时自动打开照明，离去的同时自动关闭。房屋的安全系数也能得到足够保证。当主人需要时，只要按下休息开关，防盗报警系统便开始工作。当发生火灾等意外时，消防系统可自动报警，显示最佳营救方案，关闭有危险的电力系统，并根据火势分配供水。

以上场景对当时的人来说，只能感叹比尔·盖茨的富有。对大部分人来说，智能家居还是陌生和神秘的，即使知道了比尔·盖茨的智能家居有多么了不起，但对于一般老百姓来说，想要有那样的家还是有点天方夜谭，不切实际。

现如今，随着人们生活水平的提高，新需求的增长以及信息化对人们传统生活的改变，智能化家电、智能化照明、智能化保安系统等也已经开始慢慢进入老百姓的生活，逐步带领人们走近数字化生活，感受扑面而来的智能化家居气息。

2010 年 1 月份，海尔集团推出世界首个“物联网冰箱”。作为海尔 U-home 平台的终端应用，“物联网冰箱”令海尔 U-home 在物联网领域实际应用中再次抢占先机，标志着中国智能家居的发展正在进入迅速发展的阶段。

5.2.6　安全监控

物联网不仅为人们的生活带来便利，而且在安全监控上为人们提供了更加强大的保障。安全监控涉及方方面面，在机场安全保障方面成为了现在安全领域比较成熟的一个方向。目前，全国机场数 477 个，其中大、中型机场约 100 个，按照每个机场建设 10～20 km 围界计算，市场容量将在 50 亿元以上。保守估计，重要区域防入侵围界未来推广空间巨大，市场前景广阔，市场规模在数千亿元以上。

上海浦东国际机场防入侵系统铺设了 3 万多个传感结点，覆盖了地面、栅栏和低空探测。多种传感手段组成一个协同系统后，可以防止人的翻越、恐怖袭击等攻击性入侵。由于效率高于美国和以色列的防入侵产品，国家民航总局正式发文要求，全国民用机场都要采用国产传感网防入侵系统。中科院上海微系统与信息技术研究所副所长、中科院无锡高新微纳传感网工程中心主任刘海涛算了一笔账，浦东机场直接采购传感网产品金额为 4 000 多万元，加上配件共 5 000 万元，全国近 200 家民用机场如果都加装防入侵系统，就产生了上百亿的市场规模。

从 2010 年 3 月开始，一套以第三代物联网传感技术为支撑的围界防入侵系统在无锡机场正式投入使用。无锡机场由此成为继浦东机场后，国内第二个使用第三代物联网围界技术的单位。这堵“智慧墙”，建在候机楼两侧，初看上去与普通的围栏没多大区别，但是当有人靠近时，围界就会自动做出感知反应。

细细观察，围界上每隔两米就有一组传感器。传感器通过对周围光线、震动、运动物体速度变化的连续感知，就能判断出靠近围界的是落叶、动物还是人；如果是人，还能判断出这个人是经过围界、还是想攀爬，从而做出相应的报警、警告等反应。

5.2.7　食品安全

食品和人们的生活息息相关，作为衣食住行中重要的一环，食品安全就显得尤为重要。

1. RFID 奶牛产业信息管理平台

打开掌上计算机，挪动电子笔，在电子地图上准确地标示出各个奶牛养殖场的地理位置和规模。然后显示出，养殖场业主名称、技术人员情况、奶牛品种和近期产奶量等信息。这是在邛崃市农发局奶牛信息管理中心看到的一幕。1 000 多头奶牛耳朵上都戴有一个 6 cm 左右、蓝色的电子耳标，每个电子耳标都有一个全球唯一的编码，这个编码就是奶牛的身份号码。小小的电子耳标可以记录奶牛从出生到停止产奶约 5 年间的主要信息，包括品种、防疫、喂养、检查……各生长环节的内容。除此以外，“电子身份证”里还存储着奶牛的“标准照”，“全世界奶牛的花纹都不同，拍照等于上了双保险，就更不会错了。”据了解，在奶牛溯源管理系统里，RFID 奶牛信息管理中心还负责将所掌握的信息及时进行统计、分析、上报，为政府主管部门制定政策和对整个产业宏观调控提供可靠依据，以确保全市奶牛种群质量和奶产品质量。

2. 成都 45 个菜市开卖“电脑猪肉”

“电脑猪肉”又名质量安全可追溯生猪产品，是指市场上出售的每一块猪肉都能查到是哪里养的猪，在哪里屠宰的，在哪里交易的。在每一块生猪肉上绑上一个 RFID 的标签，记录着生猪的各种信息，如产地、销地、身高、体重、部位等。合格的白条肉的信息记录在一张带有芯片的卡中，通过读卡器可以清楚地显示出合格肉的种类和数量等信息，实现生猪来源追溯和生猪产品流向追溯。当猪肉进入超市或市场中进行进货查验时，信息通过卡片的读/写直接录入市场计算机系统。

成都施行追溯体系后，进入已通过批准的 45 家农贸市场的猪肉必须具有已录入该产品完整质量安全可追溯信息的电子溯源芯片和“两章一证”（即动物检疫监督机构出具的动物产品检疫合格证明、动物产品检疫合格验讫印章、生猪定点屠宰厂肉品品质检验合格验讫印章）。

5.2.8　军事应用

物联网被许多军事专家称为“一个未探明储量的金矿”，它正在孕育军事变革深入发展的新契机。可以设想，在国防科研、军工企业及武器平台等各个环节与要素设置标签读取装置，通过无线和有线网络将其连接起来，那么每个国防要素及作战单元甚至整个国家军事力量都将处于全信息和全数字化状态。大到卫星、导弹、飞机、舰船、坦克、火炮等装备系统，小到单兵作战装备，从通信技侦系统到后勤保障系统，从军事科学试验到军事装备工程，其应用遍及战争准备、战争实施的每一个环节。可以说，物联网扩大了未来作战的时域、空域和频域，对国防建设各个领域产生了深远影响，将引发一场划时代的军事技术革命和作战方式的变革。

1．战场感知精确化——监测到一粒沙子的陨落

战场安全性是相对的，整体防御体系难免存在一定漏洞，要想弥补漏洞，就必须对包括现有指挥控制系统在内的相关系统进行升级改造，使战场感知能力不断适应未来作战的需要。

2．武器装备智能化——全自主式作战机器人将登上战场

自 20 世纪 60 年代在印支战场崭露头角以来，作为一支新军，军用机器人受到了军事强国的高度重视，纷纷投入巨资予以研究与开发，仅美国目前已开发出和列入研制计划的各类智能军用机器人就达 100 多种。军用机器人巨大的军事潜能和超强的作战功效，使其成为未来战争舞台上一支不可忽视的军事力量。

3．后勤保障灵敏化——真正实现动态自适应性后勤

信息化条件下作战对后勤保障的依赖性大大增强，同时，即使是作为世界头号军事强国的美国也认识到其后勤体系仍然存在诸多弊端。伊拉克战争初期，美军由于后勤计算和判断上的失误导致战前准备不足，特别是没有预先把伊拉克战场恶劣的保障环境考虑在内，迟滞了美英联军的作战行动。战区内堆积的物资虽然比海湾战争时少，但只不过是由“大山”变成了“小山”。与此同时，运往伊拉克战场的物资在“最后 1 英里”失去了可见性，前线保障物资频频告急，甚至出现了饥饿的士兵向伊平民“讨饭”的一幕。美军前线的香烟、肥皂、水果等补给捉襟见肘，在美军士兵内部甚至出现了战场“黑市交易”。对于战争中暴露出的问题，美国审计局在一份报告中指出：“可视性水平远没有达到部队现实需要的水平，更不用说保障未来作战了。”因此，要实现从“散兵坑到工厂”的全程可视，还必须进一步深化信息技术研发，以新技术新产品推动后勤领域的全面变革。

事实上，物联网在军事上的应用目前尚处于起步阶段，标准、技术、运行模式以及配套机制等还远没有成熟。虽然物联网的概念已经引起全球关注，但有许多核心技术还需攻克，其发展之路仍然十分漫长。

5.3　物联网产业发展趋势

《中国物联网产业发展年度蓝皮书（2010）》指出：未来 5 年全球物联网产业市场将呈现快速增长的态势，预计 2012 年全球市场规模将超过 1 700 亿美元，2015 年更接近 3 500 亿美元，年均增长率接近 25%，如图 5-5 所示。

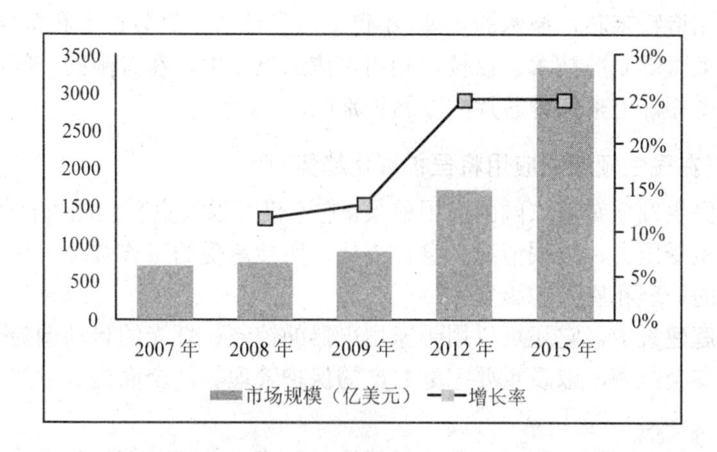

图 5-5　全球物联网整体市场规模变化趋势

按 25%的发展速度下去，全球的物联网无疑都将在短期内实现数量和质量的飞跃，离物联网大规模普及和商用，走进普通人家的时代已经不远了。

5.3.1　融合加速、体积变小、应用扩展

1．政务应用和商务应用将呈现加速融合趋势

物联网概念的问世，打破了互联网应用中一直将物理基础设施和 IT 基础设施分开的物理隔离发展模式，提供了将机场、公路、建筑物等与数据中心、个人计算机、宽带等资源的全面融合。这种应用融合不仅会带来资源和客户需求的融合，而且带动了政务应用和商务应用的融合。这不仅将推进新商业模式的开发，而且将进一步推动网络理念和网络服务理念的创新发展。政务应用和商务应用的融合还将进一步推动商业模式的创新和应用市场的扩展。

在政务应用中，物联网将在低碳打印、绿色封条、文件和档案柜的自动化管理等现代化办公设备的自动化上，发挥重要作用，还将进一步推进政务应用的网络化，加强与市民沟通与互动。物联网在政务工作中的广泛应用，将极大地提升应急联动系统的动态处置能力和远程检测能力，这对防灾和减灾有重要的作用。

2．电子标签将呈微型化趋势

日本爱知博览会的门票，就采用了世界上最小的 RFID 芯片。该芯片的设计者是日立中央研究所的宇佐美光雄。他设计的这些微型芯片就像午后阳光下的尘埃那样，形成了无数闪闪发亮的打转颗粒。这些微型芯片在日本爱知博览会上亮相以后，展现了广泛的应用前景和巨大的商业价值。

尽管 2005 年的日本爱知博览会涌入了 2 200 万观众，但没人能持假门票入场，就是由于每张门票都有一个边长仅为 0.4 mm、厚 0.06 mm 的微型射频识别芯片，它以无限电波发出一个专属识别码给博览会入口扫描仪，用以对参观者进行有效身份识别。爱知博览会的成功应用，使人们看到了电子标签微型化的潜力。

这种微型制造粉末芯片技术的发展，不仅引领和带动了封装技术和延伸技术的发展，还激活了电子束微影制图技术。该技术利用聚焦的电子束，在有限的空间内，可以制作出独特的线路图样，用来代替芯片的专属识别码。

3．物联网在民生领域的应用将呈扩展化趋势

物联网在民生领域有着广阔的应用前景。它不仅可以收集和监测人体的体温、脉搏、血压、呼吸和承受压力、睡眠情况、身体姿势、所能承受的工作强度等生命体征信号，还能用于老年的护理和病人的康复。

在数字家庭建设中，它还可以用于家用电器的控制、灯光的自动调控、窗帘的自动开启、家居的安全监测，以及重要家庭财产的保护管理等，全面提升家居自动化的管理能力。

特别是 2011 年 2 月 10 日，为落实经济增长战略，美国总统奥巴马宣布建设高速无线网络计划。该讲话进一步强调了技术的融合、资源的整合，以及与现实经济活动的紧密配合以加快美国经济增长，提高居民收入，创造更多的就业机会。这将进一步推动网络信息技术、物联网技术与民生的融合。

5.3.2　细分、成熟、通用

1．三大细分市场递进发展

中国物联网产业是以应用为先导，存在着三大细分市场递进发展趋势：从公共管理和服务市场到企业行业应用市场，再到个人家庭市场逐步成熟。目前，物联网产业在中国还是处于前期的概念导入期和产业链逐步形成阶段，没有成熟的技术标准和完善的技术体系，整体产业处于酝酿阶段。

物联网概念提出以后，面向具有迫切需求的公共管理和服务领域，以政府应用示范项目带动物联网市场的启动将是必要之举。进而随着公共管理和服务市场应用解决方案的不断成熟，企业集聚，技术的不断整合和提升，逐步形成比较完整的物联网产业链，从而可以带动各行各业的应用市场。待各个行业的应用逐渐成熟后，带动各项服务逐步完善，流程不断改进，个人应用市场才会随之发展起来。

2．标准体系渐进成熟

物联网标准体系是一个渐进发展成熟的过程，将呈现从成熟应用方案提炼形成行业标准，以行业标准带动关键技术标准，逐步演进形成标准体系的趋势。物联网概念涵盖众多技术、众多行业、众多领域，试图制定一套普适性的统一标准几乎是不可能的。在物联网产业发展过程中，单一技术的先进性并不一定保证其标准一定具有活力和生命力，标准的开放性和所面对的市场的大小是其持续下去的关键和核心问题。随着物联网应用的逐步扩展和市场的成熟，哪一个应用占有的市场份额更大，该应用所衍生出来的相关标准就更有可能成为被广泛接受的事实标准。

3．通用性平台将会出现

随着行业应用的逐渐成熟，新的通用性强的物联网技术平台将出现。物联网的创

新是应用集成性的创新，一个单独的企业是无法完全独立完成一个完整的解决方案的。一个技术成熟、服务完善、产品类型众多、界面友好的应用，将是由设备提供商、技术方案商、运营商、服务商四者协同合作的结果。随着产业的成熟，支持不同设备接口、不同互联协议、集成多种服务的共性技术平台将出现。无论终端生产商、网络运营商、软件制造商、系统集成商、应用服务商，都需要在新的一轮竞争中寻找各自的新定位。

4．技术与人的行为模式相结合

物联网将机器、人、社会的行动都互联在一起；新的商业模式是把物联网相关技术与人的行为模式充分结合。中国具有领先世界的制造能力和产业基础，具有五千年的悠久文化，中国人具有逻辑理性和艺术灵活性兼具的个性行为特质，物联网领域在中国一定可以产生领先于世界的新的商业模式。

5.3.3　新技术涌现，绿色物流成亮点

1．专业物流与共同配送形成规模

国外专业物流企业是伴随制造商经营取向的变革应运而生的，由于制造厂商为迎合消费者日益精致化、个性化的产品需求，而采取多样、少量的生产方式，因而高频度、小批量的配送需求也随之产生。目前，在美国、日本和欧洲等经济发达国家，专业物流服务已形成规模；共同配送则是经过长期发展和探索优化出来的一种追求合理化配送的配送形式，也是采取较为广泛、影响面较大的一种先进的物流方式，在不久的未来，专业物流和共同配送将形成规模。

2．高新技术不断应用

目前，发达国家已形成以信息技术为核心，以运输、配送、装卸搬运、自动化仓储、库存控制、包装等专业技术为支撑的现代化物流格局，其发展趋势表现为信息化、自动化、智能化和集成化。其中，高新技术在物流运输业的应用与发展表现尤为突出，它对提高物流效率、降低物流成本具有重要意义，未来高新技术将在物联网中不断应用。

3．电子物流快速兴起

电子物流与快递业务强劲发展基于电子商务的迅速发展。企业通过互联网加强了企业内部、企业与供应商、企业与消费者、企业与政府部门的联系沟通、相互协调、相互合作。消费者不仅可以直接在网上获取有关产品或服务信息、实现网上购物，而且可以在线跟踪发出货物的走向。电子物流还带动了快递业务的强劲发展，可以说，电子物流已成为新世纪国内外发展的趋势。

4．绿色物流成亮点

物流虽然促进了经济发展，但是物流发展的同时也会给城市环境带来负面影响，为此绿色物流应运而生。绿色物流主要包含两个方面：一是对物流系统污染进行控制，即在物流系统和物流活动的规划与决策中尽量采用对环境污染小的方案，如采用排污量小的货车车型、近距离配送、夜间运货等；二是建立工业和生活废料处理的物流系统。发

达国家政府还在污染发生源、交通量、交通流等 3 个方面制定相关政策，形成倡导绿色物流的对策系统。

5.3.4 五大未来

未来的物联网将更加智慧，无所不能。预计未来 5～10 年，物联网发展将进入一个成熟阶段，个人应用市场普及，行业应用走向深度发展。物联网将会更加智慧化、规模化、平台化、应用化、生活化。

智慧化是让更多物体具有智慧，可以实现智能化的应用，是物联网的亮点；规模化是指物联网的联网物体、应用业务等数量庞大，用户剧增，企业受益颇深，是物联网的实现价值所必需的；平台化是指未来将形成在国家统一大平台的管理下，很多应用小平台共存，平台是业务应用实现的支撑；应用化则是指物联网应用的广泛性和实用性，在各行各业都能实现自身的应用价值；生活化则是指在未来 5～10 年的时间，物联网将会成为人们生活中的日常应用，带给人们智能化的生活。

1. 智慧化

随着物联网的普及，人们可以管理的对象更多，原本不能说话的物体具有了智能，可以联网，包括人们日常接触的各种产品、机器以及各种动物、植物等。预计未来 5～10 年的时间，泛在网将会形成，为智慧化的应用提供无所不在的网络传输。未来的泛在网络构建不仅仅基于单一网络，更可能是基于无线个域网（WPAN）、无线局域网（WLAN）、无线广域网（WWAN）等多种网络来实现的无缝覆盖的网络，物联网将向“全业务+全 IP”的方向发展，多种无线技术将实现融合。有了泛在网的传输支持，人与物、物与物之间的通信与互动将不是书本上的语言描述，而是真实的体验。

2. 规模化

随着世界各国对物联网技术、标准和应用的不断推进，物联网在各行业领域中的规模将逐步扩大，尤其是一些政府推动的国家性项目，如美国智能电网、日本 i-Japan、韩国物联网先导应用工程等，将吸引大批有实力的企业进入物联网领域，大大推进物联网应用进程，为扩大物联网产业规模产生巨大作用

未来 5～10 年的时间，物联网将实现规模化的发展，走入大众的日常生活，成为人们日常生活中的应用网络，其重要标志就是个人应用市场发展成熟，众多个人应用业务将促进物联网的规模化发展。物联网的规模化表现在：联网对象规模化、业务应用规模化、用户群体规模化、应用终端规模化和企业收益规模化。单以个人用户而言，个人只要拥有一个应用终端，例如手机、计算机、PDA 等，就能够实现物联网的智能应用，并且一个用户还可以拥有多个智能终端。由此可见，物联网不仅用户的数量大，应用终端的数量也会剧增。设备制造商、系统集成商、网络运营商等不同类型的各个大、中、小企业，都将分享物联网的巨大利益，参与企业也将形成一定规模。在物联网成熟阶段，物联网网络中，应用对象是众多的企业和个人，联网的物体将达到万亿级别。

3．平台化

物联网平台，实际上是网络结构的集成，前段信息采集通过信息传输通道传输到系统平台，由系统平台对各类数据进行分类、辨别、汇聚最终形成应用。物联网在不同行业应用的广泛性，也决定了将对应着多种平台结构，未来物联网的发展趋势必然是应用导向型的、规模化的应用，当然也会对应着平台建设的规模化，这就给平台建设、运营和维护提出了较高的要求。相信在未来随着平台建设需求量的加大，必然会出现更多专业的诸如系统集成之类的企业集群。

4．应用化

科技的价值在于应用，否则就将成为科技的泡沫。未来 5～10 年，物联网的应用价值将更加广泛，不同用户都将体验到物联网的应用价值。

物联网成熟的一个重要标志是个人应用的普及，个人应用普及了才会形成物联网的规模化。个人衣食住行、休闲娱乐等，都因为有了物联网的应用才更加智能化，可以更好地满足个人生活、安全、社交、获得尊重和自我实现等多个层次的需求。例如，采用食品溯源、视频电子标签等保证食品安全，采用定位、智能监控等技术保证交通安全，采用智能的办公用具提高工作效率，提供体感游戏等多种丰富的娱乐方式等。

5．生活化

未来人们的生活场景、生活方式都会因物联网而改变。任何一个物体都会对应一个IP，在物联网都有自己的身份；任何一个终端都可以实现智能化的应用，每个终端都可能成为个人物联网应用平台。物联网将人们的沟通范围从人与人之间扩大到人与物、物与物之间，也将让人们的沟通范围从人与人之间扩大到人与物、物与物之间，可让人们在这个地球上实现人与物的智能对话、和谐发展。

5.4　物联网产业发展策略

在“感知中国，赢得未来”的规划下，我国发展物联网有重要的战略意义:发展物联网的传感器网络保障国土安全；可以积极促进工业化与信息化的融合；可以推广和发展中国自主通信标准技术；抢占信息产业第三次浪潮的制高点；有利于无线移动通信网快速推出物联网应用扩大市场规模；有利于形成移动通信网在物联网价值链中的主导地位。

物联网把传统的信息通信网络延伸到了更为广泛的物理世界。虽然物联网仍然是一个发展中的概念，然而将“物”纳入“网”中，则是信息化发展的一个大趋势。物联网将带来信息产业新一轮的发展浪潮，必将对经济发展和社会生活产生深远影响。随着世界主要国家和地区政府的大力推动，以点带面、以行业应用带动物联网产业的局面正在逐步呈现。针对我国物联网发展的现状及存在的问题，从国家战略层面开展研究，对处于起步阶段的我国物联网产业具有重要战略意义。

5.4.1 产业模式的突破

产业模式的突破需要政府加强政策引导，为企业发展创造一个良好的政策环境，提高企业的积极性。

1．政府统一规划，政策引导

政府对于物联网的战略发展规划，关系到物联网的长远发展，有利于减少初期的重复建设，也为未来物联网的广泛应用奠定基础。政府在物联网中，要“退后一步，站高一步”，减少对于影响市场发展的直接干预，从行业发展的角度进行统筹管理。政府对于物联网发展的资金投入、政策引导或政策倾斜，将大大促进物联网的发展。

目前，很多地方政府和城市对于物联网发展都给予了政策上的倾斜，这在很大程度上提高了企业发展的积极性，企业也将更多的资金投入到物联网的发展和推广中，这就形成了快速发展的商业模式。

2．企业参与，市场调节

市场是操纵物联网发展的无形手臂，产业链利润最高的环节必然会吸引更多的企业参与到其中，而利润最低的环节，参与的企业就少；企业在自己擅长的领域进行发展，也会在技术研发和营销等利润高的方面投入更多的资源，以获得更高的收益，从而形成围绕技术开发和营销的多种商业模式。

通信运营商拥有庞大的用户规模，有网络基础，可以实现物联网业务的快速嫁接。为实现物联网发展的突破，运营商需要制定大众市场、行业市场的物联网标准产品和标准应用模块，加大推广力度。要突破现有通信定价模式，对网络占用费、业务功能费、业务使用费等进行综合考虑。在针对个人用户和企业用户进行推广的时候，可以分别采用单个业务定价和业务打包的销售方式。建立综合的应用平台为基础形成多种业务应用，也是通信运营商的一个重要发展方向。

当前，设备制造商应加强技术开发力量，不断提高产品的技术含量，提高产品的智能化水平。

3．聚合创新

聚合可以形成巨大的推动力，企业应该将用户需求与企业资源进行高效的聚合，优势企业要充分发挥主导作用，对相关资源进行整合，对业务进行创新，加快市场化进程。

5.4.2 法律法规的完善

在物联网中，射频识别技术是一项很重要的技术。在射频识别系统中，标签有可能预先被嵌入任何物品中，但由于该物品的拥有者不一定能够觉察该物品预先已嵌入了电子标签以及自身可能不受控制地被扫描、定位和追踪，这势必会使个人的隐私问题受到侵犯。因此，如何确保标签物的拥有者个人隐私不受侵犯便成为射频识别技术以至物联网推广的关键问题。

1．隐私与安全问题

造成侵犯个人隐私问题的关键在于射频识别标签的基本功能：任意一个标签的标识（ID）或识别码都能在远程被任意扫描，且标签自动地、不加区别地回应阅读器的指令并将其所存储的信息传输给阅读器。这一特性可用来追踪和定位某个特定用户或物品，从而获得相关的隐私信息。这就带来了如何确保嵌入了标签的物品的持有者个人隐私不受侵犯的问题。

1）完善立法，构建隐私权保护的综合体系

我国《宪法》第 38、39、40 条中隐含的关于隐私权保护的内容以及关于加强人权保护的规定为物联网背景下隐私保护的立法工作指明了方向，特别是以民法的制定为核心的民事立法应当始终贯彻保障人权的宗旨。与此同时，为适应物联网时代的发展，还应当补充完善个人信息保护法等行政立法或者综合性立法，从而构建隐私保护的综合性法律制度体系。

2）制定 RFID 隐私权保护的专门法规

民法中规定的隐私权制度很难完全覆盖和解决个人信息保护中的全部问题。因此，应在该法基础上，出台和修改个人信息保护的相关法规，进一步明确政府部门的工作职能。RFID 有其自身的特点和要求，因此，我们应大胆吸收欧美相关法规中的立法经验，广泛征求社会各界的意见，并考虑中国 RFID 的具体应用与发展现状，制定一个 RFID 隐私权保护的专门法规，对侵犯 RFID 隐私权的行为进行具体规定，并尽量做到既不过分限制 RFID 的发展，又能有效保护公民的个人隐私和信息安全。

2．知识产权问题的立法建议

在未来“物联网”时代的竞争中，要想赢得这一场科技战争，改变现有互联网及通信领域受制于人的格局，我们在做好研发和产业推动的前提下必须做好知识产权创新保护工作。

（1）掌握物联网核心技术标准。在物联网的起步阶段，我们应投入较大的精力进行基础和应用方面的研究，只有掌握了核心技术，才不受制于人。在基础研究方面，由于需要投入的人力和资金量非常巨大，政府和各大研究机构应能承担起此重任，加大基础研究的力度。在应用方面，各生产厂和运营商应加强技术创新，掌握一套核心的技术，并将创新成果申请成专利，得到充分的保护。

（2）强化知识产权战略。在物联网时代即将到来的时刻，我国国家相关部门和企业应结合物联网的发展尽快落实具体策略，尽快达成强化知识产权战略目标。知识产权保护部门应及时修订专利法、商标法、著作权法等知识产权专门法律及有关法规，以应对新时期知识产权保护的新特点，适时做好物联网相关遗传资源、传统知识、民间文艺和地理标志等方面的立法工作，加强物联网知识产权立法的衔接配套，增强法律法规的可操作性。

物联网产业链相关企业应设立专门的工作机构，配备专职人员，加强企业的知识产权保护。建立知识产权档案，加强对企业自主知识产权的维护与管理，发现侵权行为及时采取措施。同时培养专门的知识产权管理人员，在掌握相关技术的基础上，还要熟悉相关的知识产权法律法规。此外，企业还应制定内部规章制度，界定企业与发明人、设计人之间的责权利关系。

（3）充分利用知识产权资源，多申报技术专利。企业在新产品开发和技术改造过程中，对既具备新颖性、创造性和实用性，又符合其专利申请条件的技术或产品要及时申请专利，使科研成果获得法律保护。同时要将一些实施效益高、易被仿制的技术及时申请专利。

（4）充分利用法律武器，维护自身知识产权利益。联网一种集成解决方案，一家企业不可能独揽市场。借鉴国外专利联盟的范例，我国可以在自主的相关技术标准上建立自己的专利联盟，遇到需要的国外专利时，可以吸收进来，从而形成一个物联网相关技术的专利群，使国家在知识产权竞争中掌握主动权。

5.4.3 技术方面的突破

在技术方面，要尽快研究制定物联网产业终端平台和各种通信协议标准，实现统一的体系架构和技术标准，即技术标准化和业务标准化，加快传感器及传感器网络的技术研究和突破，推进传感器网络与3G/4G移动通信网的融合。

1. 加快技术产业化进程，实现 RFID 技术的突破

（1）加强科研机构的联合开发。国内众多的物联网研究机构或产业基地都将 RFID 作为技术研发的重点项目，各种各样的物联网产业联盟、科研机构、产业园等纷纷上马，这确实有利于物联网的发展。需要注意的是，要加强相互之间的横向联合，信息与资源共享，建立统一的标准体系，并且在研究领域进行分工，携手合作，才能更快发展，避免重复研究。

（2）降低技术成本。RFID 传感技术等的开发需要较高的技术成本投入，成本过高导致物联网产品的价格也较高。高额成本决定了目前只能将技术应用在附加值较高的商品上，如汽车、冰箱、门票等，而在低价值的商品上无法推广，这大大限制了 RFID 应用的推广范围。如果成本过高，会增加产品的成本，阻碍规模化的发展，将技术转化为规模化应用以摊薄成本，将是技术开发商和设备制造商共同关注的问题。

（3）储备行业人才。我国 RFID 的发展只有短短几年时间，技术创新人才相当缺乏，需要国家和企业加大人才的培养力度，为我国的 RFID 产业发展提供坚实的人才基础。行业人才的培养一方面要在物联网推广过程中进行磨炼，另一方面在相关院校应尽快加强物联网专业知识的教育，从高校教育开始为物联网发展储备人才。

2. 加快网络建设

物联网要承载更高数量基本物体之间以及机器、人之间的通信需求，因此需要实现网络的高效传输和无缝覆盖。当前得到快速发展的无线网络，如在各种局域网内应用的 WLAN 技术，很好地满足了用户使用业务的移动化需求。另外，三网融合的逐步开展，也为物联网未来的网络提供了基础。

物联网中联网物体数目多，通信需求量大，并且要求网络具有良好的稳定性、安全性和较高的承载能力。与物联网的发展规模相适应，网络的稳定性、传输速度和承载能力将是现有网络需要提升的地方。

3. 接口与协议标准

行业标准缺失是最大的限制瓶颈。目前，全球各国物联网发展的状况不一，国内不同行业的相关技术和产品也有差异，没有统一的标准就无法实现真正的互联互通。物联网标准化可以从以下几个层面分别实现：

（1）数据采集感知技术标准。例如，传感器接口、多媒体采集设备、二维码、传感器与 RFID 融合等。

（2）标志和解析标准。

（3）物联网通信无线接入体系。例如，低速低功耗近距离无线通信、区域范围宽带无线接入、2G/3G/4G 广域无线接入、物联网通信无线增强等。

（4）物联网通信网络技术标准。例如，自组织 ADHOC 网络、中间件、通信网络架构、业务安全架构、QoS、面向智能物体和低功耗网络的 IP 技术等。

（5）应用中间件标准。例如，SOA 体系架构、面向上层业务应用的流程管理、业务流程之间的通信交互协议、元数据标准规范及 SOA 安全架构，开放云计算接口、云计算开放式虚拟化架构、云计算互操作、云计算安全架构。

（6）跨层技术标准。例如，服务质量、安全和网络管理等。

4. 积极探索新技术

随着科技的发展，新技术层出不穷。物联网的发展离不开科技的创新，量子技术、纳米技术等新技术的出现和发展将促进物联网飞速发展。

（1）量子技术。在微观领域中，某些物理的变化是因最小单位跳跃式进行的，而不是连续的，这个最小单位就叫做量子。量子技术为我们提供了信息技术不可思议的变革，可以实现从一个地方发出的信息能瞬间传递到另一个地方进行接收，而不需要通过任何载体的携带。据专家介绍，量子信息技术是量子力学和信息科学交叉融合的一种新技术，是现代微电子技术发展所催生的。

（2）纳米技术的介入为生物传感器的发展提供了无穷的想象空间。利用纳米技术研制的生物传感器进行光信号和电信号的采集，提高了生物传感器的检测性能，并促进了新型的生物传感器。声波生物传感器、光学生物传感器、光纤纳米生物传感器等纳米技术传感器体积微小、灵敏度高，而且不受到电磁场干扰，能够精确探知待检测物质。纳米技术将广泛应用到环境监测、公共安全、安全交通、平安家居等领域中。

5.4.4　产品方面的突破

1. 建立产品发展规划、标准体系和推广流程

企业对于物联网的产品业务开发要有规划，当前、中期、远期发展什么业务，各个阶段如何推广都要有相应的措施。确立了发展方向之后，要着力于产品标准的制定，

形成从产品适用范围、产品结构、规格、性能到质检、验收、储运的一整套产品标准体系。

2．深度发展行业应用，积极发掘个人应用

物联网行业应用一方面可以为企业提高经济效益，大大节约成本，另一方面可以为经济复苏提供技术动力，带动所有的传统产业部门进行结构调整和产业升级，并将推动国家整个经济结构调整，推动发展模式从粗放型向集约型转变。

个人应用将呈现规模化发展的趋势，企业要加快物联网的个人应用开发。积极主动探索个人应用需求，围绕个人的衣食住行，使每个人想象的智能化生活变成现实，提高相关产品的智能化水平，为企业带来规模效益。

5.4.5　社会引导

物联网应用领域十分广泛，许多行业应用具有很强的交叉性，但这些行业分属不同的政府职能部门，在产业化过程中必须加强各行业主管部门的协调与互动，并结合我国实际，才能有效地保障物联网产业的顺利发展。

1．营造全社会、全民、全企业参与的氛围

一个企业不可能做好物联网，想做好物联网要依靠全产业链。政府主导、行业示范、企业推动、个人参与都是不可缺少的因素。

企业是物联网的一大主力。当前设备制造商产业集群已经初步形成，还需要在技术应用和规模上进行努力。每个企业都是物联网的一份子，所以企业要充分把握物联网带来的市场机遇，关注核心技术以及其他相关技术的发展趋势，加大推广力度。

政府以总设计、总承包、总集成的模式整合产业链，拓展市场。很多城市都在建立自己的物联网产业基地，提出了要发展物联网龙头企业的举措。物联网龙头企业毫无疑问会让更多的企业看到物联网的潜力，也将会带动更多的二三级企业发展物联网。政府应进一步加快物联网产业园区建设，聚集具有自主创新能力的高端企业和研发机构，开展 RFID、传感器、智能芯片、无线传输网络和云计算等关键技术的研发和标准制定，推广应用示范工程。

物联网的受益者是我们每一个人，因此只有亲身参与才能体会物联网智能化的生活。随着公共设施、家居、个人生活的智能化，再加上个人用户体验的不断优化，物联网的发展将越来越快，更多的人将享受到高科技带来的快乐。

2．加快多渠道推广

物联网要快速实现规模扩张，需要政府引导与企业参与双路并进。目前，产业链条的界定和分工还不明晰，一些重要环节尚未发展起来，比如物联网的系统设计、公共信息平台、服务等方面的能力还处在缺位状态。这就需要企业积极参与到物联网发展的各个环节，形成产业集群，在产业集群的发展中完善产业链。

政府要做好规划。当前行业示范的作用已经非常明显，问题在于促进行业应用的全面普及。要尽快突破企业被动应用物联网的局面，让更多企业看到物联网带来的实际效果，变成企业自动、自发、自觉的应用。

用户体验营销。通过用户体验，可以更好地了解物联网的功能，让企业了解用户对产品的接受程度，也可以让企业及时发现物联网存在的问题，做出优化改善。通过用户体验，对用户需求设计、业务功能、交互设计、信息架构、界面设计、视觉设计等重新优化，提供给用户更满意的产品。

5.4.6　终端方面的突破

1．智能化

当前物联网的终端产品中，读取终端设备发展比较快，但是各种应用终端发展还没有形成规模。

加强应用终端功能内置与推广。例如，通过 RF-SIM 卡内置就能够实现手机支付、身份识别等多种业务，极大地丰富了手机的应用功能，也给用户带来了很大的方便。

加强物联网应用终端的开发。将终端发展为个人物联网应用的平台，在个人应用终端实现业务应用界面，实现相应的业务功能，辅助以互联网和通信功能，通过短信、彩信、WAP 等多种方式，实现个人应用的管理。

2．低成本化

用户对应用终端存在着移动化的需求，且需求量非常大。终端设备的发展更多是面向大众用户，这种需求要尽可能地降低成本，否则就很难形成大规模的应用。满足需求终端设备市场还有待拓展，这给各种终端设备制造商提供了很好的机会。

5.4.7　平台发展的突破

物联网应用平台的业务包括产品的快速孵化、业务的运营过程控制、通信能力的开放以及物联网专网的资源管理和运营支撑能力。同时还要构建物联网运营能力，实现物联网业务的端到端把控，提供服务质量的保障、业务支撑、通信能力的融合及快速接入。在数据处理方面，可以采用先进的云计算等技术，实现海量数据的快速处理，提高系统的计算能力。

物联网最终形态是“物物相连，信息共享”，这就要求应用平台必须突破地域性、行业性限制，建立全国性、行业性应用的物联网平台。

建设“物联网大平台”不仅避免了大量重复建设的资金浪费，更能将维护工作集中，从而节省了大量的人力物力。大平台的建设，需要国家和相关行业做好规划设计，从宏观管理和国家出发，建设使用高效的管理平台；要注重建设通用的平台，让更多企业都能够享受物联网平台带来的好处。在平台建设中，建设成本及维护成本占据了整个系统的大部分投资。平台建设和推广不是短期内就能完成的，需要政府自上而下地推动，当然也需要企业的积极参与。众多中小企业也要积极采用物联网技术，探索和建设适合自身发展需要的小的应用平台，这也将极大促进物联网通用大平台的建设。

5.4.8 物联网发展的建议

首先，各级政府要加大对物联网的资金与政策扶持力度。物联网是一项复杂的社会工程，它的发展需要社会各界的广泛支持。一方面，各级政府本身要从财政上加大资金投入量，为物联网发展奠定坚实的物质基础，同时出台各种鼓励和优惠政策，为物联网发展创造宽松的环境；另一方面，各级政府要发挥调控与引导作用，特别是积极引导社会上更多的企业与科研单位把资金和和技术投入到物联网研究推广上面，推动物联网短期内在我国形成规模并产生示范效应。互联网革命从某种意义上来讲是由美国的“信息高速公路”催生成熟的，20 世纪 90 年代，美国克林顿任总统期间，计划用 20 年时间，耗资 2 000～4 000 亿美元建设美国国家信息基础结构，这项计划及支持措施最终导致因特网形成，并创造了巨大的经济和社会效益。目前发展的物联网，同样需要大量的资金投入和政策扶持，只有如此，才能实现相关战略目标。

其次，各类科技部门要积极进行物联网方面的研究与完善工作。物联网是科技进步的结果，而科技进步是科研人员辛勤劳动的结晶。相关科技部门要积极组织人员集中进行技术攻关；相关科技人员要继续开拓进取，不断完善物联网技术；相关技术推广单位要敢为人先，排除各种困难进行推广应用。当前，尽管物联网技术基本成熟，但仍然存在两个方面的问题需要特别注意：一个是安全问题，这方面必须吸取互联网建设过程中的经验和教训，在技术开发与标准制定上提前做好安全工作，包括密码保护、表直接读、环节链接、人与物沟通等方面的工作；另一个是配套支持技术问题，要在互联网基础上综合各种技术手段，形成专业的网络系统，进行配套网络建设。同时，针对不同的行业研究特需技术，解决“通用”过程中存在的“个别”问题，以此提高物联网应用的广泛性和有效性。

同时，引导广大生产者和消费者尽快进入物联网世界，领略物联网的风采。对企业来讲，要紧跟科学发展潮流，关注物联网发展动向，参与物联网建设、分享物联网发展成果，把握现代科技发展机遇，充分利用新技术手段提高自身生产服务水平和市场竞争力。特别在当前国际金融危机的影响尚未完全消除的时候，更要顺势而为，争得先机。对消费者来讲，要解放思想，以共建共享的原则对待物联网这一新生事物，变被动接受为主动参与，积极支持物联网发展，主动反馈物联网中存在的问题，根据消费者体验提出完善性意见，由此会聚成物联网发展和普及的强大动力。

国家相关部门也要及时制定和完善物联网的科学标准。物联网的发展需要一个统一、规范的体系，这是确保其健康发展的一个重要条件。目前，我国物联网标准体系已经初步形成，在电力、交通、安防等部门的应用初见成效。“新一代宽带移动无线通信网”重大专项也将物联网列为重点研究领域。此外，我国在传感技术标准领域走在了世界前列，与德国、美国、英国等一起成为物联网国际标准制定的主导国，但我国在物联网标准的某些方面还存在欠缺，有些国内标准缺乏统一制式，尚未与国际标准接轨，制定并完善物联网的科学化标准势在必行。

最后，国内相关经营者要根据市场经济规律探索出一套有效的商业运作模式。我国物联网技术已经从实验室阶段走向实际应用阶段。近年来，国家电网、机场保安等领域已经出现了物联网的应用，海尔集团已经在自己生产的家电产品上安装了传感器，无锡传感网工程中心与上海世博会签订下了3 000万元的"防入侵微纳传感网"订单，物联网正在走向产业化应用阶段。有关专家预计，物联网技术的应用日益普及，将发展成为具有上万亿规模的高科技市场。但总体来讲，我国物联网还处于起步阶段，不仅规模不够，而且相关产业链的稳固性和延伸性也不够，盈利模式还需要根据市场进一步探索。因此，应从分析市场因素入手，逐步形成具有中国特色，符合社会主义市场经济要求的物联网商业运作模式。

总之，发展物联网不仅是我国当前一项重要的战略任务，也是未来社会发展的必然趋势。可以断定，谁在物联网时代抢占了发展的制高点，谁就能在世界经济中占据举足轻重的地位。因此，推动物联网发展，不仅要从刺激经济恢复的角度考虑，也要从不断增强我国经济实力与国际竞争力的角度考虑。尽管现阶段我国在物联网发展问题上还存在一定的困难和挑战，但只要本着科学发展的精神，就一定能开创出物联网发展的新时代。

小结

物联网产业的宏观环境包括产业标准、政府政策、法律环境和社会环境。当前，各国物联网产业的标准各异，我国成立了物联网标准化协会，该协会正在努力制定一套通用标准。从国家领导人到相关部门负责人，从政府工作报告到地方政策，我国政府在物联网产业上立场坚定且抱着必胜的决心。在法律层面，物联网涉及隐私保护、传输安全、知识产权保护、召回制度等。在社会层面，物联网将有力带动传统产业转型升级，引领战略性新兴产业的发展，是后危机时代经济发展和科技创新的战略制高点。

我国物联网技术已从实验室阶段走向实际应用，供应链物流、智能交通、工业制造、金融服务、智能家居、安全监控、食品安全、军事应用等领域均出现物联网的应用。物联网在中国已从战略高度走向产业层面。

物联网将朝着融合加速、体积变小、应用扩展，市场细分、标准成熟、平台通用、模式结合，新技术不断涌现，绿色物流成为亮点的趋势发展，未来的物联网将更加智能，应用更加广泛。

在产业模式上，物联网需要政府和企业通力合作；在法律法规上，物联网产业的发展需要保护好相关主体的权益；在接口和技术、产品规划、终端应用等方面，还需要加快发展进程，国家也应予以大力支持。

习题

1. 我国物联网产业发展有哪些有利的宏观环境？
2. 物联网产业在物流中有哪些应用？
3. 物联网产业主要分布领域包括什么？
4. 物联网产业有哪些发展趋势？
5. 请描绘物联网再发展30年，你的家庭生活是怎样的。

第6章 区域物联网产业发展

学习要求：

- 了解各地区物联网产业发展的环境；
- 根据各地不同的物联网产业环境，理解各地区物联网产业的发展现状；
- 在分析了解各地物联网产业发展机遇和挑战的背景下，了解其发展趋势；
- 了解各地物联网产业发展的对策建议。

学习内容：

本章有针对性地选取了无锡、杭州、西安3个地区作为物联网产业发展的代表地区进行介绍，主要介绍在此3个地区物联网产业发展的产业环境，各地物联网产业发展的现状和趋势以及相应的对策建议。

学习方法：

在了解各地物联网产业环境的基础上，结合案例理解本章内容。

引例　西安国际港务区物联网应用分析

西安国际港务区位于西安市主城区东北部，园区规划控制面积120平方公里，规划建设面积44.6平方公里。园区规划六大功能主轴、八大功能分区，依托西安综合保税区、西安铁路集装箱中心站和西安公路港三大核心支撑平台，着力打造国际贸易组团、国内贸易组团、临港产业组团、信息产业组团、生产服务业组团、生活服务业组团等六大百亿产业组团，最终形成一座国际化、生态化的，以现代服务业为主要产业特色的宜商、宜居、宜创业的新城。

西安国际港务区区位优势明显，交通便利，通过公、铁、空、海多式联运，承接沿海港口功能内移，将迅速形成商贸、物流、加工、服务等产业聚集区。园区将率先成为实现中西部地区"第二次现代化转型"的城市综合新区，打造全球商贸物流中心和内陆型开发开放的战略高地。

西安国际港务区是陕西省委、省政府，西安市委、市政府调整产业结构，转变经济发展方式，提升现代服务业发展水平，打造内陆地区开发开放战略高地的创新举措，是中央深入实施西部大开发战略和《关中——天水经济区发展规划》中明确支持发展的重点区域。

西安国际港务区立足于"先建内陆港、后建开发区、再建东部新城"的总体发展战略，本着深入挖掘各类不同服务对象信息化需求的原则，以信息化基础设施建设为基础，物联网资源开发利用为核心，以物联网信息平台建设为重点，以物联网信息技术应用为依托，积极促进物联网相关应用的研发、制造，大力推进现代服务业与信息化融合，推动企业物联网应用示范工程，不断完善物联网相关应用的建设，最终成为"信息零距离，智慧新园区"的物联网应用基地。

西安国际港务区物联网应用优势如下：

（1）坚实的信息化基础保障。西安国际港务区作为陕西省"三网融合"试点园区，将按照高标准、集约化的要求，建设园区信息化基础设施，实现多网介入和区内网络热点的无线覆盖，根据规划将建设IDC机房、数据交互中心。

（2）明确的产业定位提供良好应用环境。西安国际港务区是以现代物流和现代商贸为特色的现代服务业园区。其明确的产业定位为"物联网"范畴中的核心技术——RFID技术、传感网技术、云计算技术提供了广阔的应用环境，通过物联网技术在西安国际港务区的广泛应用，使西安国际港务区的特色产业与物联网产业相互促进，实现国家新兴战略产业与现代服务业的融合发展。

（3）良好的物联网应用项目保障。西安国际港务区内的西安铁路集装箱中心站、西安综合保税区、西安公路港、西安华南城、西北出版物物流基地、西安广汇汽车物流产业园、中国移动西北大区物流中心等重大项目顺利建设和运营，为物联网应用产业发展提供了广阔的应用平台和服务对象，也为陕西物联网应用产业的协同发展提供了项目依托。

6.1　无锡物联网产业发展

在国际上，物联网的发展方兴未艾，带来了全新的信息产业浪潮；在国内，2009年温家宝总理在无锡考察时提出了“感知中国”计划，我国也正式将物联网建设升级为国家级战略，视其为振兴经济的重点技术领域。作为物联网风暴发源地——无锡，寄托着总理殷切的期望，担负着领跑国家战略实施的重任。本节将从物联网发展的环境、现状和未来发展趋势综合分析无锡物联网产业的发展。

6.1.1　无锡物联网产业环境

1．经济环境

无锡东望上海，西接南京，北枕长江，南临太湖，位于我国经济最具发展活力的长江三角洲的中心位置。2010 年，无锡市实现地区生产总值 5 758 亿元，同比增长 13.1%，增速高于上年 1.5 个百分点，全年实现全社会固定资产投资总量达到 2 985.65 亿元，增长 25.1%，增幅始终保持在 20%以上，高新技术产业增加值占规模以上工业增加值的比重达到 41.5%。作为无锡重要经济增长之一，无锡高新区已形成了一批实力较强的高新技术企业。截至 2008 年底，高新区共拥有省级以上高新技术企业 231 家，17 家企业进入省百强高新技术企业，其中 3 家企业的营业收入超过百亿元。高新区内目前已基本形成 IC、光伏、液晶、软件及游戏动漫等产业集群发展的格局，区域转型发展的步伐明显加快。特别是无锡的 IC 产业历经 30 多年发展，形成了微电子技术研发、集成电路设计、芯片生产、封装测试、集成电路应用等较完整的产业发展链条，拥有 IC 企业总数逾 100 家，从业人员近 4 万人，2008 年无锡市 IC 产业实现销售 315 亿，仅次于上海排在全国第二位。5 家企业分别进入中国 IC 设计、生产、封装测试前 10 强。产业集群发展，有效地增强了无锡市的综合经济实力。

2．科技环境

无锡的物联网发展拥有良好的科技环境。在产业发展上，无锡高新区通过引进和培育，已经集聚和培育了 40 多家在物联网领域具有自主知识产权的创业团队和创业企业，包括基于微纳米技术的传感器、行为网络架构和嵌入式的软件、无线射频技术传输等。在标准制定上，中科院上海微系统与信息技术研究所与无锡市结盟，引进学科和行业领军人才，共同在无锡高新区成立高新微纳传感网工程技术研发中心，加速推动了无锡物联网技术研发、产业发展的进程。该中心作为国际、国内物联网标准制定单位，积极推动我国成为国际标准主导国之一，占据了物联网产业链的上游位置和龙头地位。目前，中国与德国、美国、英国、韩国等一起，成为国际标准制定的主要国家，我国的技术研发水平已处于世界前列。

在平台建设上，无锡市还着力于各类公共技术服务平台建设，努力构建完善的科技服务体系和面向全球技术资源的国际化平台。

目前，全市拥有省级以上企业孵化器 27 家、重大研发机构 1 家、重点实验室 1 个、工程技术研究中心 121 个、科技公共服务平台 37 个、建成全球 IBM 首个“云计算”商用技术平台——云计算中心，为软件企业提供数据中心服务、软件开发环境租赁和测试环境等；拥有钻石级 IDC 数据中心，可放置标准化的置存机柜 4 000 个（可容纳标准服务器近 10 万台）；拥有峰值速度为 1 万亿次/秒的超级计算机，能为服务外包企业提供高性能计算、大规模并行处理及海量存储等服务；拥有超大规模集成电路和嵌入式软件两个省级工程研究中心，提供包括软件设计工具、产品测试平台、IP知识库等服务；拥有先进的微电子测试中心，可以根据客户要求从硬件、软件两个方面提供测试解决方案。

3．政策环境

无锡自2006年起，就在全国率先推出以大力吸引海外留学者领军型创业人才归国创新、创业的“530”计划。无锡为归国创新、创业者不仅提供100万元创业启动基金、100 m^2工作场所、100 m^2住宅公寓政策扶持，并提供不低于300万元风险投资和不低于300万元的商业担保等“3个100”和“2个300”的优惠政策。当时这在国内是独一无二的优惠政策，一下子就把海外高层次人才创业目光聚焦到了无锡。到2008年底，已有276家“530”企业正式注册落户。全市海外留学人才总量，包括柔性流动海外留学人才超过3 000名，其中硕士以上人员超过60%。“成立之初当保姆、发展之中当导师、成功之后当保安”的无锡“530”计划，在海内外的影响力持续扩大。无锡在产业升级和城乡转型中摸索出的“7加1”政产学研联盟“530”计划，造就了尚德太阳能、美新半导体等一批海归人才创业成功的“神话”，推进了无锡打造“太湖硅谷”进程，同时带动了创意产业和高端服务业的快速发展。2009年，申报的数量和质量又有大幅提高。截至4月30日，第一批次共申报项目812个，比2008年全年申报总项目422个增长了92.4%。目前，无锡相关部门针对海外高层次创新人才来无锡创办“530”企业和本土企业推动科技创新创业方面的需求，迅速组建成立了“530 企业创业服务导师”和“科技政策辅导员”两支队伍，开展有针对性的专业化、套餐式科技服务；出台了专利权质押贷款管理办法（试行），联合产业集团、金融办、人民银行等有关部门，构筑科技创业投融资平台，引导创投基金向科技型企业倾斜，使无锡先导产业引领全市经济实现更好、更快的发展。

4．社会环境

无锡地处中国经济最具发展活力的长江三角洲的中心位置。长江三角洲地处中国沿海、沿江两大发达地带的交汇部，已经成为中国经济、科技、文化最发达的地区之一，在我国乃至世界都具有举足轻重的地位。三次产业结构和轻重工业以及内部的产业结构布局都较为合理，特别是钢铁、汽车、机电、石化等产业在全国占有举足轻重的地位，生物工程、航天、光电子技术、信息技术、新材料等高新技术产业领域发展潜力巨大。国际经济学界认为，这一地区已成为继纽约、多伦多与芝加哥、东京、巴黎与阿姆斯特丹、伦敦与曼彻斯特等城市为核心的五大城市群之后的世界第六大城市群。国务院把江苏沿海开发列入国家战略加以统筹。《江苏省沿海开发总体规划》赋予沿海开发的战略定位是：区域性国际航运中心、新能源和临港产业基地、农业和海洋特色产业基地、重要的旅游和生态功能区；并进一步指出：紧紧抓住本区和腹地集装箱生成量和货物需求量不断增长的机遇，以连云港和南通港等为主体，加快深水泊位建设，完善航空、公路、铁路、内陆水运、油气管网等衔接配套的集疏运体系，建立依托陇海—兰新沿线地区和苏北地区、面向亚洲和太平洋主要国家和地区的腹地型区域性国际航运枢纽；利用沿海丰富的资源条件，大力发展风电、核电、液化天然气发电和生物质能发电，有序布局火力发电。依托沿海港口，大力发展符合国家产业政策的石化、装备制造、物流等产业，形成临港产业基地。所有这些，都将为物联网的推广、应用提供巨大的市场空间和强力的产业支撑。特别是近年来，高新区在物联网技术研发、产业开发上，以太科园为核心，依托创新园、产业园、信息服务园为载体，三大产业板块初具规模，“感知中国”中心的轮廓已浮出水面。无锡产业集群发展大步走在全省、全国前列，已形成了 15 个成熟产业集群，集聚了 3 000 多家企业，有着较强竞争优势。产业集群发展，不仅大大提升了无锡的经济综合实力，同时也为推进物联网产业发展，提供了得天独厚的产业支撑。

6.1.2 无锡物联网产业现状和趋势

1. 无锡物联网产业发展现状

2009 年 8 月 7 日，温家宝总理在无锡视察时指出“我们要在激烈的竞争中，或者是逼人的形势下，迅速地建立中国的传感网中心，或者叫‘感知中国’的中心，就定在无锡！”之后，无锡几乎成为中国物联网的代名词。两年以后，无锡已经成为物联网领域的“领跑者”，无锡传感网中心的传感器产品已在上海浦东国际机场和上海世博会场馆被成功应用。目前，无锡正在从教育研究到产业应用，多层面全方位推进物联网建设，尤其在被称为制高点的“标准化”方面，无锡加快了全国标准化委员会传感网标准机构落户进程。国际的物联网标准有五项，无锡参加三项，牵头一项；国家的物联网标准十项，无锡参加九项，牵头三项。此外，无锡近期重点推进物联网在电力、交通、环保、水利、安保教育、医疗等领域的应用示范项目。

无锡市集成电路、智能计算、无线通信、传感器、软件和信息服务业等支撑产业基础较好，初步形成了以新区、滨湖区、南长区为重点的产业聚集区。2009 年，全市物联网企业实现总产值 220 亿元。在物联网研发方面拥有中国科学院、中国电子科技集团和一批国内知名高校及各大通信、广电、电力运营商在无锡的物联网研发机构，在物联网产品方面有美新半导体、长电科技、华润微电子等骨干企业，在物联网总体架构和系统集成方面有无锡物联网产业研究院等企事业单位。在物联网应用方面，已启动机场防入侵、感知环保、感知水利、感知电力等领域的应用；无锡电信、无锡移动、无锡联通等电信运营商开始提供电力、交通、农业、环保等领域物联网相关方面的通信运营与服务。无锡市的引智优势、产学研优势、开放性经济优势以及培育壮大新兴产业的经验和模式，也为物联网技术创新和产业发展奠定了基础。

自 2009 年 8 月国家提出在把无锡新区确定为国家物联网创新示范区以来，该区专门成立了物联网产业化推进领导小组，抓好整个示范区的规划与基础设施建设。先后投入 170 亿元建设一批重点工程技术中心和实验室，吸引了中国科学院、清华大学、上海交通大学等从事物联网领域研究与开发的重点院校，进园建立科研开发实体。出台一系列配套优惠政策，加大对外宣传与招商引资，成功引入中国移动、中国电信、国家电网等运营商，引进中航空集团、航天科技等一大批央企和重点企业，同时还培育出一批规模化企业，初步形成了物联网和云计算产业创新资源集群效应。仅用两年时间，国家物联网创新示范区——无锡新区，已呈现出创新资源高度集聚、产业化步伐快速提速的喜人局面。

目前，无锡新区在现有基础上，正在启动实施“2＋2＋1”物联网产业发展计划，即：大力推进物联网设备研发制造和应用系统集成两大主导产业；放手发展芯片和云计算两大支撑产业；加快布局物联网服务业。同时，还将实施“龙头企业扶持计划”，重点引导企业从研发生产单个产品向研发生产模组模块产品延伸，出台具体的政策鼓励企业“走出去”拓展市场，创造条件促进物联网企业上市等，以此来做强、做大物联网产业。无锡还特别注重创新创业创意“三创”载体建设，使这些载体成为发展高新技术产业和高端服务业的桥头堡。截至目前，全市累计建成“三创”载体建筑面积 657.2 万平方米，入驻创业企业 2 670 家，聚集博士、硕士等高端人才 2011 位，已有 304 家企业孵化毕业，顺利进入产业化。同时，无锡城市重大基础设施建设步伐加快。全长 29.3 km 的快速内环全线贯通，无锡机场正式开放为国家一类口岸，城市快速轨道交通近期建设规划获批。

2．无锡物联市场规模分析

按照规划，2012 年无锡物联网产值将达到 1 000 亿元，成为一个新兴的千亿产业，2015 年的目标则是 2 500 亿元。统计数据显示，截至 2011 年 7 月底，无锡已签约的物联网项目总数达 139 个，总投资超过 111 亿元，物联网公司 248 家，初步形成人才和项目的集聚态势，已然将国内众多城市甩在身后。2011 年上半年，无锡新区太科园已有 14 家物联网企业产值突破 500 万，2 家突破 5 000 万，预计全年将有 80 余家企业产值突破 500 万，其中 3 家超亿。

作为我国微电子产业的发源地和重要基地之一，无锡市拥有较为完整的传感网产业链，上下游配套产业较齐全，2008 年主导产业工业总产值达 389 亿元，2009 年入园企业超过 745 家，形成规模以上企业数量超过 213 家。为发展传感网产业，无锡高新技术产业开发区在现有传感网产业的基础上，重新规划了传感网产业集中区 744 公顷，加快以传感网创新园、产业园、信息服务园、大学科技园和体验中心（四园一中心）为主体的“感知中国”中心规划建设。

在微电子等上游基础产业方面，无锡有着雄厚的基础。在器件研发制造方面，无锡形成了以中兴光电、泛达通信零部件为代表的传感网器件衍生产业群，产品涵盖了汽车、消费电子、工业、家用电器、生物等多个应用领域，产值超过 50 亿元。在下游商务开发方面，无锡市与中国电信合作，建设了国内最高水平 T4 级的中国电信国际数据中心。中国电信在无锡成立的物联网技术重点实验室，重点开展中国电信有线、无线宽带网及天翼 3G 网络与传感技术融合的技术研究和应用开发，探索物联网项目的市场化运作商业模式，支撑物联网相关业务投入规模商用，并在获得成功经验后，以快速复制方式把中国电信对物联网的技术研究和应用开发成果推广到全国。

3．无锡物联网产业应用情况分析

在传感网技术应用上，无锡更是领先一拍。无锡高新微纳传感网工程技术研发中心研发的物联网技术已在公共安全、民航、智能交通等行业得到规模性的应用，并带动了标准发展。其产品在上海浦东国际机场和上海世博会已成功应用。在无锡，传感技术已应用于太湖水质监测系统中，并开始走出科研实验室，向民用市场普及。由于其效率高于美国和以色列的防入侵产品，国家民航总局正式发文要求，全国的民用机场都要采用国产传感网防入侵系统。据专家估算，全国近 200 家民用机场如果都加装防入侵系统，就会产生上百亿元的市场规模。最近，江苏省和无锡市正在制定“感知中国”中心建设的总体方案和产业规划，力争通过 5 年的时间，建成引领中国传感网技术发展和标准制定的中国物联网产业研究院，实现产值 500 亿元。

在各行业领域，无锡先期在工业、农业、物流、电力、交通、环保、水利、医疗、安保、家居、园区等领域建设物联网应用示范工程，为物联网的应用创新和产业发展提供市场环境，培育完整的市场应用服务体系，积极参与国家和江苏省的物联网应用示范项目建设。在示范先行的基础上逐步开展应用推广，有计划、有步骤地将无锡市建设成为“感知中国”战略应用示范先导区。

（1）建设感知工业、感知农业、感知物流等物联网示范工程。以提升工农业生产运行效率、改善管理精细程度为目的，推动物联网在工农业生产中的应用创新。重点在工业生产流程监测与农业精细化管理、仓储物流管理等领域开展示范，并逐步向采购、生产、管理、仓储、物流和销售等环节扩展，研究建设工业、农业和物流的物联网应用示范工程。

（2）建设感知电力、感知交通、感知环保、感知水利等物联网示范工程。以提升经济社会建设保障能力、资源利用效率和环境保护水平为目的，围绕电力电网智能管理、交通运输管理、环境监测保护、水情水文水质监测等方面，研究建设电力、交通、环保和水利的物联网应用示范工程。

（3）建设感知医疗、感知安保、感知家居、感知园区等物联网示范工程。以提升人民生活水平和建设幸福、和谐、宜居、首善无锡为目的，以物联网及三网融合应用为突破口，研究建设医疗、安保、家居和园区的物联网应用示范工程。

4. 无锡物联网产业发展的重要趋势

无锡市政府提出了以市场为导向，充分利用物联网产业爆发力强、关联度大、应用范围广的特点，以应用为突破口，强化商业模式，按照产业关联度大小，重点培育和发展物联网核心产业、支撑产业和带动产业三大重点产业领域。

（1）物联网核心产业。在“共性平台+应用子集”架构下，重点发展与物联网产业链紧密相关的硬件、软件、系统集成和运营与服务四大核心领域，着力打造各类传感器、新型传感网芯片设计、制造和封装、软件/中间件、系统集成、网络服务、内容服务、物联网技术应用等产业，加快形成物联网核心产品及高端服务的产业集群。

（2）物联网支撑产业。积极培育、扶持和引进微纳器件、集成电路、通信设备、微能源、新材料、计算机、软件等物联网产业发展所必需的支撑产业。

（3）物联网带动产业。利用物联网大规模产业化和应用对先进制造业、现代服务业和传统产业带来的根本变革，重点推进带动效应大的现代装备制造业、现代农业、现代服务业、消费电子、交通运输及其他传统产业改造升级和发展。

6.1.3　无锡物联网产业发展对策建议

从前面的内容中可以看出，无锡市的物联网产业有着良好的发展机遇，但是，我们也应当深刻的认识到无锡市物联网产业发展总体上还处于起步阶段。与国内兄弟省市相比，无锡虽有一定先发优势，但还存在企业规模普遍较小，技术标准缺乏，创新体系不完善，应用领域不广、层次偏低，运营模式不成熟等问题；与世界先进水平相比，无锡市在关键技术、网络架构、行业应用等许多领域还有一定差距。面对如此激烈的竞争，无锡市必须采取有力措施突破关键核心技术，加快产业资源集聚，大力推广示范应用，促进产业快速发展，才能确保在新一轮技术和产业竞争中的优势地位。基于以上问题，针对无锡自身的经济发展和科技环境，根据无锡市物联网产业规划，提出以下物联网产业发展的思路建议。

1. 提高创新能力，突破关键技术

要创新，人才是关键。无锡积极实施“千人计划”和“530 计划”，依托“7+1”政产学研合作体系，深入推动高校科研院所建立以物联网应用为导向的科研评价体系，在物联网产业发展中积极开展共性平台技术研发，加快引进应用领域高水平行业科研机构。在此基础上，加快提高物联网自主创新能力和水平，努力攻克物联网发展核心技术，大力开展物联网国际国内合作，集成国内外先进技术和优势产品，实现原始创新、集成创新、引进吸收再创新的紧密结合，推动物联网产业规模化发展。

2. 集聚各方优势，推进标准制定

无锡在示范区内建立国家传感网标准服务平台，持续监测国际标准组织传感网标准的制定进度，联合美国有关机构发起制定物联网国际标准。所以在物联网产业发展上，应充分发挥无锡市作为国家传感网标准化工作组组长单位的优势，联合国内外有关物联网标准制定机构，积极参与物联网国际、国家标准制订，提升无锡市在物联网国际、国内标准中的影响力与话语权。

3. 注重应用牵引，发挥示范作用

根据无锡经验，物联网产业的发展要着力培育一批具有竞争力的龙头企业，加快引进一批国内外知名物联网领域相关企业，积极推动传统行业中优势企业与物联网领域相关企业合作，在重点推进对产业化发展具有重大作用的应用示范工程项目的同时，及时总结推广成功经验，通过应用示范，积累经验，以点带面，辐射带动物联网产业在全省、全国范围内的发展。加强政策扶持，促进产业发展。

4. 加速成果转化，促进物联网产业快速发展

物联网产业中心落户无锡，离不开政府助推下良好的政策环境和产业支撑，离不开完善的组织领导和规划引导。要充分发挥政府在物联网产业发展初期的引导和推动作用，加大各级财税、金融、人才、土地等政策扶持力度，鼓励企业研发创新、产品创新和服务创新，提升无锡市物联网产业的核心竞争力和可持续发展能力，加速物联网产业发展管理、服务的专业化水平，引导物联网产业及应用健康发展。

5. 统筹规划协调，形成推进合力

依据国家有关物联网发展战略和江苏省物联网产业发展规划纲要，结合无锡实际，

科学制定发展物联网的各种规划、计划，加强统筹协调，明确分工协助，形成全市推进物联网发展的合力。

6.2 杭州物联网产业发展

杭州被业内称作"国内物联网技术研发和产业化应用的先行地区之一，处于第一方阵"。这不仅益于浙江健康的市场经济环境，也得益于市委、市政府的高度重视的优良政策，多年来推进信息化建设的高新科技和杭州得天独厚的社会环境。在"物联网"产业发展进程中，杭州决策者的国际化视野、战略性眼光和创新型理念，又为杭州在新一轮的信息产业升级浪潮中赢得了发展先机。

6.2.1 杭州物联网产业环境

1. 经济环境

杭州作为长三角地区最发达、最具活力的城市之一，经济总量已经多年在全国省会城市中居第二位，2010 年地方生产总值比上年增长 12%，人均 GDP 已经连续两年突破了人均一万美元。"十一五"时期，全市生产总值年均增长 12.4%，三大产业结构调整逐步优化，2010 年三大产业结构的比例为 3.5∶47.8∶48.7，形成以现代服务业为主导的"三二一"产业结构。杭州不仅是个非常美丽的旅游城市，更是一个工业强市和经济强市。传统产业在民营企业家的带领之下，具有强大的活力和无穷创新的动力，这也为物联网的产业发展奠定了雄厚的基础，也可以说是杭州市物联网产业发展的一个强大的市场。同时杭州也是民营经济的强市，全国民营企业 500 强当中，杭州一座城市就占了 65 家，占了 13%多，民间资本非常雄厚，民间的投资非常活跃，市场需求旺盛，市场经济体制完善，这也为杭州发展物联网产业提供了强大的支撑。近年来，杭州信息服务业一直保持高速增长，入围国家软件百强、国家电子百强、国家规划布局类的重点软件企业数量名列前茅。杭州的金融、证券、管理、设计、控制、物流、公安、网络服务等软件应用建设居于全国有利地位，软件与信息服务业已成为杭州最重要的产业之一。科技进步对杭州的经济增长的促进起到越发重要的作用。中国提出的信息化发展战略经大大促进工业信息化进程，带动传统产业发展，而物联网将是打通信息化体系的最后一道重要关卡。

2. 科技环境

信息产业四大优势奠定了杭州物联网发展的基础。一是核心竞争力优势，根据国家工业和信息化部电子科学技术情报研究所《2009—2010 城市软件服务业竞争力研究报告》分析，杭州软件服务业综合竞争力指数居第 4 位，仅位于北京、深圳、上海之后，为省会城市第 1 位。二是行业应用软件领先优势。杭州的金融、证券、管理、CAD、控制、电信、电力、公安、网络信息服务等行业应用软件在全国处于领先地位。三是互联网经济发展引领优势，杭州 B2B 电子商务网站数量超过全国的 1/6，位居全国第 1 位，拥有一批以提供电子商务信息服务为主的国内外著名 B2B 电子商务网站和信息服务平台。四是基础网络建设创新优势，杭州信息基础设施建设发展较快，许多方面已达到国内领先水平，与发达国家的差距大大缩小。杭州市是解决“最后一公里”、实现全城宽带普遍接入的全国第一个城市。另外，数字电视网络建设领先全国，是市网络资源的又一大优势。此外，杭州无线传感网技术处于国内领先地位，相关技术和应用有广泛基础。杭州已经提出要在市场化程度、标准体系、产业化应用、专业化水平等方面成为国内领先、世界知名的物联网城市。

3. 政策环境

在政策环境上，国家出台了一系列的物联网相关政策，物联网产业的发展已经上升到国家战略的高度。我国“十二五”规划纲要明确指出，要“推动物联网关键技术研发和在重点领域的应用示范”。同时，浙江省也积极发布了大力发展物联网的规划，杭州政府高度重视物联网产业发展，市委、市政府有关领导多次做出重要指示，强调全市上下要进一步增强培育和发展物联网产业的认识，充分发挥杭州优势，努力营造良好氛围，将物联网产业作为推进杭州经济转型升级的有效切入点和打造“天堂硅谷”的重要抓手。

杭州把物联网作为重点培育的战略性新兴产业之一，并提出要打造国内领先、世界一流的物联网产业基地和物联网技术应用示范城市，力争到2015年将物联网产业培育成千亿元产业。2010年，杭州市成立了物联网产业发展工作领导小组；5月份，《杭州市物联网产业发展规划（2010—2015年）》正式通过专家组评审，提出以产业培育为主线、示范工程实施为牵引、关键技术攻关为突破口、公共平台建设为支撑，着力推进网络建设、技术应用、产业发展“三位一体”协同发展，完善技术研发设计、生产制造、产业化应用于一体的全产业链体系，建设国内领先、世界一流的综合性物联网技术应用城市，努力将杭州打造成为产值超千亿元物联网产业化基地；市财政还将拿出1 000万元资金，用于扶持物联网产业的发展，将杭州打造成为国内领先、世界一流的物联网产业基地和物联网技术应用示范城市。此外，为大力推进物联网产业，政府还着手为企业搭建研发平台，设立物联网产业发展专项资金推进企业间的战略合作，支持物联网产业重点研发项目建设、示范推广项目建设、物联网平台建设等。同时，根据财政收支状况与物联网产业发展需要，杭州还将逐步增加物联网专项资金规模预算，并在此基础上，引导市、区（县）两级财政资金向物联网企业倾斜。此外，杭州还鼓励物联网企业上市融资。《规划》明确表示，将积极帮助拟上市企业做好上市融资工作，切实推动物联网企业到国内主板、中小板、创业板上市融资；鼓励有条件企业到海外市场上市融资；推荐和协助有条件的物联网企业申请发行企业债券，募集发展资金。在产业政策的引导下，杭州物联网产业整体呈现良好的发展势头。

4. 社会环境

杭州是国内物联网技术研发和产业化应用研究的先行地区之一，在产业基础、技术研发与应用以及网络资源等方面已形成一定领先优势，为下一阶段推进物联网产业发展奠定了良好基础。杭州信息化建设一直走在全国前列，公安、劳动、工商、财税、民政、交通、公积金、质检等部门的业务信息系统正从内部管理转向对社会公众的管理和服务，多渠道的信息采集成为必然；低碳经济、传统制造业与服务业的转型升级等多方面需求应用，都为杭州物联网产业的发展产生了催化作用。

从地理位置上看，紧邻长三角中心城市上海的区位优势有利于发展杭州的高新技术产业，同时也给杭州带来了丰富的投资创业机会。从现状看，杭州已经吸引了全国 30%的软件产业，成为全国十大软件产业化基地之一，集成电路设计产业化基地和国家推进信息化综合试点。杭州高新技术园区内建有国家级软件园和留学生创业园，已形成以微电子、信息通信、生物工程等高科技行业为主的格局，吸引了包括东芝笔记本式计算机生产线、诺基亚全球研发中心等在内的世界 500 强企业中的 37 家落户杭州，而且大都取得了良好的收益。杭州工业目前以加工工业为主，已形成具有一定规模和优势的食品加工、机械制造、电子通信和纺织服装等支柱产业，初步具备向现代制造业基地迈进的条件，完全有可能利用京杭大运河以及紧邻舟山、宁波、上海港的航运优势，利用杭州萧山国际机场的航空优势，利用四通八达的高速公路和铁路优势，以及良好的制造业基础，成为长三角地区重要的先进制造业基地。杭州作为旅游城市，大力进行了城市内部和外部的路网建设，形成纵横交错的公路内网与外网。作为高新技术产业的根本——人才，浙江大学等一批国家重点大学为杭州物联网产业的发展源源不断地输送高端人才。此外，上海也汇聚了无数全国乃至世界性的各专业、各层次的高端人才，拥有雄厚的人才储备和科研资源。在杭州发展物联网，企业可以充分利用杭州和上海的科研资源为自身的发展打下坚实的基础。

6.2.2　杭州物联网产业现状和趋势

1．杭州物联网产业发展现状

（1）杭州市在城市信息化推进过程中，较早开始涉及物联网概念。2007 年，由中国信息产业商会、中国市长协会共同策划发起的中国“城市信息化服务团”杭州站的活动展示了国际城市信息化的先进理念及应用解决方案。大会上重点展示了利用以 RFID 技术为核心的“虚拟购物中心”，这正是未来物联网的一个典型应用案例，也是杭州市推进信息化城市建设一个重要目标。

（2）杭州市委市政府非常重视无线传感网络建设对杭州市信息化建设的推动作用。先后在 2008 年和 2009 年成功举办了第一和第二届国际无线感应网络论坛。来自国家工业和信息化部、浙江信息产业厅以及相关领域知名专家、企业、标准化组织的代表汇聚一堂，共同探讨交流无线传感网产业发展方向、技术标准和商业运作模式。同时，杭州市政府正致力于打造中国无线传感网发展的重要产业基地。国际无线传感网发展高峰论坛，今后将每年定期在杭州举行，为杭州市发展无线感应网络技术创造了优势条件。

（3）杭州市科技局近年来也十分重视物联网技术的发展和推广应用，通过引进大院大所创新载体认定、科技计划项目立项等形式，为全市物联网发展创造了良好的条件。2004 年 6 月，浙江香港科技大学先进制造研究所在杭州余杭区成立，2008 年被杭州市科技局认定为“杭州市引进大院名校共建科技创新载体”。研究所重点研发领域包括：大规模定制、RFID 研究、网络化设计与制造技术的研究、服务于软件开发、企业信息系统集成、产品工业设计和开发、技术信息数据库开发、科技资讯服务等。据不完全统计，2006

—2009 年，杭州市科技局共有 30 多项杭州市科技计划资助项目与物联网技术相关。

（4）部分在杭企业、机构已经在其生产、经营活动中成功应用了 RFID 技术。如杭州卷烟厂借鉴物联网历练，把电子标签识别、读写技术成功应用到卷烟生产经营决策管理系统和物流周转运输上，成功解决了卷烟的物流和信息流的交互与统一问题。目前，浙江烟草行业已经计划推广该经验，把全省烟草工商企业的所有卷烟都贴上电子标签“联”起来，以有效解决物流运输和管理的难题。又如，杭州市图书馆新馆成功实现了无线网络全馆覆盖并采用射频识别（RFID）技术进行业务管理与服务，该技术在文献财产管理、文献清点、文献准确定位等方面也得到了充分的应用，极大地提升了文献管理效率。最新消息显示，2009 年 8 月远望谷公司产品已经成功中标“浙江图书馆自助借书系统、存储设备项目”，将为浙江图书馆提供 RFID 智能图书系统。

（5）对于物联网构架中重要核心之一的计算机处理中心的构建，杭州市政府同样予以大力支持。2009 年 5 月，微软中国公司与杭州市政府签署三年的战略合作备忘录，其中一项是在杭州成立微软中国首个云计算中心——微软（杭州）云计算中心。同时，阿里巴巴集团也投入巨大的人力和财力，进行云计算的研发建设工作。

（6）杭州市目前拥有一批具有一定科研和生产能力，并在各自领域取得重大成果的科研机构和企业。杭州家和智能控制有限公司是目前杭州市从事无线传感技术应用研究的龙头企业之一，并承担了杭州市科技局认定的“杭州家和智能控制高新技术研究开发中心”企业研发中心的建设。2007 年 10 月组建的浙江省嵌入式系统联合重点实验室，主要在装备自动化嵌入式控制系统研究与开发、嵌入式仪器仪表、无线传感器网络技术及应用等方面开展工作，重点培育和发展智能家电、汽车电子、节能电子、可再生能源利用、智能楼宇、智能交通、数字化医疗仪器等新兴产业。例如，华数数字电视传媒集团在国内率先构建由宽带互联网、无线宽带城域网、数字电视网、视频监控网为一体的基础网络平台，并已成功推出“全媒体华数眼”“华数家庭智能终端”“全媒体智能检索”等基于物联网技术的信息服务产品，已具备大规模物联网运营能力。

2．杭州物联网产业发展应用规模分析

从智能城市建设方面，以打造智能城市为目标，重点围绕交通、城乡管理、公共安全等领域，实施智能交通、智能城乡管理、智能公共安全、智能旅游、建筑节能等试点示范工程，抢占产业化应用的主动权。在智能交通领域，开发智能交通指挥系统、停车诱导系统、智能车库系统，完善智能交通信息平台，实现智能化采集、实时交互路况信息以及车辆管理信息，建设基于物联网的泛交通智能感知和调度系统。例如，杭州市的智能交通建设，尤其在交通控制系统、智能化交通管理系统和先进的公共交通系统等方面取得了显著的成就。杭州市综合交通研究中心目前正与希腊、西班牙、芬兰、英国等 12 家研究机构联合开发一个“全球智能出行规划系统”，杭州市是该系统成果示范城市之一。通过智能交通系统的建设，今后人们出行可以随时随地获取道路交通信息，方便选择最通畅便捷的出行路径。

打造智能生活方面，围绕改善生活、方便百姓目标，推动物联网技术融入日常生活领域，在智能家居、智能社区、智能医疗保健等领域开展试点示范工程，推进智能抄表系统、小区周界安防、特殊人群实时监护，逐步构建智能家居环境。

建设智能两化试点工程方面，以提升企业精细化管理水平、促进节能降耗为切入点，推动物联网在工业领域的应用，重点推进智能电网、智能物流、安全生产与节能降耗以及食品安全溯源等试点示范项目。在智能生产与物流领域，加强射频识别技术、定位技术、自动化技术以及相关的软件信息技术的系统集成，实现对生产和物流环节的实时控制。

在智能环境监控方面，围绕生态监测、保护，将无线传感器网络技术、地理信息技术等应用到生态环境监测，实现生态监测、数据存储与交互，重点推进水资源、大气环境、地下管网和森林生态安全监测试点示范项目。

3．杭州物联网产业发展的重要趋势

从技术的角度，以支持基础关键新技术的突破为着力点。物联网的特性是体现技术融合，在突破关键共性技术时，应重点关注 RFID（射频识别）、WSN（无线传感网）和低功耗传感器等三大基础关键技术。杭州市企业能否在物联网新一轮发展机遇面前拔得头筹，取决于企业能否在物联网核心技术上取得突破，拥有更多的专利。因此，在制定政策和产业导向方面，应重点支持物联网基础关键技术的研发，将来要构建三大产业公共平台：物联网网络基础平台、物联网技术创新支撑平台、物联网公共服务平台；要突破三大核心关键技术：一是物联网结点技术，推进多功能、易用、低成本的 RFID 装置的设计、研制、生产；突破嵌入式微控制器的研发；研发各类嵌入式微控制器的数据转换技术；加快研发太阳能、电磁波、嵌入式微纳发电。二是无线通信技术，研发大规模自组网技术、分布式处理、信息安全技术；研发“三网”融合技术；研发调制方式多样、能适应复杂使用环境的网络通信接入技术，注重开发无线接入集信息采集（包括二维码、RFID、视频等）、无线连接等功能的便携式智能终端设备。三是共性支撑技术，跟踪云计算技术发展趋势，推动云计算技术的运用；推进传输接口、网络构架、系统集成，以及统一标识等方面的标准化工作；加大应用管理、服务软件，以及信息服务平台技术的开发力度，推动物联网技术应用的快速发展；加大集成电路、RFID 芯片设计和系统开发、嵌入式软件、中间件的研究力度。

从城市发展的角度，以创新政府理念、推进精细化管理和服务为着力点。杭州市电子政务走在全国前列，市民卡应用、政务信息资源共享及业务协同、数字城管、“权力阳光”运行机制构建、社区信息化建设、数字电视整体平移等都创造了“杭州模式”。这些都为物联网的应用打下了坚实的基础。我们应该从城市战略的角度，对关系民生、关系城市可持续发展的核心领域，进行有计划、分步骤、有重点的部署，如选择设计民生的物联网应用项目（智能医疗保健、安防监控、智能家居、环境监测等），由职能部门牵头组织实施，通过应用示范，带动物联网技术的推广应用，进而推进城市的精细化管理与服务。

从经济发展的角度，以“融合促进”加快产业转型升级为着力点。以推动工业化和信息化融合为目标，以提升企业经营管理水平、促进节能降耗为切入点，推动物联网技术在工业领域如电网、物流、安全生产、节能降耗和食品安全领域的应用示范。特别注重利用物联网技术改造提升传统产业，将物联网基础设施的建设、完善和服务提供与对传统产业的改造有机结合，同步推进，激发创新活动，加快传统产业转型升级。

从社会发展角度，以信息资源开发利用、微观数据宏观化为着力点。要通过物联网技术在公共服务与重点行业的典型示范工程，以应用带动产业的发展，同时，要高度关注物联网采集提供的各类微观数据，通过挖掘梳理整合，有效的开发利用这一海量信息资源，为市场运行和政府决策、为城市的科学发展提供数据和知识支撑。

6.2.3 杭州物联网产业发展对策建议

面对“后危机时代”纷繁复杂的国内外经济局势、激烈的区域竞争态势、日益趋紧的资源要素制约，杭州工业经济发展中存在的结构性、素质性矛盾不断暴露、激化，迫切需要转型升级。物联网产业是电子信息领域中的先导性、战略性产业，具有市场前景广、综合效益好、产业带动性强、战略地位突出等特点。大力发展物联网产业将有助于优化产业结构、转变经济发展方式。杭州是国内物联网技术研发和产业化应用研究的先行地区之一，位处全国物联网产业发展的“第一方阵”，在产业基础、技术研发与应用以及网络资源等方面已形成一定领先优势，为下一阶段推进物联网产业发展奠定了良好基础。首先，位于杭州的中国电子科技集团公司第 52 研究所、杭州家和智能控制有限公司等企业是国内较早涉足物联网领域的企业，这些企业物联网技术研究和产业化应用起步早，已形成一定先发优势。其次，杭州集聚了一批在物联网技术研发领域具有一定优势的研究机构和骨干企业，在射频识别、无线传感器网络、物联网系统集成等方面掌握了一批核心技术。再次，杭州物联网企业和研究机构已在智能电网、节能减排、安防监控、环境监测等领域成功实施了一批物联网技术应用项目，积累了一定技术应用和服务经验。此外，杭州已拥有大容量程控交换、光纤通信、数据通信、卫星通信、无线通信等多种技术手段的立体化现代通信网络。不断推进中的 3G 通信网络又为物联网信息传输增添新平台。另外，杭州数字电视网络建设领先全国，是杭州网络资源的又一大优势。

总结杭州市物联网发展机遇的同时，我们也应该清楚地认识到物联网产业发展整体上还处于导入期，杭州物联网产业虽然起步较早，具有一定领先优势，但仍存在发展路线不清晰、技术标准体系不健全、商业模式不成熟等产业共性问题。除此之外，发展过程中还存在一些困难和问题：政府主导作用不明显，目前物联网应用主要依靠社会力量（或者说是企业自身的力量）推广，难以全面发展物联网技术的内在潜力和效能；发展时间表和路线图不清晰、技术标准不健全、商业模式不成熟；产业规模小、分布散、产业链发展不健全，应用水平低；全社会物联网知识普及力度以及用户需求有待培育，等等。发展物联网，是实现技术自主可控，保障国家安全的迫切需要；是促进产业结构调整，推进两化融合的迫切需要；是发展新兴特色产业，带动经济发展的迫切需要；是提高整体创新能力，建设创新型城市的迫切需要。鉴于上述物联网进程中的问题和思考，我们更要遵循科学发展观，推动物联网产业的发展。物联网在应用中成熟，应用推进是关键，促进转型是根本。

为贯彻实施规划，“十二五”时期，杭州市应在政策支撑、创新驱动、主体培育、园区建设、应用示范等方面形成发展合力，组织实施“感知中国 · 智能杭州”4433 工程，形成国内物联网产业发展特色和亮点的“杭州模式”。物联网是信息产业的第三次浪潮，杭州要紧紧抓住机遇，依靠企业做大规模。一扇全新的发展之窗已经打开，物联网技术在杭的生根发芽，可为杭州的城市转型升级、科技创新竖起一个新的里程碑。为此提出以下发展建议：

1．制订规划

制订规划，整合电子商务、电子政务、互联网经济、有线无线宽带城域网、数字电视等各类资源，实现“网络建设”“技术应用”“产业发展”三位一体的物联网经济大格局。

2．促进研发

联合有关部门对杭州市目前从事物联网相关技术研发的企业、科研机构、高等院校的研发、生产、销售情况进行摸底调研，了解杭州市物联网相关产业的发展规模和技术水平，为进一步出台相关政策做准备。

3．加大政府对本地企业的扶持力度

鼓励杭州市企业扩大与国内外主要企业、科研机构和高等院校之间的合作与交流，鼓励引进国内外主要企业、科研机构和高等院校设立技术研发中心，提升杭州市物联网技术的研发水平。

4．设立物联网技术研发科技园区

为进一步推动杭州市物联网应用示范园区的建设，设立物联网技术研发科技园区，吸引国内外企业投资，鼓励和引导物联网技术企业向园区集聚，促进物联网产业规模化、集约化、国际化发展，积极向国家有关部委申请成为国家级的物联网应用试点示范城市，打造杭州成为国内领先的物联网产业创新基地。

5．设立物联网技术重大科研专项

组织实施一批行业带动作用明显的重大科研项目研究，加快培育拥有自主知识产权和知名品牌、核心竞争力强、主业突出、行业领先的龙头骨干企业，着力引进国际一流的制造和研发机构，促进高技术人才、资金和技术等要素向杭州市集中，形成产业集群优势。

6．设立物联网技术推广应用示范项目

组织一批适用性强、技术先进的科技成果在全市推广，设立物联网技术推广应用示范项目，特别是杭州市企业拥有的具有自主知识产权、核心竞争力强的科研应用项目，积极推动物联网技术应用整体水平的提高。

7．设立物联网技术发展引导基金

为吸引国内外资金进入杭州，设立物联网技术发展引导基金，向杭州市物联网科技创新企业提供融资，培育一批具有高回报、拥有自主知识产权成果的优质成长物联网技术初创企业。

8．培养物联网技术人才

加快引进物联网技术高级人才和技术人员，大力培养物联网产业发展的急需人才，

占领科技与经济发展的制高点，建立相关技术人才培养机制，建议成立物联网发展协会，打造一个企业之间相互交流与沟通的平台以及政府与企业之间沟通的桥梁。

6.3　西安物联网产业发展

陕西省作为全国的信息技术发展的大省，在物联网产业全球范围兴起的大好时机，利用其良好的技术基础、人才基础和产业基础，抓住机遇，抢占物联网产业的制高点。自2000年西部大开发开始，陕西进入了一个快速发展时期，西安作为省会城市，其发展更是有目共睹。在第三次产业革命——物联网技术革命的浪潮中，西安在各方面都为大西北的发展奠定了基础，做出了表率。本节将对西安物联网发展的情况予以介绍。

6.3.1　西安物联网产业环境

1．经济环境

从经济发展的宏观情况来看，2008年陕西省实现生产总值6 851.32亿元，居全国19位，人均GDP为18 246元；2009年人均GDP为21 688元，增长了18.9%，其中西安市增幅最大，2009年较2008年增长了17．9%，而西安市的GDP同样也是全省最高的，2008年为2 318.14亿元，2009年为2 724.08亿元。随着人民生活水平的日益提高，对高新技术产品的需求同样也随之提高。从高新技术产品的进出口额来看，随着经济全球化的发展趋势日益增强，世界各国对高新技术产品的需求偏好也在加强，2008年高新技术产品的出口金额为666 275千美元，2009年为715 433千美元，增长了7.4%；2008年高新技术产品的进口金额为1 238 639千美元，2009年为1 687 019千美元，增长了36.2%。按出口的地区或国别来看，2009年出口英国达到94 915千美元，较2008年增长了15%；2009年出口希腊、挪威、委内瑞拉、巴拿马、多米尼亚、纳米比亚等较2008年的增长幅度均超过了50%。从以上数据可以看出，不论是进口额还是出口额，都呈现了上升的态势，这为物联网产业的需求发展和抢占国际市场提供了良机。

2．科技环境

西安作为全国电子信息产业重要的科研教育和技术产业基地，具有发展物联网良好的技术基础。从物联网最基础的核心芯片、智能传感器到射频识别（RFID）、智能天线、软件与应用平台、物联网系统集成方案提供等均有省级企业涉及，区域或行业应用示范特色明显，并在各自领域有一定的优势。作为我国重要的科研教育和高新技术产业基地，省内科研机构和企业的技术及产品几乎涵盖了物联网行业应用的全部产业链。截至2010年末，全省与物联网产业直接相关的企业达414家，实现收入173亿元，发展势头良好。同时，西安科研院所众多，为物联网产业发展奠定了良好的技术支撑。西安光机所作为中科院物联网研究院的成员单位，从“十一五”开始就参与了中科院知识创新重点方向性项目“无线传感网”；西安电子科技大学“综合业务网理论及关键技术国家重点实验室”参与了两项设计物联网的国家重大专项研究工作，包括“无线泛在网络结构研究和总体设计”以及“物联网总体架构及关键技术”研究。目前，西安拥有4个省级物联网工程技术实验研究中心、1 个国家级物联网重点实验室，西安交通大学、西北工业大学、西安电子科技大学等高校新开设了物联网相关本科和硕士专业，为物联网的人才培养提供了坚强的后盾保障。

3. 政策环境

物联网把新一代的 IT 技术充分应用到了各行各业之中，有利于提高资源的利用率和生产力发展的水平效益，从而大大节约了成本；另一方面可以为全球经济的发展提供更多的技术动力。因此，陕西省政府对其发展给予了积极的政策支持，出台了陕西省“十二五”物联网产业发展专项规划。2010 年成立陕西物联网产业联盟，充分发挥陕西在电子信息、通信网络、数据处理、传感传动、微电子等方面的行业优势，充分利用科研院所和高等院校的资源，优势互补，增强企业竞争力，使陕西物联网产业各相关单位行业影响最大化、经济效益最大化，推动物联网产业链相关产品的研发、制造、推广以及应用。这些为陕西省物联网企业能够共同营造联盟品牌、加强对外宣传与推介、广泛开展项目合作提供了更多的发展契机。同时，政府对高新技术产业的投资力度也在不断加大，2009 年政府对高新技术的投资较 2008 年增加了 21.5%。对电信和其他运输服务业的基础设施投资的力度也在不断加大，2009 年达到了 520 132 万元，较 2008 年增长了 59.5%。

4. 社会环境

自 2000 年西部大开发开始，陕西进入了一个快速发展时期，在高新技术方面已经具有较强的竞争力，这给物联网产业的发展奠定了良好的基础。就物联网产业的初级生产要素而言，陕西省的劳动力供应方面已经较为充足，据统计，西安截至 2010 年已有近 1 万名物联网产业实用人才。陕西省的西安、杨凌、宝鸡高新技术开发区的高新技术企业截至 2008 年已有 4 263 个，在全国位列第二，超过广东、上海、江苏等沿海城市。就高级生产要素而言，由于物联网是一项多学科的综合技术，需要大量不同学科、不同专业、不同技术的多层次人才，而这些恰好是西安的强项。西安有众多高校和科研院所，每年都会培养大量的相关专业人才。同时，西安作为我国重要的科研教育和高新技术产业基地，在物联网技术的研究开发领域同样具备着得天独厚的研发优势，西安交通大学、西安电子科技大学、西北工业大学、中国科学院西安光学精密机械研究所等知名高校院所为物联网产业发展提供了坚实的研发后盾，并涌现出了一大批像优势微电子、西谷微功率、中星测控、大唐电信、华迅微电子等优秀企业，其技术和产品几乎涵盖了物联网行业应用全部的产业链。

不仅如此，物联网产业的相关产业包括物流业、交通运输业、通信产业等的发展都给陕西物联网的发展提供了支持。陕西省属于内陆省份，陆运较海运发达，且总体实力较强，2009 年货运量为 86 147 万吨，较 2008 年增长了 10.9%，其中公路、铁路运输分别占到 20.92%、78.89%。2009 年陕西省互联网用户达到了 2 550 542 户，较 2008 年增长了 8.5%。可见在物联网相关产业和支持性产业的发展方面，西安都处于良好的社会环境之中。

6.3.2　西安物联网产业现状和趋势

1. 陕西物联网产业链发展现状

1）物联网制造基础较好

目前，在西安、宝鸡、汉中 3 个地区集聚了约 70 余家传感器科研生产企业，涉及 40 多类传感器，品种齐全，智能化程度高，规模位居全国前 3 位，尤其在烟雾和图像传感器方面其规模全球领先，应变片、重力传感器以及基于 MEMS（微机电系统）技术的小型压力传感器方面处于全国首位。

2）通信网络设施承载能力较强

截至 2009 年底，陕西全省光缆线路总长达到 31.2 万公里，比"十五"末增加 16.7 万公里。全省移动电话用户达到 2 300 万户，全省互联网普及率达到 26.5%，用户达到 257.3 万户，网民达到 995 万人。3G 网络市区面积覆盖率达到 99.51%，重要旅游风景区覆盖率 100%，电信呼叫中心席位已超过 5 000 个。

3）终端应用与服务企业众多，卫星导航技术优势明显

陕西是我国卫星导航领域重要的科研、基础地理数据、核心技术应用与国防专用产品开发的基地，现有卫星导航研究机构与各类企业 20 余家，其中研究机构 6 家，核心技术开发企业 3 家，模块与终端产品生产企业 10 家，基础地理信息数据、电子地图与应用软件开发企业 5 家，运营服务企业 7 家，其大量的研究成果在物联网领域应用广泛。

4）物联网系统集成行业特色突出

在煤炭、石油、电力、水利、地质等行业应用领域，陕西物联网整体解决方案原始开发能力居全国首位，系统设备的制造水平居国内同行业第一。目前，陕西企业在火力发电和地质勘探等领域的国内占有率分别达到 40%和 60%以上，在煤炭行业的市场占有率也达到 40%，核电行业的市场占有率甚至达到 80%。

5）信息与软件服务外包聚集效应不断提升

目前，陕西从事软件开发、系统集成、网络工程、工业控制等软件和服务外包的企业有 700 多家，从业人员约 7.6 万人。2009 年，陕西软件产业实现收入 320 亿元，其中软件业收入 190.5 亿元，排全国第 11 位。西安软件园是国家软件产业基地、首批国家服务外包基地城市示范区，聚集着欧美、日本和国内等众多知名企业。

总体来看，陕西物联网产业链处于初步形成阶段，物联网产业链发展不均衡，物联网制造环节优势突出，但在芯片设计制造、软件应用及开发等技术含量相对较高的环节相对薄弱，相关技术研发水平和标准制定工作相对滞后，孤岛效应明显，规模化推广应用能力较弱。

2. 西安物联网产业发展现状

西安发展物联网产业，在陕西省物联网发展的大环境下，有着良好的技术基础、人才基础和产业基础，特别在技术研发领域如电子信息、通信网络、数据处理、传感传动、微电子等行业有着得天独厚的研发优势。

1）部分核心技术国内领先

据市科技局统计，西安市近几年 8 100 项科技成果数据中，有 5%～8%的成果和物联网有直接关联，其中部分已成为国内领先、国际先进的技术。例如，西安优势微电子有限公司自主研发的基础核心芯片“唐芯一号”，这是物联网最关键、最核心、最上游的芯片技术，填补了我国在这一领域的空白。再如，西安中星测控有限公司生产的传感器，被称为“中国传感器大全”，其产品线已实现了多种通信网络技术的传感器网络系统，物联网一旦普及，将产生巨大的经济效益。

2）拥有大量实用性人才

物联网是一项多学科的综合技术，需要大量不同学科、不同专业、不同技术的多层次人才，而这正是西安的强项。西安众多高校和科研院所每年都会培养大量的相关专业人才，其中仅中科院西安光机所在光学传感器方面每年就会培养几十名博士生。据统计，西安有近 1 万名物联网产业实用人才。

3）具备完整的产业链条

物联网产业链以传感网络结点、网络构架和信息处理系统三大产业领域为重点。目前，西安地区从事物联网相关技术的企业有 140 多家，在全国有一定影响力的近 10 家，从物联网最基础的核心芯片、物联网的基础传感器、到射频识别 RFID、应用网络均有完整、配套的产业链，市场广阔，发展潜力巨大。

4）多个企业成为行业领头羊

西安有多家企业在物联网行业处于领先地位。例如，研发“唐芯一号”的西安优势微电子有限公司，参与了物联网产业国家标准制定，在行业规则制定中拥有一定的话语权，对西安未来物联网产业发展具有实际意义；又如，大唐电信和华为、中兴等通信行业巨头并驾齐驱，与中国移动西安分公司等多家企业联合，在物联网系统集成方面有重大突破。

3. 西安物联网产业发展的重要趋势

陕西省“十二五”物联网产业发展专项规划构建了西安市物联网产业发展的重要趋势，规划提出要构建物联网完整产业链，形成集技术创新、设备制造和市场应用于一体、示范效果明显的物联网产业体系，建成国内一流的物联网技术研发基地、制造基地和应用示范基地。到 2015 年，物联网产业产值突破 1 000 亿元。

1）搭建技术研发核心区

建设物联网研发公共技术平台、工程研究中心、工程实验室及技术标准中心等，形成具有自主知识产权的物联网标准体系，建成具有国内一流创新能力的物联网技术研发核心区。到 2015 年，该区已申请国家专利 500 件。

2）突破产业关键技术

形成较为完备的物联网技术体系，突破传感器、芯片、设备、智能通信与控制、海量数据处理等方面关键技术，形成一批具有自主知识产权的核心技术和产品。

3）打造设备制造集聚区

在传感器、集成电路、RFID、软件服务及系统集成等方面，建设物联网专用设备制造和产业孵化基地，建成具有国际竞争力的物联网制造业集聚区。

4）建设应用示范先导区

在西安、宝鸡、杨凌等地，实施智能交通、智能农业、智慧城市、智慧能源等一批示范工程，形成成熟的物联网行业应用和公众应用运营模式，建成具有全球影响力的物联网应用示范区。

6.3.3 西安物联网产业发展对策建议

西安市科技局提供的研究资料证明，西安不但有研发阶段的技术，更有实用及成熟的应用技术。例如，区域无线环境物联网示范项目（环保）、区域消防水压物联网示范项目（消防）、全省水文监测物联网示范项目（水资源）、全省土壤水分物联网示范项目（农业）、智能建筑物联网示范项目（建筑）、社区安全防护物联网示范项目（家庭）、区域智能交通物联网示范项目（交通）、智能电网监测物联网示范项目（工业）、大型幼儿园管理物联网示范项目（教育）、区域老人监护物联网示范项目（民生）等。遗憾的是，物联网产业的研发成果在西安本地应用得不多，大多被外地购买应用，处于“墙内开花墙外香”的境地。构建新兴产业需要示范项目的引导和带动。但从上述列举的项目来看，有些涉及国家部委掌控资源，有些涉及大区域掌控资源，西安市实施这样的示范项目，协调难度非常大。而在调研中发现，西安西谷微功率数据技术有限责任公司的“智慧城市”解决方案，以自主知识产权技术体系为核心，能够适应交通管理、市政照明控制、水资源监测、空气质量数据收集等多种应用需要，可能是西安容易实施的项目。

积极发展西安物联网这一战略性新兴产业，是西安转变经济发展方式的现实选择。针对以上情况，目前西安发展物联网产业面临以下问题：一是产业优势尚待认知。由于干部群众对物联网这一新兴事物还很陌生，对区域内发展物联网产业的优势和成果知之甚少，使得西安在物联网产业发展中的重要地位没有引起足够的重视，优势得不到有效发挥。二是产业链没有打通。西安的物联网企业虽然分布在产业链的各个结点，但各自为战，信息沟通不畅，没能形成合力。另外，企业规模都很小，目前最大的物联网企业年产值 3 000 万元，无法起到聚集带动作用。三是缺少引导扶持的政策措施，和无锡、杭州相比，西安政府支持物联网发展的政策力度远远不够，鼓励西安物联网企业的政策措施还不够多。

基于上述情况，针对西安物联网产业发展的现状，特提出以下建议措施：

（1）从构建和培育西安战略性新兴产业的高度，及早谋划发展物联网产业。抢抓机遇，发挥优势，力争走在全国前列。同时，在全市广泛普及物联网知识，营造有利于产业构建和培育的良好氛围；宣传西安在发展物联网产业上的优势，积极争取中省支持。

（2）把发展物联网产业作为西安统筹科技资源配置改革、科技成果就地转化为现实生产力的抓手。建议由市上主要领导挂帅，由市政府分管副市长牵头，强化领导力量，进一步整合资源，成立专门机构，负责研究推动物联网产业发展的重大事宜。

（3）在深入开展调研的基础上制订我市物联网产业发展规划。由市发改委、科技局、工信委、规划局共同研究制订发展规划，明确发展目标、重点领域和保障措施，将其列入“十二五”规划和中长期发展规划。

（4）选择技术相对成熟、在全国具有引领示范效应的物联网产业项目。无锡已申请“国家级传感网示范区”，将享受和北京中关村高科技园一样的扶持政策。西安应积极申报“智慧城市”等一批示范项目，争取国家政策、资金的支持，带动上下游产业发展。

（5）研究出台支持物联网技术研发和成果应用的扶持政策，帮助本地优势企业做大做强。同时注重物联网项目招商，争取更多物联网企业落户西安，培植产业集群。

（6）成立产业联盟等为物联网产业服务的专业机构。由政府出面，联合西安地区物联网上下游核心企业、高校院所，成立物联网产业联盟或协会，使产业链上的众多企业能够开展交流合作；建立物联网应用示范基地或园区，推动技术研发和产业发展，迅速形成产业集群。

小结

无锡位于长江三角洲的核心地带，经济发达，物联网产业支持政策和社会发展环境良好，再加之先进的科技环境，作为我国物联网发源地的无锡，其物联网产业的发展也占据全国的先锋之列。但是无锡市物联网产业在关键技术、网络架构、行业应用等许多领域与世界先进水平还有一定差距，企业规模较小，创新体系不完善，应用领域不广、层次偏低，运营模式不成熟等。因此，必须采取有力措施，进一步突破关键核心技术，加快产业资源集聚，大力推广示范应用，促进产业快速发展，才能确保在新一轮技术和产业竞争中的优势地位。

杭州物联网产业发展起步较早，具有一定领先优势，但是整体上还处于导入期，产业发展路线不清晰、技术标准体系不健全、商业模式不成熟等问题。另外，政府主导作用也不明显。因此，杭州更要遵循科学发展观，以杭州发展最现实的需求为主攻方向，推动物联网产业的发展，使物联网在应用中成熟。

在陕西省物联网发展的大环境下，西安物联网产业发展有着良好的技术基础、人才基础和产业基础，特别在技术研发领域如电子信息、通信网络、数据处理、传感传动、微电子等行业有着得天独厚的研发优势，与此同时处于西北的大环境也给西安物联网产业的发展带来了一定的障碍。一是产业优势尚待认知，二是产业链没有打通，三是缺少引导扶持的政策措施。因此，西安政府要更多地支持物联网发展的政策，在各方面促进物联网产业的发展。

习题

1. 简述无锡物联网产业的应用情况。
2. 简述无锡物联网产业三大重点产业领域的发展趋势。
3. 从经济发展的角度，试述杭州物联网产业发展趋势。
4. 简述杭州物联网产业发展的对策建议。
5. 试述西安物联网产业链发展现状和西安物联网产业发展现状的区别和联系。
6. 试分析你所在家乡城市的物联网产业发展。

第7章 物联网对电信产业的作用

学习要求：

- 了解现有电信产业的规模，理解三网融合、4G等电信业务；
- 了解物联网在智能酒柜、动物溯源、环境监测、安全防护等方面的应用；
- 了解物联网产业的长尾效应。

学习内容：

本章主要讲解电信产业的现状、发展趋势，电信产业中物联网在现代商业、食品安全、环境监测等方面的广泛应用，物联网对电信产业发展的影响。

学习方法：

在掌握基本概念的基础上结合日常生活理解本章内容。

引例　三大运营商的物联网布局

1. 中国移动

从2007年起，中国移动就开始进行了云计算的研究和开发，为打造其云计算基础设施，中国移动提出了“大云”计划，进行关键计划研究和系统开发，希望最终能够满足公司IT支撑系统高性能、低成本、可扩展的IT存储需要，同时为最终用户提供丰富多彩的互联网业务和服务。目前，中国移动拥有全球最成熟的M2M应用和最大规模的M2M终端用户，是国内唯一拥有M2M专用码号资源的运营商，其号码数量达到了一亿个，直接用于物联网的终端数量已经超过了400万。

2009年8月，中国移动总裁王建宙在访问台湾时，邀请台湾RFID厂商进行物联网产业合作。2009年11月，中国移动与无锡市人民政府就“共同推进TD-SCDMA与物联网融合”签署战略合作协议，中国移动在无锡成立中国移动物联网研究院，重点开展TD-SCDMA与物联网融合的技术研究与应用开发，建设包括环境监测、要地防入侵、智能交通、智能电网、智能家居等多种应用示范工程。

事实上，中国移动早在2005年，就开始制定M2M终端和平台的物联网管理协议标准（WMMP），下一步在物联网的战略方向是重点形成M2M标准，促进规模化推广，在产业链上更多地去扮演整合者的角色，具体分为三步走：第一步信息汇聚，第二步协同感知，第三步泛在网络。

根据中国移动发展物联网的业务布局，除了应用于电力行业的远程抄表、配输电设备监控外，还开展了重点污染源监控、气象检测、车辆管理、水文检测、物流运输、移动POS等业务。截至目前，中国移动已经推出物联通、智能家居、手机二维码及千里眼共4个全网产品，同时在百余个城市开展了基于物联网和云计算技术的无线城市试验，逐步推出了涵盖农业、金融、物流、市政等方面物联网产品。中国移动物联网终端用户数突破1 000万，年均增长速度超过88%。据不完全统计，2011年中国物联网产业市场规模将达到2 500亿元，到2015年，中国物联网整体市场规模将达到7 500亿元，年复合增长率超过30%。

2. 中国电信

中国电信拥有全球最大的固话网络、全球规模最大的互联网用户群和全球网络规模排名第一的CDMA移动通信网络，并在业内较早全面启动3G服务，全业务运营能力获得显著提升。

2009年11月24日，中国电信在无锡成立物联网技术重点实验室，重点开展电信有线、无线宽带以及天翼3G网络与传感技术融合的技术研究和应用开发，实现远距离应用领域（主要是M2M）产品和近距离应用领域（主要是传感网）产品开发试点与物联网基础关键技术，设备领域研究，物联网应用产品开发及推广支撑工作的结合，实现前后联动，并于当地软件园展开商务和产品研发等诸多层面的产业合作。

中国电信尚未明确提出物联网的战略定位，但是正在尝试推进目标的制定，目前已经开始建立开放的M2M业务管理平台。中国电信明确M2M业务发展有3个阶段：首先快速切入市场，之后提升业务价值，搭建 M2M 平台，最后形成电信级泛在网的融合；中国电信确定了首批关注的“3+2”领域，即公共事业、交通和无线商圈和拓展若干第 2 梯队行业应用解决方案；中国电信还积极参与产业联盟的建设。

目前，中国电信在打造“智慧城市”中的“炫动生活”方面，形成了自己的优势。其开发的物联网应用已经超过 10 项，其中，智能家居产品融合自动化控制系统、计算机网络系统和网络通信技术于一体，将各种家庭设备通过智能家庭网络联网实现自动化，通过中国电信的宽带、固话和 3G 无线网络，可以实现对家庭设备的远程操控。而智能医疗系统、智能城市产品、智能环保产品、智能交通系统、智能司法、智能农业产品、智能物流产品、智能校园、智能文博系统、M2M 平台等已经成功为各行各业提供快捷便利的服务。

3．中国联通

手握 3G 技术性最高的 WCDMA 网络，中国联通已经与全球 60 多个国家和地区 100 多个 3G 运营商开通了国际漫游服务。WCDMA 网络占全球 3G 网的 70%以上，随着国际化合作的加强，必将使中国联通在物联网的国际漫游信息交换方面具有更大的优势。作为中国较早涉及物联网领域的电信运营商，中国联通建立了物联网的专用通道，在传输过程中将数据加密打包至用户的分析处理平台再进行破解，从而起到了双重保护作用。不同于普通互联网，电信级专网为物联网提供了更多的安全保障。

中国联通战略上明确了物联网努力的方向，即转变原有的传输通道型应用，并提供端到端的综合服务。从物联网规划上，中国联通从大客户群入手，尝试多种业务的推广，积极参与产业联盟的建设 。

目前，联通已经在全国建设 11 万个基站，实现了对全国 335 个城市的 3G 网络覆盖。同时，中国联通也与无锡市政府签订合作框架协议，政企联手，共同促进 WCDMA 与物联网的融合，加快物联网建设和传感产业的发展。

可以看出，尽管三大运营商的战略和具体实施各有不同，但是他们都选择了积极参与产业联盟的建设这一途径。通过参与到产业的建设中，深入了解各行业的需求，充分整合和利用上下游的资源来掌控整个行业的发展，并且把握住物联网产业未来最核心的运营环节，必将开拓出巨大的市场价值。

在整个物联网产业链结构中，首先受益的将是 RFID 和传感器厂商，接着是系统集成商，最后是运营商。这是一方面是因为 RFID 和传感器需求量最为广泛，且厂商目前最了解客户需求；其次，物联网涉及众多技术和行业，系统集成需求巨大，且系统集成商有可能掌控上游供应商；而且，物联网的应用将从行业垂直应用向横向扩展，对海量数据处理和信息管理需求将催生电信运营商的巨大发展空间。

资源来源于：2010-05-04 节选自诺达咨询.电信运营商推动物联网产业发展任重道远.RFID 中国网.http://www.rfidchina.org/.

7.1　电信产业现状

物联网的产生是社会发展的强烈需求，物联网的全球发展趋势将可能推动人类进入物联网时代，物联网时代的到来将给人类社会带来翻天覆地的变化，任何事情可以在任何时间、任何地点互联，实现智能互动。物联网对电信产业也有着不可估量的现实意义和社会意义：一方面可以提高经济效益，大大节约成本，另一方面可以为全球经济复苏提供技术动力。

目前，美国、欧盟等都在投入巨资深入探索物联网，我国也正在高度关注、重视物联网的研究，工业和信息化部会同有关部门，在新一代信息技术方面正在开展研究，以形成支持新一代信息技术发展的政策措施。美国权威咨询机构 Forrester 预测，到 2020 年，世界上物物互联的业务，跟人与人通信的业务比例将达到 30:1，因此，物联网被称为下一个万亿级的信息产业。

7.1.1 电信产业的界定

电信是指利用有线、无线的电磁系统或光电系统等电子技术，传送、处理或提供语言、文字、数据以及其他任何形式的信息。电信产业是一个涵盖甚广的产业，分为电信网及运营、网上服务、通信设备（如电话机、传真机等）三部分。电信网包括本地网、国内长途网和国际长途网；网上服务包括基本服务（市话、长话等）和增值服务；通信设备包括无线电、电报、电视、电话，数据通信以及计算机网络通信等。

电信业是基础性、先导性和战略性行业，不但在经济发展中发挥着不可替代的作用，而且在国家安全中扮演着举足轻重的角色。电信行业在服务业中有着重要地位并起着重要作用，是我国服务业中重要的组成部分，电信服务总量与服务业产值之比已高达 22:100，并且这一比例每年的增长速度都至少超过 10%。此外，电信行业与其他行业关联性强，对产业链上下游影响巨大：电信业为国民经济的其他行业提供信息化基础设施和通信服务；同时电信业是通信产业链的核心，对设备制造、信息服务业的影响巨大；通过电信行业发展，可以加速相关行业的信息化进程，优化结构和布局，提升国民经济的结构效率和运行效率。

我国电信业由于长期由邮电部门垄断经营，所以实业界对电信业的传统划分为：通信制造业和电信运营业两大类。在通信制造业中，又分为供运营商使用的通信设备制造（如光纤、光缆、程控交换机等）和通信产品制造（如计算机、电话、手机等）；在电信运营业中，又可分为固定电信网业务（包括市话、长话等）、移动通信网业务（包括无线寻呼、蜂窝移动电话、公共无绳、集群电话和卫星移动通信等）和其他电信业务三类。

7.1.2 电信产业概况

1. 总量递增

近年来，我国电信行业整体呈稳步增长态势。“2010 年全国工业和信息化工作会议”公布的数据显示，2011 年 1～7 月，全国电信业务总量累计完成 6 687.7 亿元，比上年同期增长 16.0%；电信主营业务收入累计完成 5 594.6 亿元，比上年同期增长 10.1%，如图 7-1 所示。

电信业快速增长主要有以下 4 个原因：

（1）宏观经济持续向好，为行业快速增长创造良好的外部环境。2010 年，中国农村居民人均纯收入 5 919 元，比上年增长 14.9%，扣除价格因素实际增长 10.9%；中国城镇居民全年人均可支配收入 19 109 元，增长 11.3%，实际增长 7.8%。全国城镇居民人均可支配收入和农村居民人均现金收入的提高，直接增强了人们对信息通信消费的意愿，推动了行业快速增长。

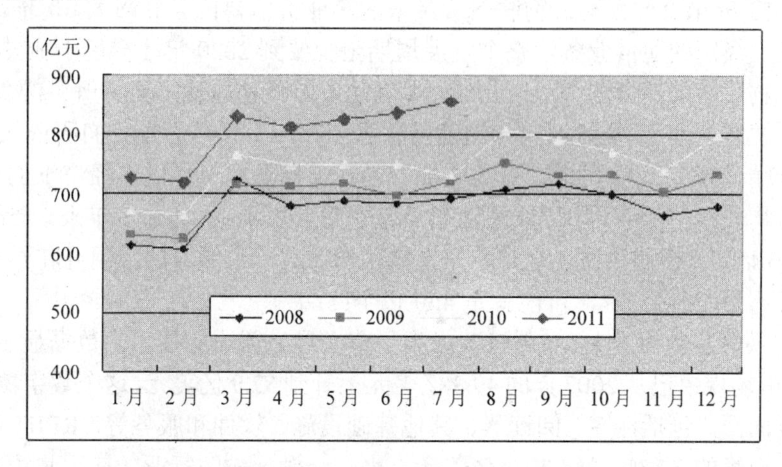

图 7-1　2008—2011 年各月电信主营业务收入比较

（数据来源：工业和信息化部）

（2）信息网络基础设施演进升级，为行业快速增长提供坚实的保障基础。2011 年上半年，基础电信企业共完成固定资产投资 1 431 亿，同比增长 56.5%，网络基础设施容量和能力显著提升，为新服务、新应用、新业务提供基础保障。

（3）国家加快向综合信息服务业转型，为电信行业快速增长拓展新的发展空间。通过重点培育生产性服务业，积极发展电子商务、移动互联网、数字内容、互联网信息服务等非话音业务，信息服务领域已逐步成为推动行业发展的新增长点。

（4）用户规模持续增长也推动电信业务量的快速增长。2011 年 5 月，全国电话用户突破 12 亿户，3G 电话用户达到 8 051 万户，其中 TD-SCDMA 用户 3 503 万户，3G 基站总数 72.7 万个，覆盖所有县级以上城市和部分乡镇。

2. 3G 用户突破 1100 万

据工业和信息化部 2011 年 11 月 22 日公布的最新数据显示，全国移动电话用户累计净增 10 498.9 万户，达到 96 399.1 万户。

工业和信息化部的数据还显示，2011 年 1～10 月份，全国固定电话用户减少 665.1 万户，达到 28 769.0 万户；基础电信企业的互联网用户进一步趋向宽带化。基础电信企业互联网宽带接入用户净增 2 620.9 万户，达到 15 250.0 万户，而互联网拨号用户减少了 28.4 万户，达到 561.8 万户。招商证券分析师指出，从目前的势头来看，公司 3G 用户未来将持续高增长，该业务已经渡过经营拐点，业绩将大幅增长。

电信主营业务收入构成方面，2011 年 1～10 月，移动通信收入累计完成 5 922.4 亿元，比上年同期增长 14.0%，在电信主营业务收入中所占的比重从上年同期的 69.76%上升到 72.33%；固定通信收入累计完成 2 265.5 亿元，比上年同期增长 0.5%，在电信主营业务收入中所占的比重从上年同期的 30.24%下降到 27.67%。

3．未来展望

易观国际表示，物联网催生的电信、信息存储处理、IT 解决方案等市场潜力惊人。美国研究机构 Forrester 预测，物联网所带来的产业价值要比互联网大 30 倍，将会形成下一个万亿元级别的通信业务，整个发展周期至少要到 2020 年才会趋于成熟。

如果把物联网的概念浓缩成一句话，那就是中国移动总裁王建宙所讲的“全面感知、可靠传递、智慧处理”。物联网包含的范围相当庞大，不只是原先我们所依赖的因特网，还包含了云端、3G、无线网络、有线电视、远程监控等，就连低碳经济下的智慧电网，其实也都是物联网的范畴。中国联通董事长常小兵曾表示，“这么多年来，全世界移动用户发展了 46 亿户，中国大概 7 亿户，如果物联网在某一个领域的应用开花结果了，可能这个数量就不是 46 亿户了，可能就是 460 亿个终端”。

作为物联网发展的排头兵，RFID 成为了市场最为关注的技术。数据显示，2008 年全球 RFID 市场规模已从 2007 年的 49.3 亿美元上升到 52.9 亿美元，这个数字覆盖了 RFID 市场的方方面面，包括标签、阅读器、其他基础设施、软件和服务等。RFID 卡和卡相关基础设施占市场的 57.3%，达 30.3 亿美元。来自金融、安防行业的应用将推动 RFID 卡类市场的增长。

中科院软件所研究员孙利民表示：“在每一个细分的领域，物联网都能带动相关产业的发展，必定孕育着巨大的市场空间。”而其中，最被人们看好的领域包括 RFID、传感器、芯片等核心技术产业，与物联网密切相关的电信行业，以及能源、环保、农业、交通等领域。

物联网的推广为信息产业开拓了一个潜力无限的市场。可以预见，在物联网普及以后，用于动物、植物和机器、物品的传感器与电子标签及配套的接口装置的数量将大大超过手机的数量。在不远的未来，手机与 RFID 技术及其他技术相结合，可以构建全球最大的物联网应用。按照目前对物联网的分析，未来五年，电信行业所面临的主要挑战是海量内容及数以十亿计的接入需求和电信行业基础设施所能提供的计算能力的矛盾。这一矛盾主要体现在以下 3 个方面：

1）解决全业务 IP 网络和电信级能力之间的矛盾——Telecom IP

起源于互联网的 IP 技术和传统电信业务的实时性需求之间存在一定差距，基于此，Telecom IP 成为全业务 IP 网络的必然选择。同时，电信业务具有端到端的特性，要求 IP 网络能够保证端到端的带宽和性能，以及构建端到端的网络管理能力。Telecom IP 把电信级的能力与 IP 网络的高效能力结合起来，保证端到端 IP 网络的可靠性和可维护性，从而使 IP 技术和电信网络的结合成为可能。

2）解决新增 10 亿用户与低 ARPU 值之间的矛盾——低 ARPU 值解决方案

未来 5 年，新的用户增长将主要来自新兴市场，受制于新兴市场经济发展状况，未来 10 亿级新增用户的每用户平均收入（Average Revenue Per User，ARPU）值将远低于目前水平，处于 3～5 美元之间。在这种用户模型下，电信运营商同时保持盈利，将依赖于基于新兴市场的业务创新，例如，占印度人口 72%的农村市场，电信业务的渗透率仅为 13%。基于全 IP 技术的低总成本的解决方案及业务创新，驱动用户规模增长。低 ARPU 值解决方案是消除数字鸿沟、保障运营商成功的关键。

3）*解决十倍甚至百倍流量增长和网络能力之间的矛盾——Tera-Scale 承载网*

高清、三维、用户生成内容（User Generated Content，UGC）引发的数字洪水，促使网络流量未来几年增长 10 倍甚至 100 倍，驱动承载网进入端到端的 T-bit 时代。以德国、法国和英国等的组网模型测算，以太网交换机需要 3T B 的容量，业务路由器需要 1.2～2.4 TB 的容量，骨干路由器需要 12～24 TB 的容量，骨干 WDM /OTN（光传送网）需要 6T B 的容量，甚至随着光缆终端设备（Optical Line Terminal，OLT）部署位置的提升，OLT 也需要 T-Bit 的容量。像中国和美国这样的人口和地域大国，设备的容量需求会更大，整个承载网进入端到端的 T-bit 时代。构建 Tera-Scale（万亿级别计算研究项目）的承载网，将极大缓解数字洪水的冲击。

7.1.3　物联网之 Connect

物联网通信层是连接智能设备和控制系统的桥梁，用通俗的话说无外乎两大类："地上走的"有线（Wireline）通信和"天上飞的"无线（Wireless）通信。

1．有线通信

有线通信技术可以分为相对短距离的现场总线和中长距离可支持 IP 的网络（包括 PSTN、ADSL 和 HFC 数字电视 Cable 等）。

现场总线作为有线通信技术的重要技术类别，主流标准有 10 多种，是为了满足节能、减排、工业信息化、市政、楼宇等领域的需要而产生的，已经在这些领域中得到广泛应用，是"两化融合"物联网应用的主要通信手段之一，目前已经存在而且应用比较成熟的"物物相连"的世界里，基于现场总线技术的系统的总体规模可能是最大的，然而它却是目前业界在谈论物联网话题时最少提到的领域。

2．无线通信

和有线通信技术类似，无线通信技术主要也可分为短距离接入技术的无线网状网、RFID 和 WIFI/WiMAX（全球微波互联接入）等，以及中长距离的 GSM 和 CDMA、卫星通信技术等两大类。

目前移动运营商在欧美市场提供 M2M 网络连接服务的基于 GPRS/CDMA 的移动运营商主要可以划分为以下 3 类：传统的移动网络运营商、移动虚拟网络运营商和主要针对 M2M 市场的 M2M 移动运营商。相对于传统的移动网络运营商来说，移动虚拟网络运营商和 M2M 移动运营商是比较新的角色，他们聚集了众多跨越不同领域和国家的传统移动网络运营商合作伙伴的网络连接。在欧美，由于物联网产业的兴起，出现了 AerisNet、JapserWireless、ViaNet 等一批 M2M 移动运营商。在亚洲，移动运营市场相对垄断，M2M 由传统的移动网络运营商（移动、联通、电信三大运营商）直接负责。

3．All-IP 融合和 Ipv6 及 Ipv9

在物联网应用中，用无线网状网和现场总线网络做最后一公里接入，用 GPRS/CDMA

网络和 IP 网等广域网做长距离主干传输的组合方式是一种常见的组合。多年前业界就常说一个词"三网合一"，在物联网时代，"合"变得越来越重要，而且不是简单的组合，而是融合，不但要网络层融合，应用层也要融合。

全 IP 融合不但要求有线和无线通信（小灵通、大灵通等）、长距离和短距离接入等物理上对接（通过路由器、网关等）的融合，还要求网络协议本身的融合，让无线网状网、现场总线、GPRS/CDMA 等网络都直接支持 IP 传输协议，实现无缝连接。

如果网络传输层实现了全 IP 融合，网络间的不兼容问题就迎刃而解，可能也就不需要花大力气去研究物联网通信层的标准化问题，重新再去建立一大批"物联网标准"。另外，IPv6 标准的提出，使世界上每一粒沙子理论上都可以分到一个 IP 地址，在很大程度上已经"预计"到了物联网的发展，并为其做好了准备。电信运营商最关注 IP 融合和 IPv6，认为 IP 地址不足是物联网发展的最大瓶颈。笔者认为，IPv6 的全面实施一定是推动物联网产业的最大推动力之一，但 IP 地址不够不能算是物联网发展的最大瓶颈，因为 IPv6 或者 IP 协议本身有如下问题，短期内还难以实现全 IP 融合。

（1）IPv6 的规模普及应用还未见曙光，美国等国家因为有足够的 IP 地址（仅 MIT 一个学校占据的 IP 地址就比整个中国还多），并不急于推 IPv6，中国要自己推 IPv6 也是一个庞大的工程，效果可能还难以覆盖成本。

（2）在物联网传感层的短距离无线与有线通信系统中，宽带一般很小，同时像"电子尘埃"那么小的"智能物件"的计算能力和内存也难以支撑 IPv4 或者 IPv6"stack（栈）"，哪怕是 foot print 很小的嵌入式 IP/ IPv6。

（3）无线长距离通信 3G、4G 甚至 5G 的发展势头已盖过基于 IP 的有线网络，它们不可能"委屈"自己来全面支持 IP over Wireless 协议。

中国于 2008 年 1 月宣布基于十进制 IPv9 技术构建的互联网投入使用，IPv9 协议的最大特点是使用十进制数字为网址编码，其间没有十进制—二进制互译过程与网址—IP 地址互译过程。换句话说，所有网址都以一串十进制的绝对数字存在，正如电话号码一般，关于 IPv9，业界还一直存在争议，有人认为它是中国在互联网技术上取得的重大自主创新成果，可以摆脱美国对现有互联网的控制和垄断，为建设中国可自主掌控并向世界推进的新一代互联网提供了技术支持和发展机遇；但是也有人认为 IPv9 是个笑话和骗局。

即使 IPv9 技术上成熟和完备，要在大范围推广并取代现有 IPv4（包含部分已是国际认可标准的 IPv6）网络，难度还是很大。但要是中国政府能够力排外界干扰，利用自身庞大的市场优势，使其成为中国标准，使得凡是要进中国的厂商全部要依照"中国统一物联网数据交换标准"，以中国的市场规模来看，国内外厂商很可能接受这样一个标准，等大家都接受了，ISO 等国际组织可能也就没有能力阻扰了。

7.1.4　三网融合

三网融合指电信网、广播电视网和互联网在向宽带通信网、数字电视网和下一代互联网演进的过程中，三大网络通过技术改造，技术功能趋于一致、业务范围相互交叉、网络互联互通、资源共享，为用户提供包括语音、数据、图像等综合的多媒体通信业务，并将逐步向用户提供更加多样化、个性化和多媒体化服务的过程。

三网融合并不意味着三大网络的物理合一，而主要是指高层业务应用的融合。三网融合应用广泛，遍及智能交通、环境保护、政府工作、公共安全、平安家居等多个领域。以后的手机可以看电视、上网，电视可以打电话、上网，计算机也可以打电话、看电视。三者之间相互交叉，形成你中有我、我中有你的格局。其意义在于，它并不仅是现有三大网络资源、业务和用户的简单叠加，而是要突破3个行业原有模式的局限，依托现有资源进行产品创新，在市场方面形成覆盖全社会，服务灵活的信息传播渠道，在产业方面形成融合通信、广播电视、文化娱乐、出版、传媒、教育等行业形态的新的信息产业发展环境。因此，不论从长远还是短期来看，三网融合都是应对全球金融危机、扩大内需的积极举措。

1. 三网特点

三网融合意味着广电网和电信网都可以开展类似的业务，改变了以往的行业边界，对于电信运营商，以往主要从事语音通信、宽带接入等数据业务，而三网融合后则可以进入广电的领域，开展IPTV、手机电视等业务。而对于广电部门，以往主要从事广播电视业务，三网融合后则可以从事有线带宽接入、宽带电话等传统上由电信运营商经营的业务。广电部门传统的广播电视业务也会升级为互动数字电视，还可以通过中国移动多媒体广播网络开展移动数字电视业务。

1）电信网

目前，我国的电信网用户约占全世界的1/4，是世界第二大电信网。电信网具有覆盖面广、管理严密等特点，而且电信运营商经过长时间的发展积累了长期大型网络设计运营经验。电信网能传送多种业务，但仍然主要以传送电话业务为主，例如固定电话、小灵通、移动电话业务。其网络特点是能在任意两个用户之间实现点对点、双向、实时的连接；通常使用电路交换话音、传真或数据等各种信息。其优点是能够保证服务质量，提供64 kbit/s的恒定宽带，通信的实时性很好。但是呼叫成本基于距离和时间，通信资源的利用率很低。随着数据业务的增长，从传统的56 kbit/s窄带拨号到XDSL方式，ADSL非对称数字用户线技术提供一种宽带接入方式，它无须很大程度改造现有的电信网络连接，只需在用户端接入ADSL Modem，便可提供准宽带数据服务和传统语音服务，两种业务互不影响。非对称是指用户线的上行速率与下行速率不同，它可以提供上行1 Mbit/s，下行81 mb/s的速率，3～6 km的有效传输距离，比较符合现阶段一般用户的互联网接入要求。对于没有综合布线的小区来讲，ADSL是一种经济便捷的接入途径。

2）有线电视网

我国有线电视起步较晚，但发展迅速，目前我国拥有世界第一大有线电视网。在我国，有线电视网普及率高、接入带宽最宽、同时掌握着众多的视频资源。但是网络大部分是以单向、树形网络方式连接到终端用户，用户只能在当时被动地选择是否接收此种信息。如果将有线电视网从目前的广播式网络全面改造成为双向交互式网络，便可以将电视与电信业务集成一体，使有线电视网成为一种新的计算机接入网。有线电视网正摆脱单一的广播业务传输网络向综合信息网发展。在三网融合的过程中，有线电视网的策略是首先用电缆调制解调器抢占IP数据业务，再逐渐争夺语音业务和点播业务。

3）计算机互联网

由于互联网的飞速发展，用户对通信信道带宽能力的需求日益增长，需要建立真正的信息高速公路和高速宽带信息网络。互联网的主要特点是采用分组交换方式和面向无连接的通信协议，适用于传送数据业务。在互联网中，用户之间的连接可以是一对一的，也可以是一对多的；用户之间的通信在大多数情况下是非实时的，采用的是存储转发方式；通信方式可以是双向交互式的，也可以是单向的，互联网络的结构比较简单。

2．三网融合后的产业结构

三网融合后，通信产业将经历一个产业结构重组的过程。重组后的产业结构，将原有的三大通信网络及目前日渐崛起的传感网进行了有机结合。

其中，通信设备上处于产业链的中上游，主要为运营商提供设备、服务。所涉及行业为电子通信行业，也是在三网融合的背景下最先受益的行业。三网融合的前提在于电信和广电网要能提供高速的上网环境，因此，运营商会加大资本支出，这对设备商来说是利好。三网融合带来了电子终端产品的融合，手机、电视及计算机功能的融合。与此同时，传感网技术的日益成熟也将带来新型电子终端产品及服务。

内容服务提供商是三网融合时代最受益的行业，也是最具有成长性的行业，所涉及的行业包含物联网、传媒娱乐、互联网。在未来，三网融合加速了以服务内容为第一要务的时代的到来。

三网融合对运营商而言有着显著的影响。相对电信而言，我国广电网络市场化程度较低，基本上没有国家级的广电运营单位。从国家政策的解读看，国家的重点在于广电网，因为本身电信网和互联网的融合较早，有线网目前还没有融合进来。因此，广电网的升级改造也成为三网融合前期最迫切实行的。为了使用三网融合，广电企业会对原有的网络进行升级和技术改造，加大光纤网络的布局。

终端供应商可以看做是三网融合后，变动最大的版块。三网融合后可支持在一台终端承载多种媒体的情况，这对于手机、计算机、电视等终端产品的技术革新和产品换代等方面有很强的推动作用。与此同时，传感网产品的介入，将成为三网融合后终端版块的一个亮点，更加丰富的功能及便于拓展的平台，使传感网产品在三网融合后的泛在网络平台上大放异彩。

3．三网融合为物联网带来的机遇

（1）三网融合为物联网接近泛在网络提供强大的骨干网络。三网融合后传统的电信网络、计算机网络、电视网络将融合为一个综合型网络架构，该网络架构在网络覆盖范围上已初具泛在网规模。但在网络终端数量、计算能力、感知能力等方面与泛在网络有着一定的距离。而以传感网、云计算为首的物联网技术，很好地弥补了这一问题，在三网融合的基础上，向泛在网进一步靠近。

（2）运营商市场竞争加剧。三网融合后，在电信、电视等领域内，运营商一家独大或者几家独大的局势将得到明显改变，这促使运营商的市场竞争意识逐渐增强。而物联网技术及产品的介入，在帮助运营商拓展市场的同时，还可以在一定程度上降低其运营成本，这决定了物联网市场在三网融合后将出现又一次的增长高峰。

（3）三网融合促进物联网产业标准形成，目前物联网产业内部技术标准缺失成为阻碍产业发展的一大要素。在整个三网融合实现的进程中，对于设备制造商的要求是非常严格的，需按照统一的标准进行产品设计及研发。而在三网融合后，运营商将在整个电信产业占据更加核心的位置，对周边行业相关标准的出台将起到至关重要的作用，从而渐进形成完善的技术标准及行业标准，对于物联网在智能家居等领域的拓展起到极大的帮助作用。

7.1.5　关于 4G

随着 3G 的不断成熟，很多人已经将目光投向了 4G 市场。目前来看，3G 确实带来了更多高质量的信息服务，也让人们对于未来的信息融合与传输技术有了更多的展望。但我们绝对有理由要求更多，比如希望移动中有兆级别的数据传输率，希望有更高更清晰的视频效果等。未来的 4G 通信将能满足 3G 不能达到的覆盖范围、通信质量、高速数据和高分辨率多媒体服务。第四代移动通信系统提供的无线多媒体通信服务将包括语音、数据、影像等大量信息透过宽频的信道传输过去，为此未来的第四代移动通信系统也被称为“多媒体移动通信”。

1. 4G 定义

4G 是第四代移动通信及其技术的简称，是集 3G 与 WLAN 于一体并能够传输高质量视频图像且图像传输质量与高清晰度电视不相上下的技术产品。4G 系统能够以 100 Mbit/s 的速度下载，比拨号上网快 2 000 倍，上传的速度也能达到 20 Mbit/s，并几乎能够满足所有用户对于无线服务的要求。而在用户最为关注的价格方面，4G 与固定宽带网络在价格方面不相上下，而且计费方式更加灵活机动，用户完全可以根据自身的需求确定所需的服务。此外，4G 可以在 DSL 和有线电视调制解调器没有覆盖的地方部署，然后再扩展到整个地区。

2. 网络结构

4G移动系统网络结构可分为三层：物理网络层、中间环境层、应用网络层。物理网络层提供接入和路由选择功能，它们由无线和核心网的结合格式完成。中间环境层的功能有 QoS 映射、地址变换和完全性管理等。物理网络层与中间环境层及其应用环境之间的接口是开放的，它使发展和提供新的应用及服务变得更加容易，提供无缝高数据率的无线服务，并运行于多个频带。这一服务能自适应多个无线标准及多模终端能力，跨越多个运营者和服务，提供大范围服务。

第四代移动通信系统的关键技术包括信道传输；抗干扰性强的高速接入技术、调制和信息传输技术；高性能、小型化和低成本的自适应阵列智能天线；大容量、低成本的无线接口和光接口；系统管理资源；软件无线电、网络结构协议等。第四代移动通信系统主要是以正交频分复用（OFDM）为技术核心。OFDM 技术的特点是网络结构高度可扩展，具有良好的抗噪声性能和抗多信道干扰能力，可以提供无线数据技术质量更高（速率高、时延小）的服务和更好的性能价格比，能为 4G 无线网提供更好的方案。例如，无线区域环路（WLL）、数字音讯广播（DAB）等，预计都采用 OFDM 技术。4G 移动通信对加速增长的宽带无线连接的要求提供技术上的回应，对跨越公众的和专用的、室内和室外的多种无线系统和网络保证提供无缝的服务。通过对最适合的可用网络提供用户所需求的最佳服务，能应付基于因特网通信所期望的增长，增添新的频段，使频谱资源大扩展，提供不同类型的通信接口，运用路由技术为主的网络架构，以傅里叶变换来发展硬件架构实现第四代网络架构。移动通信会向数据化、高速化、宽带化、频段更高化方向发展，移动数据、移动 IP 预计会成为未来移动网的主流业务。

3．4G 的应用

2009 年 10 月，中国向国际电信联盟提交 TD LTE（长期演进，Long Term Evolution）高级技术方案，国际电信联盟正式确定 LTE-A 成为 4G 国际标准候选技术，且最终成为 4G 国际标准的可能性非常大。

2010 年 4 月 15 日，中国移动在上海世博会园区内建设的全球首个 TD-LTE 规模演示网络正式运行。通过 17 个室外站点和 9 个室内站点，TD-LTE 网络信号覆盖了整个世博会园区和穿越园区的黄浦江面，及中国馆、主题馆、演艺中心、世博中心等 9 个场馆。世博期间，中国移动准备通过 TD-LTE 网络提供包括移动高清视频监控、移动高清会议、移动高清视频点播和高速上网卡在内的多项业务应用演示。比如，通过 TD-LTE 的重要场馆移动高清实况转播业务，参观者在黄浦江的渡轮上就能通过基于 TD-LTE 网络的实施高清视频浏览到园区内重要场馆出入口的人流分布情况，从而根据场馆的拥挤情况更为合理地安排参观路线。

现在来看，4G 的通信发展还没有柳暗花明，甚至许多人都认为 4G 是有史以来发明的最复杂系统。从实现过程来看，除了会遇到 3G 发展过程中的问题，比如标准的统一定制，市场的消化普及，基础设施的更新等，其复杂的理论技术则更是需要几年甚至更长的时间去研发。目前，全世界都在大力研究 4G 技术在各个领域的应用，其高带宽和高智能或许可以解决物联网的物物通信之间的大量数据的传输问题。Verizon 通信总裁兼首席执行官伊凡·赛登伯格就曾经说过：“在 4G 时代，无线将连接一切。这将是真正的没有任何限制的互联：交通工具、家用电器、建筑、道路和医疗设备都将成为网络的一部分。物联网将给所有系统注入智慧，为家庭、公司、社区乃至整个经济带来全新的管理方式。”

7.2 电信产业中的物联网应用

回顾近 10 年，电信产业业务收入总量从 2000 年的 3 014.1 亿元增长到 2009 年的 8 424.3 亿元，呈现年年高增长态势，但是与此形成鲜明对比的是电信业务收入占比却从 2000 年的 95.8%到 2009 年的 32.8%（见图 7-2）。电信产业的迅猛发展，为物联网带来了新的机遇。

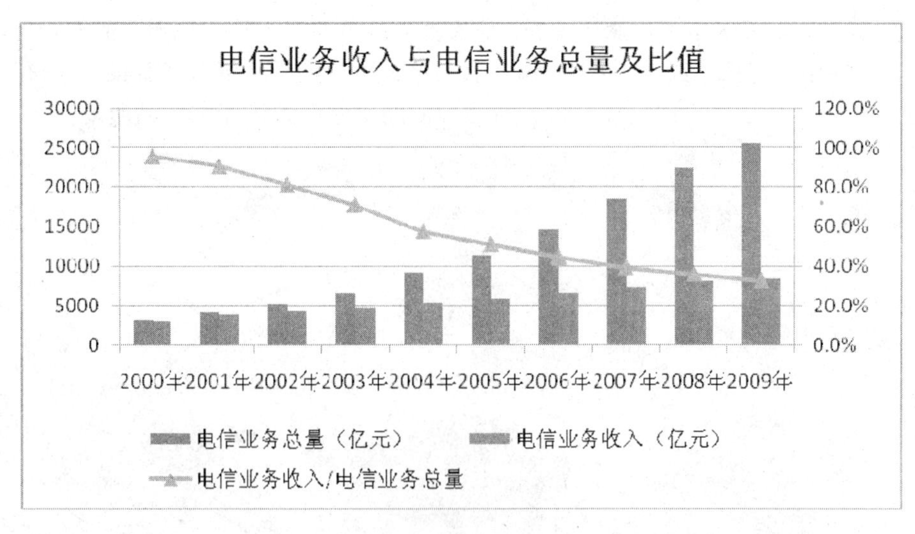

图 7-2　电信业务收入与电信业务总量及比值

7.2.1　腾邦智能酒柜

2010 年 11 月 15 日，中国首款物联网酒柜——腾邦智能酒柜在深圳腾邦正式立项。腾邦智能酒柜的立项填补了中国智能酒柜市场的空白，是中国智能酒柜发展的一个里程碑，也将在中国的酒柜发展历程和物联网发展历程中留下精彩的一笔。

深圳市腾邦物流股份有限公司（简称腾邦物流）位于深圳市福田保税区，是中国最早从事第三方物流及专业化供应链管理的企业之一，也是中国知名的高端物流服务供应商、专业物流供应链整合运营商，在葡萄酒、能源、物联网、供应链等领域处于国内领先地位，它致力于为中国乃至世界合作伙伴提供“专业、专注、超越期望”的供应链整合运营服务。腾邦物流旗下的全资子公司——深圳市物联网科技有限公司是一家专业从事物联网相关产品和解决方案研发的高科技公司，物联网科技公司依靠长期、深入的科研与市场实践，致力于物流供应链、电子商务、葡萄酒等领域物联网技术、产品、系统服务方案研发与探索，并在这些领域持续耕耘。目前，物联网科技集软硬件的研究开发、集成测试、服务与咨询于一体，在产品和应用方面，取得了突破，获得了多项自主知识产权和技术发明专利，同时也主动参与并推动相关行业物联网应用标准的建立，得到了众多国际、国内著名信息技术企业和合作伙伴的支持。在“物联世界，感知美好生活”的理念下，自主创新，摸索出一套葡萄酒供应链领域独具特色的物联网应用技术体系与系列产品，挖掘出移动互联网与电子商务服务的新模式，而且在促进科技进步，创造品质生活方面具有积极的意义。

1. 智能供应链

腾邦物流利用 RFID、GPS、二维码等物联网技术，搭建了一条“资金—物流—商务—仓储”的智能供应链系统，如图 7-3 所示。金融质押为整条供应链提供有力的资金支持，通过传感技术、GPS 定位系统实现物流智能化配载，实时监控物流状况，利用 RFID

和二维码等技术，实现仓储智能化管理。整条供应链全面追溯每一瓶葡萄酒的物理轨迹，从原产地葡萄酒庄的酿造、灌装、运输、清关、报检、销售到消费者餐桌，为每一瓶葡萄酒建立一个“合法”户口，保证每一瓶葡萄酒的“原产地酒庄酒”品质。

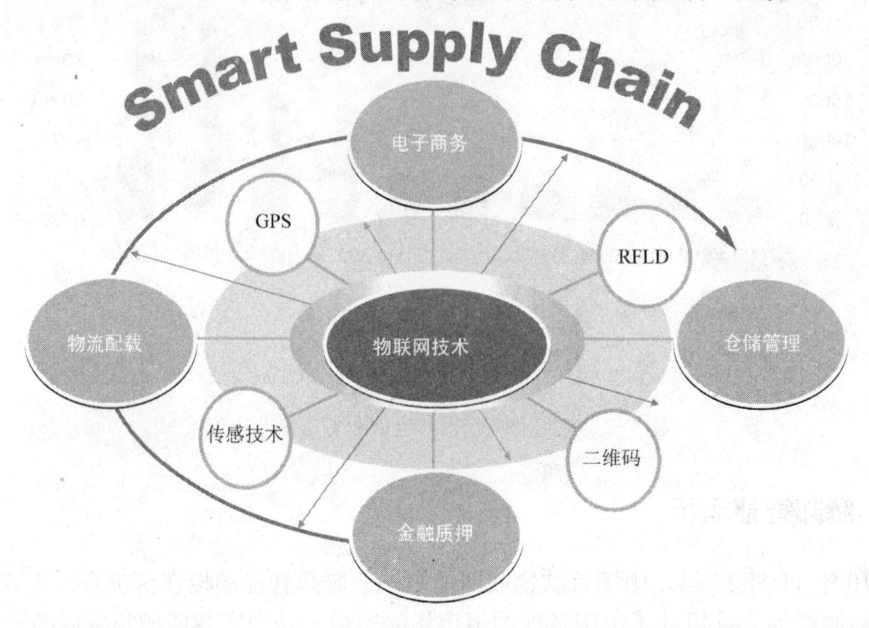

图 7-3　腾邦智能供应链

2. 智能酒柜

物联网智能电子酒柜是深圳市物联网科技有限公司完全基于自主知识产权研发的国内首款高端智能化、人性化电子酒柜，完美融合了传统电子酒柜与物联网技术。其外观高贵，功能先进，应用简单，在保证葡萄酒存储质量的同时可以提升品尝葡萄酒的品质。

据悉，腾邦物联网智能电子酒柜项目经过充分的市场调研和技术可行性论证，计划分两期进行研发，第一期主要研发物联网智能电子酒柜终端应用系统，第二期主要研发物联网智能电子酒柜应用管理平台，总投入在 1 800 万余元。

1）基本参数

（1）外壳材质：实木（见图 7-4）；

（2）外形尺寸：600 mm×615 mm×1 610 mm；

（3）制冷方式：压缩机制冷方式；

（4）电压/频率：220～240V 50/60Hz；

（5）温控范围：10℃～20℃；

（6）湿度范围：60%～85%；

（7）层架配置：6 个层架；

（8）层架材质：实木；

（9）存储数量：30 瓶葡萄酒（750 ml）；

（10）内部灯光：LED/蓝色灯光；

（11）显示器：15 in LED 触摸式显示器；

（12）时间灵敏度：30 ms。

图 7-4　腾邦智能酒柜实物图

2）功能说明

智能酒柜利用 RFID 及传感技术，实现葡萄酒信息自动识别、智能存储、智能温湿度控制以及安全报警等功能；基于后台强大的信息系统及数据库支持，用户能够通过酒柜触摸屏、计算机、手机等渠道对酒柜进行管理或远程操控，真正实现人与物的对话、物与物的对话；同时，充满人性化的全方位多角度贴心“提醒”服务，又实现了人与人的对话；为每一个葡萄酒“生命”创建一个安全的家，缔造高品质生活。

（1）实时监控：采用 RFID 技术实现葡萄酒进出柜自动识别、数据实时上传，实时监控酒柜存储葡萄酒的具体信息。通过智能应用终端软件可以随时查询酒柜内当前存有多少瓶红酒，分别是什么样的红酒。

（2）红酒信息展示：通过语音、图片、文字等方式，实现自动显示进出柜的葡萄酒具体信息，方便客户在消费葡萄酒的时候及时方便地了解葡萄酒的详细信息，包括产地、年份、适饮场景等。

（3）葡萄酒防伪追溯：利用 RFID 标签一次性封装工艺技术防止标签重复使用、采用 RFID 数据加密技术防止酒瓶重复使用，实现葡萄酒防伪追溯功能。采用 RFID 技术可杜绝冒牌葡萄酒在市场上出现，真正维护消费者的消费权益和确立腾邦作为专业葡萄酒供应链运营商的品牌信誉。

（4）科学存储：利用智能酒柜实现葡萄酒恒温、保湿、避光、避震科学存储。无论是储藏还是品尝，科学存储对葡萄酒品质的保护都具有非常重要的作用。

（5）精确定位：结合 RFID 技术、传感技术、软件技术可以实时查询每一瓶红酒具体的存储位置信息，实现精确到酒柜中的每一瓶酒的定位、识别、监控。提供整体直观库位图，客户可以方便查看每一库位的葡萄酒资料。

（6）在线订购：如果客户需要补货或者重新购买，通过物联网智能电子酒柜可以直接给葡萄酒供应商下单采购，省时、省心、省力，方便客户进行葡萄酒采购。

（7）智能人性化管理：实现人性智能化管理，支持客户远程实时查询操控，包括实时查询酒柜的状态信息、存储信息、酒柜温度设置以及短信通知客户酒柜的实时状态等远程操控功能。当客户酒柜内存储的红酒如果存在已被开盖且没有被饮用完的红酒、过期的红酒以及已经饮用完的红酒是否需要补货，智能酒柜应用终端系统可以通过短信或者电子邮件的方式自动提醒客户及时进行处理，并提供客户远程实时查询操控，实现智能人性化管理。

3）智能共享

腾邦物流开发的这款物联网智能酒柜与传统酒柜不同的是，传统的酒柜显示屏一般只能显示柜内温度。而物联网科技开发的物联网智能酒柜则在酒柜内部安装了 RFID 标签智能感应扫描系统。同时，智能酒柜为储存的每一瓶红酒都配备了唯一标识电子识别卡，卡内储存了这瓶酒的产地、酒庄名、葡萄品种、酿造年份以及最佳饮用时期等基础信息。而且，在酒柜内，每个储酒的层架上，均放置了感应模块，最终通过酒柜内的 RFID 标签智能感应扫描系统自动扫描，每一瓶葡萄酒的存入和取出，都能将信息反馈收集到酒柜外部的大型显示屏上，完全实现了葡萄酒的智能化、专业化、知识化存储。智能酒柜通过互联网，将信息储存在物联网服务器中，可实现用户的远程共享，如图 7-5 所示。

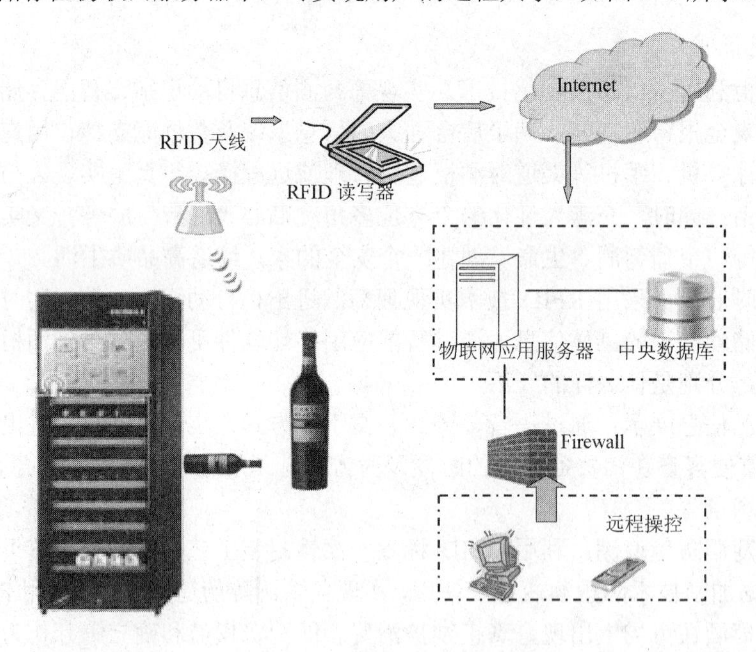

图 7-5　智能酒柜共享示意图

3. 葡萄酒追溯系统

葡萄酒防伪追溯查询机是腾邦物流完全自主研发的智能防伪追溯查询机，兼顾无线射频识别和条码识别两种方式。只要客户把葡萄酒轻轻靠一下葡萄酒防伪追溯查询机，就可以看到葡萄酒的真伪信息、葡萄酒详细介绍信息及葡萄酒详细的溯源信息，可以让客户做到明明白白消费。同时，葡萄酒防伪追溯查询机又是一个专业的葡萄酒“伺酒师”，全面而丰富的葡萄酒品鉴信息和指南，能够让消费者根据不同的口味特点，挑选适合自己的葡萄酒。

1）基本参数

（1）材质：机体全冷轧钢板，表面采用汽车烤漆工艺（见图 7-6）。

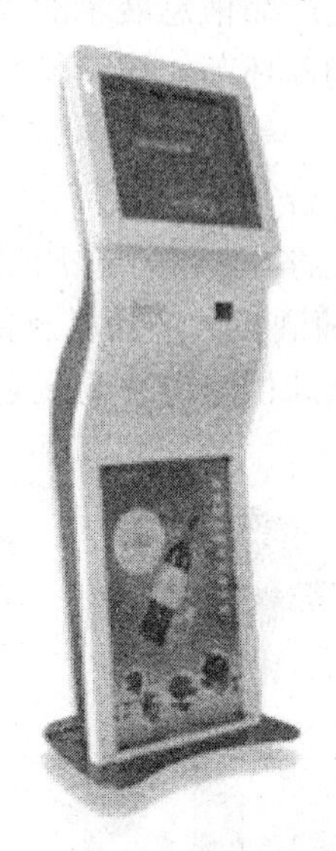

图 7-6　葡萄酒防伪追溯查询机

（2）机柜尺寸：高 1510 mm×宽 540 mm×深 400 mm。

（3）显示器尺寸：17 in/19 in。

（4）触摸屏：表面声波触摸屏/红外触摸屏；单点触摸寿命：大于 5 000 万次，分辨率：4 096×4 096 像素。

（5）信息识别方式：无线射频识别/条码识别。

（6）颜色：银灰色+蓝色。

（7）功放：内磁式立体功效，2.2 W 功放板，8 Ω/10 W 喇叭 2 个。

（8）散热：内置 12 V 散热风扇，通风效果良好。

（9）电源：输入电压 AC 220（1±10%）V 50 Hz±1 Hz；开机瞬间电流 3 A。

（10）功率：<200 W。

（11）接口：外置 RJ-45 标准网络接口/外置 USB 接口。

（12）开关：无须打开机柜，直接外置复位开关按钮，方便快捷。

（13）运行环境：温度：-10 ℃～45 ℃；相对湿度：30%～90%。

2）功能说明

葡萄酒防伪追溯系统有如下三大功能：

（1）葡萄酒防伪信息查询。

（2）葡萄酒溯源信息查询。

（3）葡萄酒详细信息介绍。

4. 电子商务交易平台

腾邦智能酒柜的电子商务交易平台集葡萄酒信息展示、在线交易、增值服务为一身，其目的是打造专业国际葡萄酒垂直交易平台，效能综合、方便快捷，为客户提供一站式综合供应链服务，如图 7-7 所示。

在供应商环节，该交易平台是产品信息展示的平台，供应商在平台发布信息，与买家进行协商，交易结算等；在采购商环节，该交易平台可以发布求购信息，查询供应商产品，与卖家协商，交易支付，清关等；在销售环节，衍生了一系列的增值产品，例如红酒期刊、红酒品鉴、广告宣传平台等。

通过背后强大物联网技术的支撑，将整个供应链联为一体，不仅是客户、供应商甚至第三方 IT 系统，还包括各个葡萄酒相关产品以及供应链监测工具。供应链各环节运行状况尽在掌握，实现快速反应、全球供应链协同规划及智能决策。

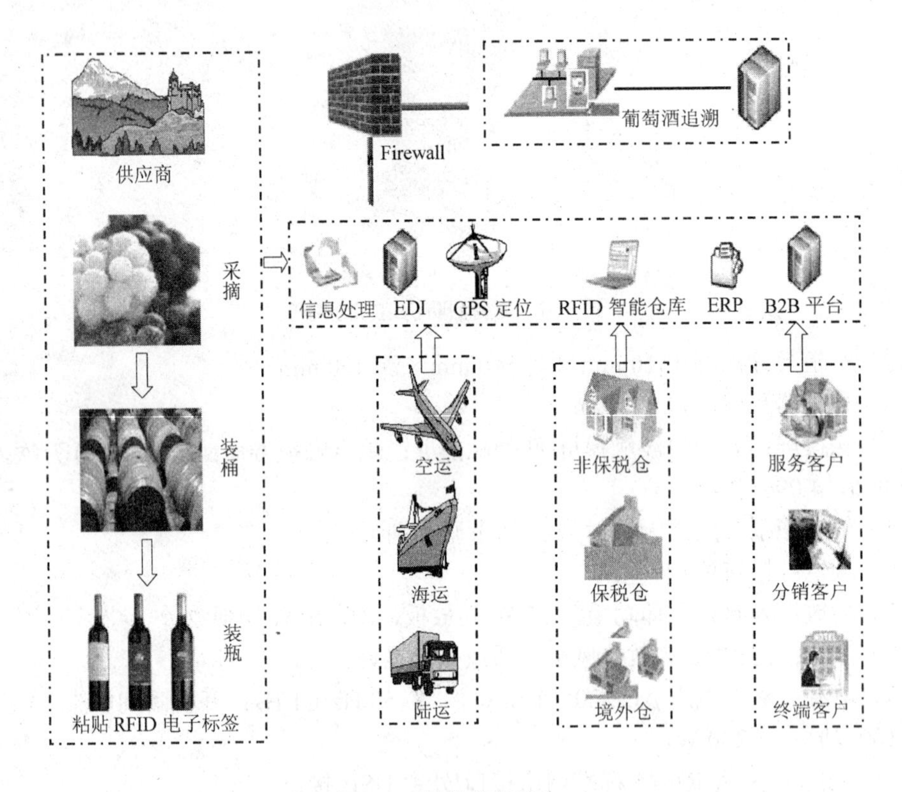

图 7-7　智能交易平台

5. 其他相关产品

1）酒柜专用重量传感器

酒柜专用重量传感器（见图 7-8）是在传统重量传感器的基础上进行改进的新产品。由于应用环境要求比较苛刻，因此酒柜专用重量传感器具有体积小、使用寿命长、精确度高等特点。

基本参数如下：

（1）外壳材质：钢制；
（2）外形尺寸：52 mm×13 mm×13 mm；
（3）测重方式：四线电阻应变式；
（4）蠕变：0.02%F.S/30 min；
（5）称重范围：0~5 000g；
（6）精度等级：0.02F.S%；
（7）输出灵敏度：（2±0.1）mV/V；
（8）输入阻抗：405Ω±10Ω；
（9）输出阻抗：350Ω±2Ω；
（10）绝缘电阻：≥5 000MΩ。

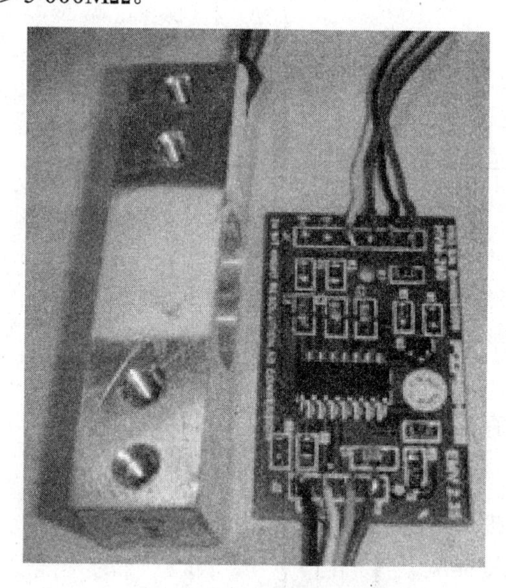

图 7-8　酒柜专用重量传感器

2）智能会议签到系统

参会成员佩带嵌入 RFID 识别卡的出席证通过会议室大门时，前方显示器上就会清楚地显示出成员姓名、部门名称、职位名称、照片等基本会议信息，同时有语音同步提示、自动进行会议签到，使会议签到更富人性化。

功能说明：

（1）实现多人信息同时快速采集，提高会议签到的效率和准确性。
（2）实现非接触式远距离不停留自动识别，杜绝排队签到现象发生。
（3）实现自动统计会议签到情况，提高会议签到的智能化管理水平。
（4）实现参会人员文字信息显示与语音信息提示同步，使会议签到更富人性化。

3）GPRS 室外智能降温系统

GPRS 室外智能降温系统是基于传统喷雾降温设备之上的全新智能化设备，具有太阳能供电，自动感知温度、人体红外检测、电子广告附加等功能。此外，还可以根据顾客需求量身定做不同功能和外观设计的智能降温设备。

GPRS 室外智能降温系统集太阳能供电、GPRS 远程操控、温度及人体感知开关控制、电子广告等智能型产品于一体。具体功能特点主要体现在以下几个方面：

（1）采用太阳能电池供电，环保节能。

（2）基于 GPRS 实现远程通信控制系统，实现远程智能监控管理，方便使用，节约人力成本；

（3）具有温度自动感知功能、环境光度自动检测功能、人体红外自动感知，实现智能化管理；

（4）具有电子广告功能。

6．智能酒柜三大特点

1）物联网化

（1）实现物物连接，葡萄酒信息识别。

（2）实现信息远程交换。

（3）多终端操作渠道，触屏、个人计算机、手机查询操作。

（4）实现远程操控功能。

2）智能化

（1）葡萄酒智能存储、电子控温、电子监控自动报警。

（2）葡萄酒信息智能提取和展示。

（3）酒柜内柜位展示，不开柜酒体展示和查看。

（4）葡萄酒智能库存管理。

3）人性化

（1）葡萄酒保质期提醒。

（2）葡萄酒自动补货提醒。

（3）手机短信或邮件通知。

7.2.2 中国移动动物可溯源系统

我国是一个农业大国，畜产品在国内外市场的流通领域中具有重要的地位。在动物食品安全可溯源系统中应用 RFID 技术，将会确保在食品的生产、加工、流通等各环节高质量地进行食品信息及数据交流，对彻底实现食品的“源头” 追踪和提供食品安全的透明化管理提供技术支撑，从而大大提高畜产品的质量管理能力、物流管理能力以及国际贸易中的竞争力，同时也有利于规范和净化畜产品市场。

1．基于 RFID 技术的动物食品安全可溯源系统

动物食品安全可溯源系统在动物食品安全控制中的应用，不仅包括对动物从出生到进入屠宰场整个饲养过程（饲养管理、兽医预防、疾病治疗、饲料使用）的记录与监控，还包括畜产品进入消费市场（菜市场、超市等），消费者可通过每一头动物的唯一识别码，查询该动物产品的整个饲养、屠宰、加工和流通过程。

实施动物食品安全可溯源系统有利于畜产品质量的安全与健康保障。一方面它可以

对畜产品生产企业的行为进行防范，防止企业有故意隐瞒的行为，督促企业及早采取措施，确保有质量安全隐患的目标退出市场，便于对有害食品实行“召回制度”，尽可能地将缺陷产品对民众安全造成的损害降到最低，另一方面也可以给消费者及相关机构提供信息，及时避免混乱的扩大。

1）硬件构成

在动物食品安全可溯源系统中，射频标签和读写器通过天线磁场进行数据的相互传输，根据养殖场的实际应用需要，其他传感器也可以应用到计算机，计算机中的数据经过调制解调之后，与网络数据进行通信。

在安全可溯源系统中选用有源的电子标签（这样可以使识别距离达到 50 m），在养殖区域内通过配套的读写器，即可实现数据的快速读取。无须动物集中到专用的识别通道，可避免动物因驱赶而出现的应激反应。

2）软件构成

整个系统平台采用 C/S 技术，平台采用 Visual C#.NET 设计，系统采用多线程技术，可以实现对养殖场内 RFID 标签读写器使用状况的检测。

（1）养殖场网络数据中心。动物的饲养是整个生产过程中周期最长的一个环节。可溯源系统对家畜身份有关的档案进行管理，包括家畜身份标识编码、进出场日期、养殖户信息等；还可以记录和监测不同养殖阶段的兽药、饲料、免疫情况等信息。

（2）屠宰场网络数据中心。屠宰阶段是整个生产过程中最复杂的一个环节，时间短，环节多。该环节信息要与养殖场网络中心数据进行联接，再加上屠宰记录：屠宰厂信息、进出屠宰场时间，检疫合格证明信息及相关检疫人员姓名等。根据分析，屠宰阶段主要对生猪的运输、生猪检疫、猪肉检验、屠宰环境，以及猪肉的运输进行监测，对违规现象预警。

（3）肉类加工厂网络数据中心。该部分主要是在养殖场和屠宰场网络数据的基础上，增加加工厂信息、进出加工厂时间和产品保质期等相关信息即可。

（4）物流与分销网络数据中心。该部分主要是对历史记录的查询，需要记录的信息不是太多。关键是与其他网络数据中心的连接，以及相应的信息转换对应关系。

2．中国移动可溯源羊群

2006 年，中国移动和中国动物疫病预防控制中心合作建立了“动物标识溯源系统”。中国移动总裁王建宙表示：“动物标识溯源系统”是中国移动与农业部的第一个合作项目，移动公司上下非常重视，将竭尽全力为调配全网资源保驾护航。在中国移动的眼中，这不仅仅是一项给牲畜打记号的工程，其后是一扇正在开启的产业链之门。中国移动通信集团公司副总裁鲁向东表示，此次推行的“动物标识溯源系统”将采用专用的移动智能终端、移动通信网络、业务系统平台，这一端到端的解决方案无疑开启了一个新的应用空间。据了解，全国已有 2 800 多个县、300 多个地区、31 个省级行政区的动物卫生监督机构和动物疫病预防控制机构与中央数据中心联网。

“动物标识溯源系统”采用中国移动的无线 DDN 数据传输技术，用 GPRS 传输方式，通过智能终端与上海市动物疫病预防控制中心的数据库之间进行信息互传、数据互备、远程监测等。给放养的羊群中的每一只羊都贴上一个二维码，这个二维码会一直保持到超市出售的每一块羊肉上，消费者可以通过手机阅读二维码，知道羊的成长历史，确保食品安全，这就是“羊群溯源系统”，如图 7-9 所示。

种类：山羊
产地：宁夏香山
出栏时间：2009 年 9 月
因特网
羊肉的种类、产地、出栏时间？
A
B
C
D
E
F
G

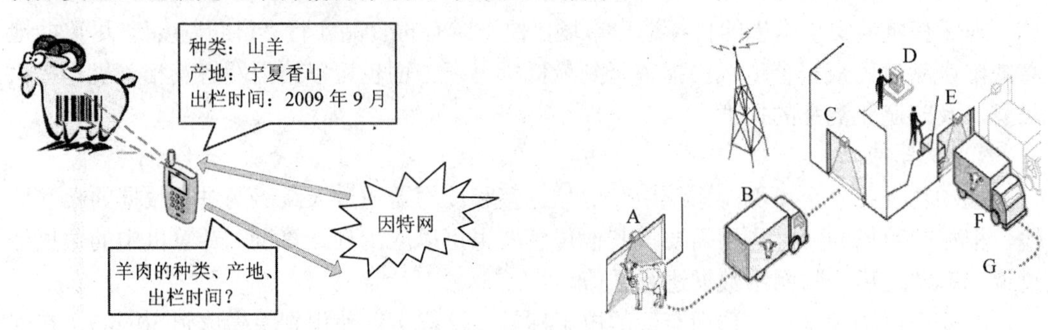

图 7-9　羊群溯源系统

7.2.3　世博手机票

第 41 届世界博览会于 2010 年在中国上海举办，主题是“城市，让生活更美好”。上海世博局联合中国移动于 2009 年 10 月 13 日发布了世博会历史首创的“世博手机票”，以手机终端作为手机票的通信载体，以 RFID SIM 卡作为核心数据的存储载体的世博门票，将物联网技术成功运用于移动通信领域，让人们真正享受到“城市科技的创新”。

1. 业务形式

“世博手机票”以手机作为电子化票务信息的载体，根据终端技术不同，业务形式包括非接触手机票和二维码取票凭证两种（见图 7-10）。非接触手机票以 SIM 卡片作为手机票的安全存储载体，通过手机终端的用户界面、无线通信能力以及非接触通信能力来实现手机票的存储、验票等传统实体票功能；二维码取票凭证是将取票凭证信息编码为二维码图形，以短信或彩信的方式发送至用户手机，用户可以据此在指定取票点验证通过后换成实体票。

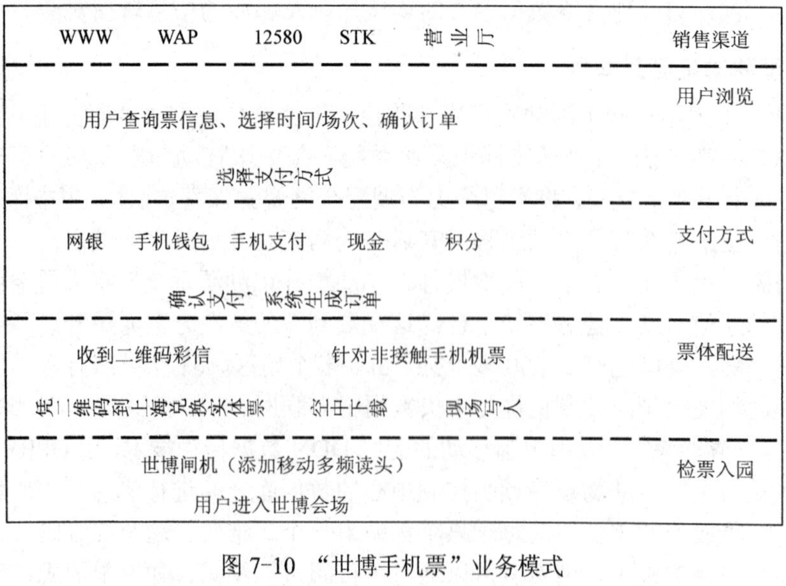

WWW
WAP
12580
STK
营业厅
销售渠道
用户查询票信息、选择时间/场次、确认订单
选择支付方式
用户浏览
网银
手机钱包
手机支付
现金
积分
支付方式
确认支付，系统生成订单
收到二维码彩信
针对非接触手机机票
票体配送
凭二维码到上海兑换实体票
空中下载
现场写入
世博闸机（添加移动多频读头）
用户进入世博会场
检票入园

图 7-10　“世博手机票”业务模式

"世博手机票"把 RFID 技术与中国移动 SIM 卡相结合，手机用户可以保持原号码不变，只需更换一张特殊的 RFID-SIM 卡，并在人工售票终端上进行操作选购门票，购票成功后，"手机票"便以一条特殊的信息方式下载到 SIM 卡中。通过物联网，用户就不用拿着传统的纸质门票，而是掏出手机在世博园区入口检票处安放的专门读取设备上轻轻一挥，便完成了检票程序。

除了用作"手机票"，在世博会期间和世博会后，持这种 RFID-SIM 卡的手机用户可以在上海世博园区内进行小额支付、就餐、购物等大众消费，都可以通过"刷卡机"买单，还能通过"刷卡机"乘坐地铁，享受科技带来的时尚、便捷生活。

移动支付业务作为增值业务的一种业务形式，不仅可以给用户带来极大的便利，还可以给运营商以及服务提供商带来增值收益，随着网络宽带的增加、网络技术的提高和安全协议的逐步成熟，移动支付业务的应用会越来越广泛，其发展前景一定会更加广阔。

2. 销售渠道

世博手机票的销售包括营业厅、www 网站、12580 及用户识别应用发展工具（SIM TOOL KIT，STK）4 种渠道。

1）未更换 RFID SIM 卡客户

客户可前往上海指定移动营业厅（详询 10086）购票，客户在购票前营业员需要先为客户更换一张 RFID SIM 卡，并在人工售票终端上操作购买手机票。购票成功后，客户选择现金或银行卡中的任意一种方式进行支付。

2）已更换 RFID SIM 卡客户

（1）票务销售网站（http://ticket.chinamobile.com）：客户可通过互联网登入的方式，实现在线购票。选择手机支付、手机银行卡或网银中的任意一种方式进行支付。支付成功后，手机票信息将直接下载至客户手机 STK 菜单中。

（2）12580：客户拨打 12580 购买世博手机票，话务员在票务平台根据用户要求选择，为其选择手机支付或手机银行卡中的任意一种支付方式，由用户通过交互相关短信指令进行支付。支付成功后，手机票信息将直接下载至客户手机 STK 菜单中。

（3）STK：已更换 RFID SIM 卡且已开通手机支付或手机银行卡的客户可直接操作手机票 STK 菜单进行购票，并选择手机支付或手机银行卡中的任意一种方式进行支付，支付成功后，手机票信息将直接下载至客户手机 STK 菜单中。

3. 世博手机票特色

世博手机票充分展现了"绿色环保、科技时尚、便捷优惠"的亮点。

世博手机票以非接触的方式直接检票入园。用户无须更换手机，只需要更换一张具有非接触通信功能的 RFID SIM 卡片并购买世博手机票即可体验直接"刷手机"入园的服务。

除了世博手机票功能外，用户更换的 RFID SIM 卡片还可以通过手机钱包功能实现在世博园区内外移动合作商户的就餐、购物等大众消费，体验"手机购物"的乐趣。手机钱包现已开通地铁全线、星巴克、麦当劳、味千拉面、金逸国际影城、COSTA、巴贝拉、果留仙、全家便利等商户的应用。

7.2.4 太湖流域水环境监测

1．太湖流域水环境监测

太湖位于江苏、浙江、安徽三省的交界处，长江三角洲的南部，湖区属于江苏省。它的水面面积为 2 338 平方千米，是中国东部近海区域最大的湖泊，也是中国的第二大淡水湖，是中国著名的名胜风景区。

太湖流域内人口稠密、经济发达、工业密集，以不到全国 0.4%的国土面积创造了全国 1/8 国民生产总值，人均 GDP 是全国平均水平的 3.5 倍，城镇化比率达到了 70%，是长江三角洲的核心地区，在全国占有举足轻重的地位。

20 世纪 90 年代以来，由于太湖流域经济高速增长，人口密度不断增加，生活方式不断变化，每年都会向太湖排入大量的工业废水和生活污水。1998—2006 年环太湖地区河流入湖水之平均浓度均为劣质，富营养化明显，磷、氮营养严重过剩，汞化合物和化学需氧量超标。2007 年 5 月底，由于太湖蓝藻爆发等原因，导致无锡市水源地水质污染，严重影响了当地近百万群众的日常生活，引起了社会的广泛关注。

2．物联网在太湖流域水污染治理中的应用

党中央、国务院对太湖流域水污染治理高度重视。国家科技重大专项—水体污染控制与治理专项将太湖列为八大重点流域之首，设置了太湖流域技术集成综合示范，共涉及 17 个项目、65 个课题，中央财政经费预算 9 个多亿元，近 200 个示范工程。

1）太湖流域水环境信息系统

为了根治太湖流域水体富营养化严重的现状，国家投入大量资金，将调查和监测资料统一管理，建立太湖流域水环境信息系统。该系统以国家水利部太湖流域管理局为水环境管理中心，各地区水环境管理部门设分中心，建有望亭立交闸、张桥、江边闸、平湖大桥等遥测监控站，另外流域共设有 136 个水质巡测站，各管理中心、监控站、水质巡测站、辅助测站通过网络进行连接，形成物联网，可对整个流域的水量水质进行监控。

在这个“物联网”中，系统的所有遥测数据由若干设备及前置机实时搜集后，前置机软件对数据进行解码、纠错、合理性检测，以开放式数据库的形式存储，供查询、统计、显示和打印，最终通过共享方式提供给后台主机进行数据分析和管理决策，这样就可以全面、快捷、准确地监测水环境和水体富营养化及污染状况，进行水环境信息的整理、分析、统计和评价。

2）太湖流域水环境信息共享平台

2008 年，江苏省环境保护厅开始了“太湖流域水环境信息共享平台”建设，投入经费 2 982 万元。

太湖流域水环境信息共享平台采用物联网传感技术理念，运用先进的虚拟实境、视频监控、通信组网等信息化技术，按照“高标准、全覆盖、最先进”的要求，建设太湖流域水环境信息集成共享平台。

平台覆盖流域内 282 家重点污染源、75 个水质自动站、53 个国家考核断面，21 个湖体监测点位和太湖蓝藻遥感预警监测，建成52个省、市、县和区域重点污染源监控中心，实现江苏省742家国、省控重点污染自动监控设备与省厅监控中心100%联网，实现涉及太湖信息汇交共享，集成包括太湖流域水质自动监测、监控、预警和应急等信息集中处理分析任务，同时实现流域水环境监测、监控、预警和应急等信息集中处理分析任务，同时实现流域水环境全方位一体化监控，在太湖流域水环境管理与决策中发挥了重要的支撑作用。通过这一涉及多部门的环境信息化工程建设，为探索将物联网应用于环境保护建立环境信息资源共建共享、推进信息一体化建设做了有益的尝试与示范。

3）“感知太湖·智慧水利”工程

2010年3月25日，由无锡市水务局组织实施的“感知中国”物联网产业应用示范工程——“感知太湖·智慧水利”一期示范工程项目签约。该示范项目是一套集防汛决策、水文监测、蓝藻治理、湖泛处置和水资源管理等诸多水利科技于一体的物联网决策指挥管理系统。项目由中国科学院计算技术研究所提供技术支持、分期实施，计划于2012年全面建成。

目前，太湖里已经安放了好几百个球状浮标，上面有一根杆子，杆子上安置了一块太阳能芯片，可以探测水中的蓝藻含量。如果太湖水里的蓝藻含量一旦超标，芯片中的感应器就会通过无线网络向主控制台发出信号，控制台收到信号后立即安排打捞船和工作人员前去打捞。这就是“感知太湖·智慧水利”负责单位在“感知中国”展厅里利用模拟“地球”演示物联网技术在水污染治理上应用的场景。模拟“地球”上显示一片蓝色的水体中出现了逐渐增大的绿色区域，绿色区域代表面积在扩大的蓝藻，主控制室收到信号后，模拟“地球”上出现了三艘白色的船从3个不同方向驶向蓝藻区域，很快将蓝藻打捞干净。

以往对太湖及入湖河道水质监测主要依靠人工巡视采集，费时费力且成效不高。现在使用物联网技术，通过在太湖水域里布放传感器和浮标搜集信息，再通过通信网络将搜集到的信息传到平台进行数据分析和处理，就可及时采集太湖水域水质变化信息，洞悉各种污染源的排污情况，做到水文动态实时监控。

7.2.5　浦东机场防入侵物联网

上海浦东国际机场周界安防系统建设总长27.1公里，共安装结点设备近8 000个，是目前国际上最大规模的周界安防物联网应用系统。物联网周界防入侵系统能对翻越和破坏围界的行为及时发出报警和警告，确保飞行区安全。

1. 系统架构

利用物联网技术进行协同感知的新一代防入侵系统，由三大部分组成：前端入侵探测模块、数据传输模块、中央控制模块（见图7-11）。当入侵行为发生时，前端入侵探测模块对所采集的信号进行特征提取和目标特性分析，将分析结果通过数据传输模块传输至中央控制系统；中央控制模块通过信息融合进行目标行为识别，并启动相应报警策略，实现全天候、全天时的实时主动防控。

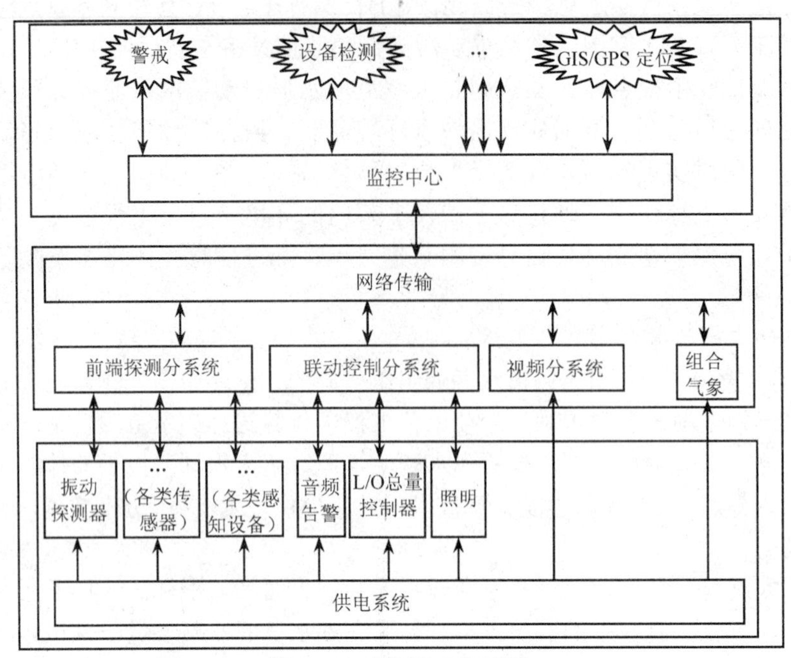

图 7-11　机场防入侵系统

2. 机场防入侵物联网

浦东国际机场围栏外有一道无形的网，这个网由埋设在底下的传感器组成，如图 7-12 所示。这些传感器能够根据声音、图像振动频率信息分析判断爬上墙的究竟是人还是猫狗等动物，识别目标是什么，同时识别出物体的行为方式。例如，当动物接近栅栏时，系统能识别是人还是车辆，是人在爬栅栏还是风在吹栅栏，或者是鸟停在栅栏上面的晃动。不仅如此，系统还能够精确地定位，一旦发现有人靠近栅栏，系统就会通过栏杆的高音扬声器自动发出善意的提醒。如果来者不听警告，继续靠近栅栏，那么第二道防线就会报警。

上海浦东国际机场现场安装效果实景　　上海浦东国际机场设备安装近景

图 7-12　上海浦东机场防护网

在铁栏里面，还有第三道电子传感围界，只要人员进入机场的铁栅栏里面，报警系统就相应提高到最高级别。这些传感器结点与机场控制室大厅紧密相连。安全防范系统通过几个传感器的协同感知，确定来者的位置，机场控制大厅里面的显示屏所对应的警务分片区就立刻变红闪烁，工作人员单击红色区域进去打开监控视频，就能知道来者在做什么，进而采取行动。通过这些无形的传感网络，机场控制大厅就能够迅速对出现的报警情况进行处理。

3. 系统特点

系统能有效针对攀爬翻越围栏、掘地挖掘、高空抛物等行为进行全天候防控。系统主要通过振动传感器进行目标分类探测，并结合多种传感器组成协同感知的网络，实现全新的多点融合和协同感知，可对入侵目标和入侵行为进行有效分类和高精度区域定位。系统的主要特点如下：

（1）多种传感手段协同感知，目标识别、多点融合和协同感知，实现无漏警、低虚警。

（2）拥有自适应机制，抑制环境干扰，可适用于各种恶劣天气。

（3）设备状态实时监控，实现设备维护与故障自动检测。

（4）可为用户定制化开发，实现系统与用户业务的高度耦合。

（5）可灵活适应不同地形地貌的防范要求。

（6）具有声光联动、视频联动的功能，可对现场实习人员喊话、照明，可进行视频回放等操作。

（7）快速响应，报警响应时间小于或等于 1 s。

（8）软件系统平台操作简单直观，集成布防、撤防、报警、设备故障自检、GIS 地图精准报警定位等功能。

4. 与传统技术的比较

安防行业信息化的发展经历了视频监控、信号驱动以及目标驱动 3 个阶段。其中，单一的视频监控已经不能满足人们对安全防护的需求；而信号驱动类产品包括振动光纤、张力围栏、激光对射、泄漏电缆等。此类产品使用单一的信号量开关来检测入侵行为，误警率较高，且无法实现对入侵行为的精确定位。大部分信号驱动类的防入侵产品核心技术均掌握在国外厂商手中，这对系统后期的运营、维护造成了一定的困难。

基于物联网的融合感知结点系列产品，可以通过传感器阵列采集丰富信号量，并在预先设定的准则下进行自动分析，综合完成对入侵行为的识别和判断；它拥有环境自适应机制，可根据天气变化自动调节自身算法，减少环境带来的误警，真正实现全天候、全天时的防入侵要求；另外，该类产品可以根据传感器位置对入侵报警及故障设备进行精确定位，为后期的运行维护、管理提供了极大的方便。

7.2.6　上海世博智能电网示范工程

上海世博园智能电网项目是国家智能电网首批示范工程之一，包括 9 个示范工程和 4 个演示工程。9 个示范工程融于世博园区的智能电网之内，而 4 个演示工程则可供参观者近距离、多角度、形象化地了解智能电网。作为第一座服务世博会的智能变电站，被称为世博会浦西园区的“能量之心”，其投入运行后的信息采集、传输、处理和输出等流程均实现了数字化和智能化。

智能电网是传统电网与现代传感测量技术、通信技术、计算机技术、控制技术、新材料技术等高度融合形成的新一代电力系统，能够实现对电力系统的全方位监控和信息、电能的智能化统一管理。把传统电网改造成为新一代安全、高效、环保的电网，并形成新的产业，是国家经济转型的一个重要途径，被视作各国重塑经济与能源格局的重要动力。

我国第一个智能电网示范工程已在上海世博园率先投运，将整个世博园区建成了智能电网。该示范工程内容包括新能源接入（东海大桥海上风电场、崇明太阳能光伏、世博场馆太阳能光伏）、储能系统、智能变电站、配电自动化、故障抢修管理系统（TCM）、电能质量监测、用电信息采集、智能用电楼宇与智能家居、电动汽车充放电与入网等 9 个子工程。

虽然智能电网在世博会上是浓缩展示，但其包含的技术和项目却已经代表了我国智能电网的发展方向。包括单体容量世界第一的 650A · h 钠硫电池，中国第一个电动汽车充放电站，中国电力行业第一套故障抢修管理系统，东海大桥海上风电场（100 MW）（亚洲第一个并网运行的海上风电项目），上海崇明岛前卫村光伏电站（1 MW）（中国第一个光伏上网示范工程）等。

多个“第一”背后，还可反映出的是我国自主智能电网发展的基本结构和框架：如通过智能电表实现智能化用电信息采集，不但可实现自动抄表，也可让居民合理利用电价杠杆调整用电计划。配电网自动化可以实现更加智能化的配电，进一步优化电力资源的配置。电网电能监测系统可对电能质量进行实时监测、评估和治理。调度系统可实现新能源、风电、水电等“绿色能源”优先使用，并自动切除故障，有自愈功能。储能系统将解决以往电能无法储存的困境，实现削峰填谷、稳定间歇式能源电能质量，并提供应急电源。电动汽车应用是通过 V2G（Vehicle－to－Grid）电动车充电站，在智能电网和电动汽车之间形成可充放双向功能，不但推动未来汽车摆脱对石化资源的依赖，降低排放，更将汽车作为智能电网移动的储能装置。

围绕着低碳和绿色，这座变电站还采用了地源热泵、余热收集、冰蓄冷等新技术，以实现能源的循环再利用。具体而言，地源热泵利用了地下水恒温的特点，冰蓄冷技术可避开用电高峰，利用夜间用电“峰谷”制冰蓄冷，白天用于调节室温，从而达到节约能源、节省费用的效果。

7.3 物联网带来的电信产业发展

7.3.1 长尾效应

1. 长尾效应概述

Chris Anderson 在 2004 年 10 月在 Wired 杂志上发表了一篇文章“长尾”（The Long Tail），长尾概念引起了广泛的关注。长尾理论是统计学中 Zipf 定律和 Pareto 分布特征的一个口语化表达。

Zipf 定律讲的是文字使用率的问题，其模型如图 7-13 所示。例如，我们只需要少数常用的汉字，就能表达大部分知识内容，因为出现频率高，所以这些为数不多的汉字占据了图中的 Body（主体）部分，绝大部分汉字难得一用，它们就属于长长的 The Long Tail 部分。

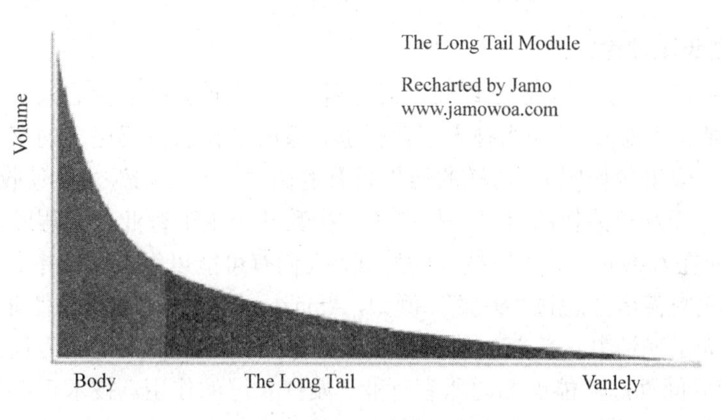

图 7-13　长尾理论模型

“二八定律”是 1897 年意大利经济学家 Pareto 归纳出的一个统计结论，即 20%的人口享有 80%的财富，长期以来企业界都信奉 80/20 法则为铁律，认为 80%的业绩来自 20%的产品；企业看重的是曲线左端的少数畅销商品，曲线右端的多数商品，则被认为不具销售力。但是随着网络的崛起已打破这项铁律，“长尾效应”则告诉我们：98%的产品都有机会销售，冷门商品、小客户才是利基市场，无数的冷门商品聚集起来，企业将得到一个比畅销商品大得多的庞大市场！那些被我们所忽略的冷门产品同样会给企业带来可观的利润，并且企业只要能够有足够的库存与销售渠道，便可以同畅销产品占据的市场抗衡，甚至比畅销产品的市场占有率还大。

98%的产品都有需求，这是每一个企业所应当明确知晓的，因为随着社会的进步，生产力得以急速发展，加上网络时代的来临，构筑整个市场的主要组成部分消费者在慢慢转变，他们已经不再满足于大众化的需求，越来越表现出购买与消费上的个性化。而这一个性化的需求，打破了原有的大众消费心理——同质化消费心理，使得市场的需求变得空前壮大。可惜的是，在 80/20 法则的长期影响下，许多企业将过多的精力投入到能够给企业带来利润的 20%的产品上去满足 80%的市场，令整个市场看起来虽然一片繁荣，但是却留下了许许多多看起来需求量很小，但汇集起来却相当巨大的市场空白地带。而这已被许多企业所忽略的空白地带，却蕴涵着许许多多的潜在商机，恰恰蕴涵着不能低估的经济利润。

“长尾效应”已是许多企业成功的秘诀。例如，Google 的主要利润不是来自大型企业的广告，而是小公司（广告的长尾）的广告；eBay 的获利主要也来自长尾的利基商品，例如典藏款汽车、高价精美的高尔夫球杆等。此外，一家大型书店通常可摆放 10 万本书，但亚马逊网络书店的书籍销售额中，有 1/4 来自排名 10 万以后的书籍。这些“冷门”书籍的销售比例正在高速成长，预计未来可占整体书市的一半。

“长尾效应”的来临，将改变企业营销与生产的思维，带动另一波商业势力的消长。

执著于培植畅销商品的人会发现，畅销商品带来的利润越来越薄；愿意给长尾商品机会的人，则可能积少成多，累积庞大商机。“长尾效应”不只影响企业的策略，也将左右人们的品味与价值判断。大众文化不再万夫莫敌，小众文化也将有越来越多的拥护者。唯有充分利用“长尾效应”的人，才能在未来呼风唤雨。

2．物联网之长尾理论

其实，“长尾理论”和“二八定律”说的是同样一个道理。过去我们只能关注重要的人或者重要的事情（头部），是因为技术手段不够，造成了我们需要更多的精力和成本才能估计到大多数人或事（长尾），这样的结果只有遵循“二八法则”才能使收益最大化。例如，我们在软件开发和销售的时候，只能关注少数几个主干行业，无暇顾及其他应用面较窄的行业。而在网络时代，由于技术的发展，人们有可能以很低的成本关注“尾部”，由此产生的总体效应甚至会超过“头部”。例如，Amazon 的在线售书模式使非畅销书（长尾）的总体收益大于畅销书（头部）的销售收益。中间件的出现就是因为找到了行业的技术“共性”，使中间件厂商能够面向所有行业，发挥长尾的作用。技术正在将无数小市场转换成大规模市场，网络时代是关注“长尾”、发挥“长尾”效应的时代。物联网产业以前不是一个产业，而是一大批产业和产业群，正是因为技术的发展和融合，使原来的一批产业因为技术融合产生的“共性”而转化和融合成一个大产业。

物联网的智能设备的外网、专网、内网（见图 7-14）是一个“长尾”。如何让这个长尾变成真正的“物联网”，实现有价值的互联互通、资源共享，是物联网产业面临的最大挑战和机遇。

目前，很多物联网应用确实存在于政府主导的“公共管理与服务”市场，随着物联网产业的深入发展，“企业应用”和“个人与家庭”市场的反向“长尾”将变得越来越大。只有在企业与个人市场中占有较大的比例，物联网才算是在真正发展起来。

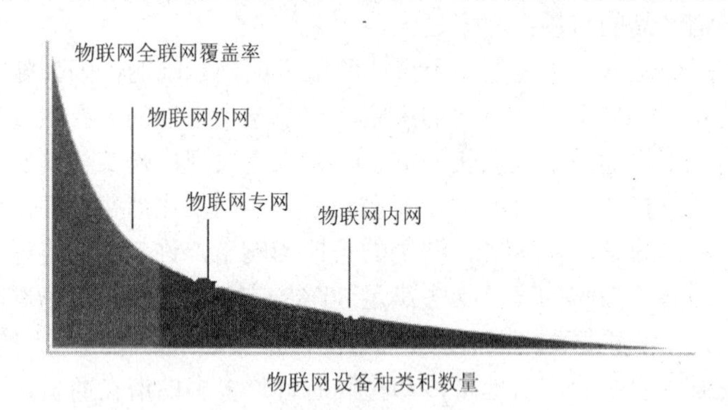

图 7-14　物联网智能设备存在形式

7.3.2　物联网 MAI 和 MaaS 业务模式

物联网主要归为两大类，物联网应用集成（Machine to Machine Application Integration，MAI）和物联网运营服务（Machine to machine as a Service，MaaS）。

MAI 主要关注内网和专网物联网系统，即 Networks of Things。MAI 范畴来自于传统的企业应用集成（Enterprise Application Integration，EAI）技术理念，EAI 的目标是消除信息孤岛。中间件、SOA、Web Service 甚至 ERP 等都是实现 EAI 的技术手段。IBM、Oracle、微软等都是 EAI 产品和服务提供商。MAI 的目标是消除和规避物联网信息孤岛，实现包括信息系统 EAI 在内的大集成，MAI 将继承、补充和发展 EAI。

MaaS 是 M2M 的 SaaS 营运服务，是 Internet of Things 的主要技术手段和业务模式。目前，国内外围绕移动网络已形成一定规模的 MaaS 业务，参与者主要有以下 3 类：

（1）传统的移动网络运营商（MNOs）。自营或者与他方合作，如国内中国移动的 www.chinam2m.com.cn 物联网 M2M 营运业务，中国电信和中国联通也在做类似业务。2008 年，“全球眼”网络视频监控业务已经为中国电信带来了十余亿元收入；2010 年 1 月 ATT 公司开通了 M2M 门户 http://www.att.com/edo。MNOs 也正是看到了这个潜在的机会，纷纷开展 M2M 业务，对无线通道的其他虚拟运营商，如 MMOs 形成压力。

（2）移动网络虚拟运营商（MVNOs）。包括 Telematics TSP，如 GM 的 onStar、丰田 Gbook、Amazon Kindle 电子书、提供轮船跟踪的 vesseltracker.com 营运业务等，这些业务都需要和拥有“通道”的 MNOs 合作。

（3）M2M 移动运营商（MMOs）。Jasper 和 Aeris 是美国两大 MMOs，MMO 属于 MVNO 的一种，也需要和 MNOs 合作。

在国内，MVNO 市场还待开发或未形成规模，但也出现了不少 MaaS 运营商，例如同方和中国移动合作的同方合志 M2M 运营业务，移动 E-物流业务、合众思壮（Telematics Service Provider，TSP）业务，都属于移动 MaaS 业务，广电网络凭借其在家庭部署机顶盒的优势，也在酝酿参与 MaaS 业务，把机顶盒做成提供综合物联网服务的家庭网关。三网合一的发展趋势也必将带来 MaaS 业务的新机遇。

MAI 和 MaaS 在技术上密切相关，MAI 是基础，MaaS 是 MAI 的 SaaS 扩展，例如设备关系管理等利基应用市场等，基本属于 MAI 应用范畴，但也可以作为 MaaS 运营的支撑平台。

MAI 业务属于红海战略，是传统的 EAI 业务的延伸，市场很大存在很长的“长尾”，但技术手段目前还不能发挥充分作用，“二八定律”仍然适用。MaaS 目前属于蓝海战略，许多新的业务模式还在形成过程中，预计 MaaS 业务模式将逐步渗透到传统的 MAI 业务中，走向红海，形成长尾效应，最终发展到 TaaS（every THING as a Severice）。

业务模式主要指的是业务的存在形式，这种存在形式必须能够给用户带来价值，一种有价值的业务模式可能需要一个产业链来支撑，如上述两种物联网业务模式，就涉及物联网整个产业链。

业务模式不等同于商业模式，在一种业务形态中，所涉及的产业链的各个环节都可能产生可盈利的商业模式。一个成功的商业模式必须具备三大要素：能够给用户提供价值的产品和技术、存在能够持续盈利的市场、一个良性运作的组织和团队。企业可以按照自己的特长和优势专注于产业链中的一个或者多个环节开展业务，例如芯片制造商专注于开发优化的物联网系统芯片，软件提供商可专注于提供物联网中间件或行业应用软件。

在中国目前以政府推动为主的物联网业务模式下，政府需要了解业务模式和商业模式的区别，在大量发掘国计民生相关的物联网业务需求拉动内需的同时，对企业进行恰到好处的管理和引导，才能更好地促进物联网产业有序良性的发展。

7.3.3　物联网的末端设备

物联网要连接和服务的对象是末端设备（Devices）和各种资产（Assets）。这包括静止或移动的资产，各种基于微处理器做成的应用系统、各种智能卡和 RFID 卡，安装在机器上的传感器等，数量在万亿以上。

末端设备也就是 3 层划分中的感知层的传感结点，在传感网络术语中有一个新词，称为 Mote（微尘或者智能尘埃）。每个 Mote 含有一个微型处理器、无线通信芯片、各种传感器，具有足够的内存和硬件能力，能够以较低的功耗执行监视和控制任务。

由于监视物理环境的重要性从来没有像今天这么突出，物联网才受到极大的关注。有人提出 M2M 这个概念还不够广泛，因为 M2M 中的 Machine 还不能代表所有的物（Things），应该用 T2T 这个词。其实，没有微控制单元（Micro Control Unit，MCU）的物体是不能联网的，只有 MCU-enable 的物体才能成为智能物件，成为物联网的一部分。例如，一个水质监测传感器需要被装上 GPRS 通信模块，才能使之开口说话。但是也有 Devices 本身就具有“开口说话”功能，如智能卡、RFID 卡和手机等。

7.3.4　电信行业应用需求

电信行业有其本身的特殊性，其组成企业在物联网产业链中扮演的是运营商的角色。以中国电信、移动和联通为代表的各个企业对自身在物联网产业链中的定位都有过较为全面的分析，均认识到运营商将在一定程度上成为推动物联网产业大发展的重要驱动力量。

物联网具有海量信息处理和管理需求、个性化的数据分析要求的特点，这必将催生对物联网运营商的需求量。对物联网运营商而言，面临的将是一个从无到有的市场，增长空间巨大。面对巨大的潜在市场需求，电信运营商势必会全力参与，但是由于其本身存量市场庞大，增量体现在增长率上并不明显。以欧洲为例，到 2008 年第二季度，来自 M2M 市场的 SIM 卡总用户数量为 1 230 万，占比在 2.2%左右。从收益角度看，由于网络运营是个长期的过程，物联网运营商的收益期与整个网络生命周期一样长。

现阶段各大运营商均加大了在物联网方面的投入，各家纷纷制定自己的规范，开发相关的应用体系，并积极推入应用。可见，从电信行业的企业来说其对物联网的需求主要是从寻求新的突破点出发，无论从规范到产品开发再到市场推动，现在的几大运营商均已经培育了各自的市场。由此可以总结出电信行业的物联网需求应用分为以下 2 个方面：

1. 加强企业管理

电信产业的迅猛发展和通信技术的日新月异，以及经济全球化竞争环境的形成，使得改进生产方式、提高运行效率、降低经营成本及改善服务质量等管理工作成为目前各电信企业经营工作的重中之重。

2. 固定资产管理

固定资产作为企业资产构成的最重要组成之一，是完成生产经营任务的重要保障，同时对企业财务状况起着重大的影响作用。因此，加强固定资产管理，确保固定资产的完整、保值、增值，正确核算资产的数量及价值，明确经济责任，监督并促进固定资产的妥善保管和合理使用，不断提高设备利用率和完好率，充分发挥固定资产效能，为企业带来最大的效益是固定资产管理工作的核心目标。

固定资产管理当前更多地借助于传统的人工管理方法和手段，数据的采集和录入一直以来都是手工操作，效率低下、差错率高。后来出现的条码技术使得这个情况得到了很大的改善，但是由于条码技术自身存在的局限性，令他们无法全方位地进入到电信资产管理领域的工作中，如电信的电杆、人手井、线缆等。

可以看到，当前电信行业的固定资产管理流程存在以下不足：固定资产管理的财务部门与实物管理部门间缺乏业务联系和业务沟通，使得账面无法反映资产的存在；拥有大量的昂贵资产，但是没有集成的信息系统，缺乏有价值的固定资产管理信息，固定资产的管理困难，工作效率低下，难以有效控制固定资产流失；资产清查费时费力、效果有限，且"前清后乱"；运营成本难以及时、准确地核算。物联网相关技术可以使得上述情况得到彻底改观，使得资产管理"透明化"真正成为可能。

物联网，是继计算机、互联网和移动通信之后的新一轮信息技术革命，在未来相当长一段时间，它将引领世界科技新潮流。虽然"物联网"仍然是一个发展中的概念，然而，将"物"纳入"网"中，则是信息化发展的一个大趋势。尽管物联网道路曲折，但前途绝对光明。互联网也是经历过一场泡沫才走到今天，一旦相关技术和配套系统得以完善，物联网市场一定会爆炸式增长，带来信息产业新一轮的发展浪潮，必将对经济发展和社会生活产生深远影响。因为，随时、随地、随物的自由交流，始终是人类长期追求的最高目标。

小结

电信产业保持着高增长态势，未来还需要在电信级能力、用户规模、网络流量等方面突破，三网融合和 4G 代表着电信产业的发展趋势。

电信产业中的物联网应用十分广泛，包括日常生活中的红酒供应链、动物溯源、电子门票、环境监测、安全防范等可以预测，今后物联网还有更多的应用前景。

物联网是感知世界、物物互联的综合信息系统。移动通信网连接的是人与人，物联网则连接的是物与物，能广泛应用于社会生活的各个领域。物联网将成为继计算机、通信网后的信息产业第三次浪潮，必将带领电信产业进入新纪元。

从行业整体情况来看，中国电信业经历了打破垄断、引入竞争以及随后的一系列改革，虽然电信产业仍然保持了较高的产业利润率，但是改革的效果却并不明显，中国电信市场仍属于寡头垄断型市场结构。从电信企业来看，改革引起了企业市场行为的转变，使企业更加注重科学管理，服务意识增强，技术和业务能力增强。前期的改革并没有实现企业间的有效竞争格局，电信企业发展存在极大的不平衡，导致个别企业绩效低下。新一轮的企业重组过后，三大运营商有望在3G业务竞争力上形成新的竞争格局，其改革效果还有待观察，物联网把传统的信息通信网络延伸到了更为广泛的物理世界。

习题

1. 从业务总量、3G用户规模、未来展望3方面，描述电信产业的概况。
2. 4G在物联网中有哪些应用？
3. 请仔细回顾，在日常生活中，还有哪些是物联网在电信产业中的应用？
4. 简述物联网的长尾效应。

第8章 物联网对电子商务产业的作用

学习要求：

- 把握电子商务产业发展的现状和特点；
- 理解物联网在哪些方面推进了电子商务的发展；怎样推进了电子商务产业的发展；
- 弄清物联网新技术在电子商务哪些领域得到了广泛应用；对推进电子商务深入发展有哪些效果和作用。

学习内容：

本章是创新内容。从电子商务概念开始本章就打破了以往电子商务教材的固有观点，按照三网融合后的新发展，重新对电子商务、电子商务产业、电子商务价值链等概念进行了定义。特别是阐述了物联网对电子商务的巨大推动作用，学员应该全面学习和把握，并联系实际加深理解。

学习方法：

物联网技术实用性很强。因此，学习本章，一定要坚持理论联系实际的原则，结合现实生活中的大量物联网与电子商务结合的实际应用案例，加深理解本章内容。为此，本章中配发了很多实际应用案例的图示。希望学员联系这些实际图示加强对所学内容的理解。

引例 上海世博会的“未来商店”

德国零售巨头麦德龙集团，在2010年上海世博之机将“未来商店”引入中国。让国人体验了RFID技术和电子商务结合的新奇和魅力。商店就像一个科幻世界，整个商店没有传统柜台，没有营业员。顾客办理RFID身份卡进入商店后，商场大屏幕立即显示出“欢迎来到未来商店”字样。顾客拿着掌上计算机选购商品，买任何商品，只要把掌上计算机对准商品RFID标签，这件商品的介绍、价格等各类信息就会以图像、文字并配有声音的形式在掌上计算机显示出来。更具“魅力”的是商店用RFID保障物品质量，仅冰柜中就安装了50个识读器和200个天线，顾客购物信息会及时传到后端系统。过秤、计费等全部自动完成，且可确保出售的农产品、肉食品都是“可追溯”的放心产品。从网上购物的可来店自取，也可送货上门。不少观众说：他们真的把电子商务做“活”了！

8.1 电子商务产业现状

8.1.1 电子商务的概念

在国家《电子商务发展“十一五”规划》中，将电子商务定义为：电子商务是“网络化的新型经济活动，即基于互联网、广播电视网和电信网络等电子信息网络的生产、流通和消费活动”。这一定义和此前相当多的电子商务著述中关于电子商务的定义是不同的。这一概念内涵之所以有所变化，原因在于：当前，我国已经实施了三网融合。电子商务已经不仅仅是基于互联网的新型交易或流通方式。三网融合以后，用于信息传输的基础网络，已经由单一的互联网，变成了互联网、广播电视网和电信网。这不仅使电子商务的内涵和外延更加宽泛，而且将使电子商务产业规模得到进一步扩展，产业链范围得到进一步放大，电子商务的内涵更加丰富、更加宽泛，而且产业也进一步扩展。

8.1.2 电子商务产业的概念

1. 电子商务产业

在本书的第1章中已经阐明：产业是具有相同生产技术或提供相同特征的产品或服务的生产商、服务商的集合，或者是由生产同类产品，提供同类服务，以及存在替代关系的不同企业构成的产业集合体或产业集群。

电子商务是基于网络信息技术的一种全新的商业模式，是在互联网、移动通信网或者广播电视网及电信网上，以数字化、电子化方式完成和实现的商务活动。其特征是能实现买家和卖家最短的路径链接和最快速度成交。从而能最大化地提高交易效率，降低交易成本，提升交易的价值和能量。

随着产业分工不断地向纵深发展，电子商务企业之间不同类型的价值创造活动，正在逐步由一个企业为主导分离为多个企业分别参与的或共同完成的商业活动，这些企业相互构成上下游关系，或共同提供服务，或共同创造价值。这种围绕某些特定电子商务主体需求提供产品，或为商务主体的某些特定需求提供服务，所涉及的一系列互为基础的、相互支撑的、上下游相互依存的、具有链条式关连特征的商务生态活动，就构成了一个完整的电子商务产业链。

2. 电子商务产业链的特点

1）具有新技术支撑的特征

电子商务产业的形成，既具有一般产业不同类型的价值创造活动逐步由一个企业为主导，分离为多个企业共同完成或参与完成、协作完成的特征，还具有极强的技术支撑性和生态依存性。物联网 RFID（射频）技术、激光扫描技术、传感技术、无线定位技术等新技术和电子商务技术的融合，所带来的技术突破，必将给电子商务产业链带来倍增发展及延伸发展的现实可能性。

2）具有向全产业链扩张的特征

经过近十年来电子商务的快速发展，我国许多大型骨干电子商务网站已经具备了更大、更快发展的基础，突破了原来电商模式中 B2C、B2B、C2C 的固有产业链条，开始了探索打造“全产业链”的进程。比如，阿里巴巴就已经明确提出了打造电子商务全产业链的战略目标。翠山湖浙商工业园开始要打造卫浴全产业链，绿宝集团开始要打造食用菌全产业链，重庆要全力打造笔记本式计算机全产业链，西南合成拟打造绿色医药全产业链。这种新发展和新态势，必将进一步极大地扩展电子商务的产业链。

3）具有行业产业链向整合产业链发展的特征

电子商务的深入发展，迫切需要对信息资源进行深度开发，在这种深度开发的过程中，通过资源整合的手段，让基础资源实现增值效益，就是一个重要手段。为此，我国在互联网向宽带通信网、数字电视网、下一代互联网演进的过程中，实施了三网融合。由于电信网、广播电视网和互联网三大网络技术功能趋于一致，业务范围趋近相同，三网的融合就可以实现互联互通、资源整合共享，开发出全新的增值价值。三网实现融合以后，应用更加广泛，资源更加丰富，功能将得到有效提升，服务范围将得到进一步扩展。能为用户提供语音、数据和广播电视等多品种、多功能的电子商务服务。其应用将由单纯的网上交易扩展到智能交通、环境保护、公共安全、平安家居等众多领域。这种整合发展，必将进一步扩展电子商务产业链的范围和服务领域。

8.1.3　国外电子商务产业现状

当前，电子商务在全球获得了迅速发展。2010 年全球电子市场规模突破 40.6 万亿元，其中 B2B 市场规模已经达到 26 万亿美元，同比增幅达到两位数，远超实体零售业的增长。全球电子支付产业正处于高速发展期， 2008 年全球电子支付年交易量达到 2 100 亿美元，2010 年将达到 4 200 亿美元，复合增长率是各地区 GDP 增长率的 4 倍。金融危机以来，消费者受价格及便捷性的双重驱动，越来越多的消费者已经倾向于网上购物。因此，有力地推进了电子商务产业的发展，形成了巨大的产业规模。

1. 美国电子商务产业的发展情况

2010 年，美国电子商务零售市场实现金融危机以来的强劲复苏，其销售额达 1 654

亿美元，较 2009 年同比增长 14.8%。 截至 2011 年 6 月，亚马逊全球用户达 2.82 亿，约占全球互联网用户的 20%。2010 年电子商务交易额 450 亿美元，相比去年增长近 45%，这是美国全国电子商务增长速度的 3 倍。

团购网站的蓬勃发展，拉动了大批潜在的消费行为，并培养起一种可持续的消费意识，从而促进电子商务零售交易的持续增长。美国在线（AOL）、雅虎、电子港湾等著名的电子商务公司以及 IBM、亚马逊书城、戴尔电脑、沃尔玛超市等电子商务公司在各自的领域更是取得了丰厚的利润。

近年来，美国电子商务在产业化的进程中的一个重要发展是，移动电子商务从交易类型、营销方式以及支付方式等方面进行了全面创新。美国移动电子商务市场规模的快速增长，得益于智能手机的发展，越来越多的智能手机用户逐渐习惯网络零售商提供的移动站点和 APP 带来的移动购物体验。

为此，2010 年 2 月奥巴马政府启动了无线网络计划。紧接着，一大批规模化的商务网站开始了向移动化的转型。世界最大电子产品零售商百思买在美有 900 家商店，2008 年收入超 396 亿美元。为战略转型，减少“大卖场”式零售店转扩网络和手机商店。百思买还表示，缩减大商铺、大门店，缩减有形资产投入，扩大无形资产投入。计划 5 年内在美国建立 600～800 个百思买独立移动商铺，全面打开网络和移动电子商务的整合市场。不仅如此，美国还大肆进行渠道整合和供应链整合，以便夯实电子商务产业基础，并积极开发趣味搜索，引领和扩展商业销售。此外，更注重发展团购和社交购物圈，努力打造满足粉丝模仿欲的明星商业帝国。

2. 欧洲电子商务产业的发展情况

欧洲各国家网民人数占总人口的 2/3 以上，尤其是青少年几乎都是网民，较好的基础条件和庞大的网民群体为电子商务的发展创造了一个良好的发展环境。与电子商务产业链相关的软件、硬件、中间件以及延伸服务产业相当发达。电子商务早已经成为一个充满生机的产业群。数据显示：土耳其有一个电子商务网站从 2008 年到 2010 年的网购销售额居然增值了 772%。在英国，超过 90%的消费者使用手机购物。特别是英国有两个依靠网络创业成长起来的百万富翁，成为年轻人创业的榜样，这就进一步推动了英国电子商务的发展。现在有 66%的用户使用智能手机比较商品或服务的价格，有 58%的用户使用智能手机查询最近的商店位置和商品打折信息，直接使用智能手机进行购物的用户已经占到全国的 17%。

据法国远程销售商联合会（FEVAD）统计，2010 年法国电子商务的营收总额达 310 亿欧元，与 5 年前相比增长约 4 倍。2010 年法国拥有电子商务网站 81 900 家，两年翻一番。特别是：法国在电子商务应用上坚持网上网下结合，大搞创新营销和体验营销取得了极好的效果。麦德龙是世界第三大超市集团，其 350 家商场 5.4 万名员工，遍布 31 个国家。自 2003 年 4 月启动“未来商店”计划，演绎了利用 IT 和 RFID 创新科技进行体验营销的商业神话。“未来商店”不仅已在德国、比利时、美国等多国展出和推广。在第八届中国连锁店展会上，麦德龙向中国展示了 13 项创新应用，成为了该展会最大亮点，使中国看到了物联网和电子商务结合产生的巨大商业魅力。

欧洲国家普遍实行信用卡消费制度，不仅建立了一整套完善的信用保障体系，而且信用卡消费已经相当广泛和普遍。再加上欧美国家的物流配送体系相当完善、正规、快捷，不少大型第三方物流公司得益于欧美近百年仓储运输体系的发展史。当电子商务时代到来后，他们顺理成章完成了传统配送向电子商务配送的过渡。这样，就使电子商务支付和物流一起成为电子商务的强大支撑，奠定了坚实的产业发展基础。

3．亚洲电子商务产业的发展情况

日本的基础网络建设发展很快，移动商务也有很好的基础。日本全社会互联网普及率为 37.1%，其中 1 000 万人通过移动电话上网。另外，日本超过 5 万家的便利店已成为日本网络商店在推动电子商务方面的基础布局。因此，日本电子商务发展很快。日本国际经贸部从 1994 年开始，投入 2 亿 5 千万美元，为 19 个客户服务项目和 26 个电子商务项目提供了资金支持。与此同时，大力推动从研究部门到生产部门之间过程的数字化。日本政府还于 2006 年 6 月推出了《数字化日本之发端行动纲领》。制定有关网络服务提供者责任的法律规则，鼓励网络服务提供者采用技术措施（例如信息过滤），防止知识产权侵权责任（尤其是版权侵权责任）的发生。为了克服在语言、司法管辖、适用法律等方面的障碍，草拟出适宜跨国界电子商务的格式合同文本，并且建立司法审判之外的其他更迅速、廉价的纠纷处理程序。

特别要指出的是：开业一年多的阿里巴巴日本站已经一跃成为日本最大的 B2B 电子商务网站，会员总数已达 12 万，其中日本买家占比近 40%，产品数量达到 140 万条。每天有近 4 000 条的商机反馈。网站日访量 10 万次。

1999 年，韩国电子商务的市场规模仅为为 9.19 万亿韩元，2000 年电子商务市场总规模达 57.6 万亿韩元。据韩国统计厅发布的《电子商务与网购动向》报告显示：到 2011 年电子商务交易额已经逼近 1 千万亿韩元。电子商务交易总额同比增加 21.2%，比 5 年前的 2006 年翻了一番：相当于国内生产总值的 80%。特别值得提出的是在全部网购交易额中，电器行业为 21.1%，汽车行业为 16.3%，电子零部件行业为 11.4%。这些数据表明：不仅韩国的电子商务发展快，效果明显，而且制造业等传统产业已经成为电子商务的主体，这是十分难能可贵的。

新加坡是世界上信息化程度较高的国家，也是世界上最早发展电子商务的国家之一。据《2008—2009 年全球信息技术报告》显示，新加坡在全球信息与通信技术发展和使用程度排名中位列第四。新加坡高度开放的外向型经济、狭小的国内市场的自然条件限制，以及全球经济一体化的趋势，是新加坡大力发展电子商务的推动力。而规划先行、立法保障和政府推动，则可归纳为新加坡电子商务发展的主要特点。

早在 1989 年新加坡已经推出了世界上第一个用于贸易文件综合处理的全国性 EDI 贸易网络。它连接了海关、税务等 35 个政府部门，并将有关进口、出口（包括转口）以及与贸易有关的申报、审核、许可、管制等全部手续均通过贸易网进行。该网 24 小时运行，商家通过计算机终端 10s 即可完成全部申报手续。目前，新加坡进出口报送手续的 EDI 处理普及率已达到 95%。

新加坡自 1998 年 5 月开始提出了“电子商务总规划”，同年 6 月通过了《电子交易法》。生产力与标准局推出电子商务行动计划。确定其目标是要将新加坡打造成一个国际性的电子商务中心，计划在 2003 年把电子商务运用比例提高至 50%。新加坡坚持立法先行，制定适宜跨国交易的电子商务法律和政策，注重把满足公众的需求放在首位，不断加强图 8-1 所示为新加坡地铁中的虚拟购物墙。

规范标准建设，完善电子政府的基础条件。因此，新加坡电子商务走在全亚洲的前面。

图 8-1　新加坡地铁中的虚拟购物墙

8.1.4　我国电子商务产业现状

1. 中国电子商务十年发展的主要特点

中国的电子商务经过十几年的发展进步很快。可以说，十年发展，实现了四大转变：

（1）在商务模式上，实现了由定型模式向创新模式的转变。

（2）在商务应用上，实现了由浅层应用向深度应用的转变。

（3）在信息资源利用上，实现了由浅层应用向深度应用的转变。

（4）在资源整合上，实现了由单网应用向三网融合整合应用的转变。

一批电子商务产业基地已经形成，一批电子商务示范城市已经涌现，一批具有品牌价值和影响力的电子商务网站，已经站立和成长起来；一批具有行业特色的网上电子交易市场已经培育起来；一批具有创新能力和增值作用的设备和软件已经研发出来。一大批中国的网商，已经成长起来。不仅在迎战金融危机中显示了强大威力和作用，而且电子商务给下岗职工提供了生路；使濒临倒闭的企业找到了门路；提供了产品快速打开内销市场的通路；使滞销的产品找到了销路……打开了产品进入国际市场的近路。

实践表明：电子商务已成为加快信息化与工业化融合、走新型工业化道路的客观要求和必然选择。成为促进产业结构调整，推动经济增长方式由粗放型向集约型转变，提高国民经济运行质量和效率的有效手段。成为促进商品和各种资源要素的流动，降低交易成本，推动全国统一市场的形成、扩展与完善的有效手段。成为应对经济全球化挑战、赢得全球资源配置优势，把握发展主动权，提高市场竞争力的有效手段。

截止到 2011 年底，我国网民规模已经达到 5.13 亿，互联网普及率 38.3%。其中：

（1）手机网民 3.56 亿，占整体网民比 69.3%。

（2）农村网民 1.36 亿，比上年增 1 113 万，占比 26.5%。

（3）2011 年 12 月，中国网络购物用户规模达 2.03 亿人、同比增长 28.5%。

（4）团购用户 6 465 万，团购年增 244.8%。

（5）网上交易规模 7 849.3 亿元，比 2010 年增长了 66%。

（6）支付宝注用户数超 6.5 亿，日交易额超 40 亿。

（7）京东注册数超 3 000 万，日均订单处理 30 万单，日交易额超 1 亿元。

截止到 2011 年 12 月，我国 B2B 电子商务服务企业达 10 500 家，2011 年我国 B2B 电子商务企业营收达到 130 亿元，同比增长 36%。

2011 年上海市电子商务交易额达到 5 401 亿元，比 2010 年增长 27%，占全市商品销售总额的 11.7%。B2B 交易额 4817 亿元，相当于全市电子商务交易总额的 89%。网络购物（包括旅游业、游戏业）交易额 584 亿元，比 2010 年增长 69%，相当于全市社会消费品零售总额比重达 8.62%。

与此同时，电子商务服务平台、信用保障、电子支付、物流配送和电子认证等电子商务服务业持续快速发展。2010 年，我国电子商务信息、交易和技术服务企业达到 2.5 万家，第三方支付额达到 1.01 万亿元人民币，社会物流总额达到 125.4 万亿元人民币，全国规模以上快递服务企业业务量达 23.4 亿件，有效电子签名认证证书持有量超过 1 530 万张。

以上这些数据表明：电子商务中蕴含的巨大发展潜能正在得到发展和释放。电子商务已经形成巨大的产业规模。在经济结构调整和社会经济发展中，必将创造更多的奇迹。

2．整合和重构：中国电子商务产业发展的新态势

未来电子商务的竞争将逐渐由单体网站的竞争，演变为供应链整合能力的竞争。云服务以及物联网技术的发展所带来的服务延伸和商务融合将成为这种战略转变的强大推力。这种竞争态势的新发展，将会带来电子商务产业结构的新变化。目前腾讯提出的所谓超级电子商务平台也好，淘宝提出的开放平台也罢，其实质都是释放了对现有电子商务产业链进行重新整合和重构的前置信号。这预示着：电子商务整个产业链结构重新整合和重构的大动作，将会很快开始。

支撑电子商务产业整合和重构的除了云计算和物联网等新技术的因素外，还有一个不容忽视的因素，就是电子商务产业集群的发展和产业基地的形成。这种大型电子商务产业基地，从一开始就展现了多种业态和多种产业结构并存的特征。主要有：

1）国家级电子商务示范基地

正是由于电子商务越来越显示出在国民经济发展中的巨大作用，因此，创建国家电子商务示范城市已经成为增强城市竞争优势的新选择，成为促进战略性新兴产业发展的新举措，成为推进现代市场体系建设的新抓手。为此，2012 年初，国家发改委、商务部等八部门联合批复，同意将北京市、天津市、上海市、重庆市、青岛市、宁波市、厦门市、哈尔滨市、武汉市、广州市、成都市、南京市、长春市、杭州市、福州市、郑州市、南宁市、昆明市、银川市、苏州市、汕头市 21 个城市列为国家电子商务示范城市。上述城市将按照八部门要求促进第三代移动通信网络、物联网、云计算等新一代信息技术的应用，壮大电子商务服务业，形成新的经济增长点。21个电子商务示范城市的建立，将涌现和带动起一大批电子商务产业基地。电子商务的产业集聚效应将会得到充分发挥。

2）集群性区域电子商务产业基地

随着21个电子商务示范城市的建立，各个城市都会建设自己的电子商务产业基地。因此，这种集群性区域电子商务产业基地将很快在全国得到快速发展。从其发展特点上看当前主要有3种形态：

（1）海峡两岸共建的区域电子商务产业基地。台湾省电子商务发展已超过10年，厂商累积了丰富的实战经验，台商到大陆掘金的前景十分广阔。目前来大陆的台湾电子商务企业已达数千家。2006年，台湾网劲科技与北京全买网络科技有限公司结盟，百余家台湾小店通过与淘宝网、新浪网合作，得以进入大陆电子商务市场。2011年初，两岸最大电信公司合作，共建了电子商务平台，合作进军网购市场。正是在此基础上，2011年5月福建创建了第一个两岸合作的“海峡电子商务产业基地”，现有50余家企业入驻，已经成为大陆国家级电子商务示范基地。

（2）跨省合作共建的区域电子商务产业基地。总投资20亿元的环渤海地区首家电子商务产业基地日前在天津市宝坻区开工建设。深圳市电子商务协会的40余家电子商务企业将率先入驻，该基地将建设深圳市电子商务协会京津营运中心、宝坻电子商务中心和电子商务企业总部中心三大板块，总建筑面积70万平方米。日前一期工程24万平方米综合区已经开工，预计2012年底完成主体。该项目全部建成后，将极大促进天津传统企业与电子商务的整合和互补，推动环渤海地区电子商务产业的发展。

（3）电子商务城市自建的区域电子商务产业基地。商务部在“十二五”电子商务发展指导意见中明确要求各地要做好电子商务示范企业推广和电子商务产业基地建设工作。选择业绩好、信誉高、有发展前景、创新能力强的企业、电子商务产业基地、电子商务应用平台以及综合展会型电子商务平台，给予政策支持，推广成功经验，增强区域引导、行业辐射和产业带动能力。因此，各地都在建设电子商务示范基地。预计很快将会有一批区域性电子商务示范基地面市。

3）企业自建大型电子商务综合产业基地

2012年3月28日，神州数码在沈阳建立的电子商务产业基地项目正式启动。作为神州数码推动“智慧城市”协同产业发展的重要举措，建成后的电子商务产业基地将集管理、研发、展示、物流、电子于一体，成为神州数码在东北区的大型电子商务中心、数据中心、客户服务中心、技术服务中心、订单处理中心、物流配送中心、维修中心。该项目总规划建筑面积为1.7万平方米，预计2013年6月完成。

正如《电子商务“十二五”发展规划》所指出的：到2015年，我国电子商务交易额翻两番，要突破18万亿元。其中，企业间电子商务交易规模超过15万亿元。电子商务不仅将进一步普及和深化，对国民经济和社会发展的贡献也将显著提高。电子商务在现代服务业中的比重明显上升，其产业将形成规模宏大的战略型新兴产业。

8.2　物联网推进电子商务产业发展

8.2.1　物联网促进电子商务模式的创新

每一次新的技术突破，都催生出新的产业变革。物联网新技术的快速发展，以及物联网与电子商务的结合，不仅会提升产品创新能力、市场开拓能力、技术突破能力，还会衍生出新的电子商务模式。推进电子商务模式的创新，体现在以下 4 个方面：

1．物联网推进了诚信商务模式的建立

商誉是电子商务发展的基石，尽管多年来人们在商誉理念的培育、商誉队伍的建设、商誉模式的创新、商誉评价体系的建立上做了很多努力，但是建立良好的电子商务信誉问题并没有根本解决。其原因就是由于没有“商眼”，不能从根本上防范和杜绝网上的假冒伪劣产品问题，因此网上骗案时有发生。

物联网技术融入电子商务以后，不仅解决了海量信息的存储和流转，而且有效地解决了用技术手段保证信息和产品的“依附性”；解决了虚拟电子商务平台上产品质量的“可控性”问题。化妆品被嵌入智能感应芯片后，用户只要点击产品图片或简介就可获得产品生产厂家、质量标准、出厂检验情况及产地、生产日期等信息，从而有效地避免了电子商务最难以解决的产品质量不可控问题，提升了电子商务中对网售产品的全流程动态跟踪、查询和追溯能力，为电子商务诚信建设提供了强有力的技术支撑。有了这个技术支撑，再加上商誉理念的培育，商誉队伍的建设，商誉评价体系的健全，就可以建设起完整的电子商务生态链，形成电子商务的诚信体系。这必将极大地推进电子商务市场的发展。

2．物联网技术推进了智能商务的快速发展

商业智能概念，最早于 1996 年由加特纳集团提出。当时他们将商业智能定义为：商业智能描述了一系列的概念和方法，通过商业智能技术提供使企业迅速分析数据的技术和方法，包括收集、管理和分析数据，将这些数据转化为有用的信息，然后或提供决策支持或分发到各处。

美国《财富》杂志上登过一篇名为“从冰淇淋中寻找智能”的文章，详细地介绍了美国的一个冰淇淋厂商如何利用商务智能进行生产、销售、营销和财务管理的真实案例。当时，公司接到了许多关于草莓冰淇淋中的草莓不够多的抱怨。通过商务智能工具的分析发现，造成这些抱怨产生的原因在于：这个冰淇淋包装上的草莓照片放错了。（放成了冰冻酸奶的大草莓照片）当该公司把包装上的照片更改以后，抱怨很快就随之消失了。

正因为如此，商务智能在美国得到了快速发展和广泛应用。美国最大的办公用品连锁 Staples 公司在使用商务智能后发现：该公司长期以来，店内展示空间大部分用来陈列书桌、档案柜及其他家具。因为就一般情况而言，人们都认为大型商品会比纸笔等小商品带来更高的毛利。但商务智能系统显示：这是一个错误的策略。分析表明：这些大型商品的整体利润并不比占空间少的小商品高。为此，他们对展示空间进行适当调整，在没有增加新面积的情况下，适当增加小商品的有效展示面积。这样做的结果，五年来其

净利润提升了 6%。生动的案例指明了商务智能在电子商务应用中的闪光点。

随着我国近十年来电子商务的快速发展，众多电子商务平台，积累了海量数据资源。这些海量数据资源亟待得到进一步的深入开发。物联网与电子商务的结合，以及云计算技术的引入，为把商务智能引入电子商务模式，打开海量数据资源之门提供了机遇和可能。

特别是：物联网在服装领域的应用已经取得了突破。不仅能运用 RFID 对服装生产流程信息进行动态传输，而且对生产和制造过程中的海量数据资源能进行智能化分析决策，还能进行动态化流程管理，从而引发了服装从生产到销售的全流程变革。华为运用图像视频智能分析技术和图像远程视频对接技术，使远程互动对话和亲情互动交易成为可能。海底捞的全国第一个视频亲情对接火锅店，已经实现了北京和上海异地亲朋的同餐共饮，不仅创造了全新的商务模式，而且提升了网络空间的虚拟交易价值。

3．物联网技术推进了便捷收费模式的发展。

物联网技术在电子商务上应用后，改变了电子商务的“静态收费”支付模式，提供了“动态收费”的可能性。这就极大地提升了电子商务的服务领域和服务范围，扩展了电子商务的服务领域。以高速公路不停车收费道口为例，以往的停车收费，经常出现车辆冗堵的情况。自 2009 年 3 月以来，江苏省把物联网技术用以改造现行的停车收费系统。已经陆续开通 200 多条不停车收费（ETC）专用车道，这就给人们在高速公路出进口缴费带来了极大便利。

不停车收费系统，就是通过路侧天线和车载电子标签之间的专用短程通信，在不需要司机停车和收费人员采取任何操作的前提下，自动完成了收费处理过程。这正是物联网应用的又一个典型案例。这种不停车收费的便捷的、动态的收费模式，目前已在海关、商检等很多领域得到了扩展应用。事实充分说明：物联网新技术使电子商务自此走出了“静态收费”的狭隘空间，昂首阔步地进入了“动态收费”的红海。

4．物联网技术推进了多种营销模式的创新探索

物联网技术与电子商务的深度融合，还打开了电子商务人的眼界，加快了多种创新商务模式的探索。例如，地图定位服务模式、社交网络圈子营销模式、文化营销下载收费模式，体验营销创新模式等一大批创新模式纷纷出笼，取得了意想不到的可喜效果。

以社交网络发挥营销渠道作用的探索为例，电子商务借助社交网络延伸到庞大的客户资源，成就了成百的网络营销公司，通过“微博社交”去打通渠道，扩展商机。其做法就是利用了物联网技术进行信息跟踪和客户定位，把社交网络中的微博粉丝资源变成了重要的商务营销资源，取得了意想不到的效果。很多网络营销公司利用这条渠道扩展了代理商和中间商。其现有的“微博社交群”成为了商家和买家以及代理商沟通的桥梁和纽带。

再以地图服务模式为例，早期的地图服务，多用于“道路指引”其营销模式，基本上是利用网络去卖定位设施，没有打开这些“定位设施”的延伸服务空间。通过引入物联网新技术以后，汽车租赁公司，不仅租车，而且利用其电子商务网站开展了租车后的延伸服务，包括路况提示、问路提示、加油提示、安全提示，还包括存车定位提示。不仅使租车者有了一个安全保护神，而且有效地防范和杜绝了租车不还，反而进行非法转卖等现象的

发生。一旦发现租车走离标的区域，GPS 定位系统就能够及时确定使用者的位置，并能及时通报财产主体单位或向公安机关报警，这就有效地防止了租车骗案的发生。

8.2.2　物联网促进电子商务技术的创新

《物联网“十二五”发展规划》中明确指出，随着物联网技术的深入应用，要攻克一批物联网核心关键技术，在感知、传输、处理、应用等技术领域取得 500 项以上重要研究成果；初步形成创新驱动、应用牵引、协同发展、安全可控的物联网发展格局。这必将使电子商务的技术创新能力得到显著增强和提升。这种创新提升表现在：

1. 网络商务平台架构的创新

物联网坚持的做好顶层设计，进行统筹规划、系统布局、促进协调发展的原则，对于电子商务网络架构的创新具有重要的启示和指引作用。它会打开网上架构设计的思路，促进我们从顶层设计入手，进行统筹规划、系统布局，并运用物联网技术，进行整体安全布局和预留接口设计。这不仅将提升电子商务网站的安全性，推出全新的网上平台架构，而且将预留发展空间和新增资源的预接接口，避免了商务网站运营中的频繁改版。这必将极大地节省电子商务网站的整体制作费用。

2. 防伪打假技术的创新

由于 RFID 电子标签具有可追溯能力，这就非常适宜于防伪打假。利用这种可追溯能力可以进行明示性信息查询和追溯性信息查询。因此，物联网技术已经成为推动防伪市场增值发展的强大动力。

利用物联网技术，不仅可以解决在印刷媒体图像中埋入大量数据，在纸介质上输入大量可存储信息、较好地解决了信息的隐藏、加密、防伪、防复印、防篡改等安全难题，而且实现了“文件无法篡改、商标品牌不可伪造、秘密文件不可偷听”等功能。在应用实践中，还将物联网新技术扩展应用于珠宝防伪、名表防伪、字画防伪、食品防伪等的领域。

为此，美国最早推出了“智能酒瓶”，利用物联网技术解决红酒市场长期存在的仿冒与失窃问题。其措施是：用半有源 RFID 置于酒箱，记录温度和配送信息；将 RFID 标签贴于酒瓶底部，再将一种内置隐性密码的颈圈安装于酒瓶上，用以甄别假冒的酒品。日本、新西兰、西班牙等国还广泛地将电子标签应用于服装、鞋帽等领域防伪打假，用以建设安全网购、放心消费的网络环境，有效地推进了电子商务的发展。

中国自 2008 年的奥运会开始、2009 年的济南全运会、2010 年的上海世博会直到 2010 年的广州亚运会，这四场盛会就应用了物联网技术。通过部署 RFID 等系统，保证了这些重要会议物资、食品、旅客和赛马等的安全顺利通关。实现了电子数据读取、导入的自动化和单据流、工作流、货物流的三合为一的全程无缝监管

3. 信息存储技术的创新

海量信息存储技术是物联网产业的核心技术之一。随着物联网技术的推进，海量数据网络存储、虚拟存储等新技术的研发，极大地提升现有电子商务网站的信息存储能力。

不仅确保了海量数据存储的安全、稳定，而且可实现电子商务交易网上信息的云存储。提升了资源能量和信息包容量。为此，国家加大了对国内存储产业核心技术的重视和支持，2011 年 11 月，国家科技部批准成立“国家信息存储工程技术研究中心”。该中心旨在加强信息领域中心联动，推进存储产业核心技术突破，提高竞争力，引领信息存储产业结构升级。

4. 安全支付技术的创新

信息安全和电子商务的交易安全是电子商务的核心。它守护着商家重要机密，保障着客户的资金安全，维护着商务系统的信誉和财产。但是，长期以来，当当、京东商城、阿里巴巴等许多大型网站接连发生用户账户资金被盗的情况，少则上百，多则上万。

物联网技术的发展，不仅在防伪打假上显示了巨大优势，而且在提升网络安全性能、防止商户密码和账户被盗用上也显示了巨大优势。通过物联网安全加密和安全支付技术的创新，从根本上改变了用户账号安全防范措施脆弱的状况，确保了用户信息和资金的安全。

5. 物流配送技术的创新

物流送达是电子商务的实现过程，也是物联网应用的重要领域。物流配送采用物联网技术后，不仅只是提高货物运转效率，还能成为有效配置资源、合理整合资源、科学地开发物流资源的有效手段。特别是随着绿色环保理念的发展和低碳经济的要求，一些崭新的快运物流理念会随着与电子商务应用的结合，推出许多新业态和新服务。

物联网不仅可以在货物识别、货物装卸、物品流转中应用，还可以在车辆运输中进行流向跟踪；在快速通关、动态商检以及冷链物流、绿色物流中也将得到广泛应用。将有一大批快运物流企业逐步采用仓储 WMS 系统、分拨 HMS 系统和物流快递综合管理系统，将及时把决策调度信息传向立体仓库、动态分拣、RFID 追溯等快递物流领域。一些基础较好的电子商务延伸快运物流平台，将采用电子商务和 ERP 整合的全流程电子商务模式，实现短程物流的动态调度和动态管理。一些更先进的企业，还可能会实行空车返程动态配货，全面提升快运物流效率。野蛮分拣、糊涂丢件、爆棚积压现象将得到根本改变。

6. 延伸服务模式的创新

物联网技术极大地延伸和扩展了电子商务的应用领域和服务范围，提升了客户体验的动态性和互动性。在这方面应用很多，例如不停车收费系统、油气管线的地下自动检漏系统、假酒自动验证系统等，都延伸或扩展了电子商务的服务模式和服务领域。

特别是：在当今电子商务的发展中，用户体验已经逐渐成为顾客关注的热点。为此，支撑这项体验的物联网自动配货系统将推出；因为网上虚拟商店的开通，支撑这项体验的物联网自动配镜系统将推出；因为网上个性化成衣铺的开通，支撑这项体验的物联网动态量衣裁剪系统将推出。

所有这些都表明：随着这些新的电子商务服务业态的不断涌现，不仅丰富和发展了电子商务的服务理念，而且极大地扩展和延伸了电子商务的服务生态链。

8.2.3　物联网促进移动电子商务的发展

随着智能终端的普及，潜在用户群体不断扩大。2011 年全球支持 HTML5 技术的手机为 3.36 亿部，预计到 2013 年将超过 10 亿。2010 年西欧五国（英国、法国、德国、意大利、西班牙）移动互联网用户规模达到了 4 700 万人，同比增长 37.2%。2015 年用户规模预计将达到 9400 万人。艾媒咨询提供的我国数据显示：2011 年中国智能手机用户数为 2.23 亿，预计 2012 年将超过 3.36 亿，2013 年中国移动互联网产业销售规模将超过 2 000 亿元。这就为移动商务的快速发展奠定了基础。

因此，手机快速购物将成长为一片蓝海。特别是随着物联网与终端一体化技术的融合，以及“国家移动电子商务试点示范城市”的推动，必将衍生出新模式和新业态，必将进一步开拓移动商务的服务领域和应用范围。以广州为例，手机网民总数已超 1 000 万人。三大电信运营商纷纷加速了移动商务在广州的布局：中国移动建设南方基地，中国电信推出亚太数据引擎，中国联通打造音乐基地。应和着这股大潮，手机网站智能建站与物联网技术融合获得了快速发展和重大突破。自此，建立手机网站，不用再编程设计，只要输入相关信息就能自动生成。这就为移动商务的快速发展打开了方便之门。图 8-2 所示为用物联网自主建站建立的移动商务网站。

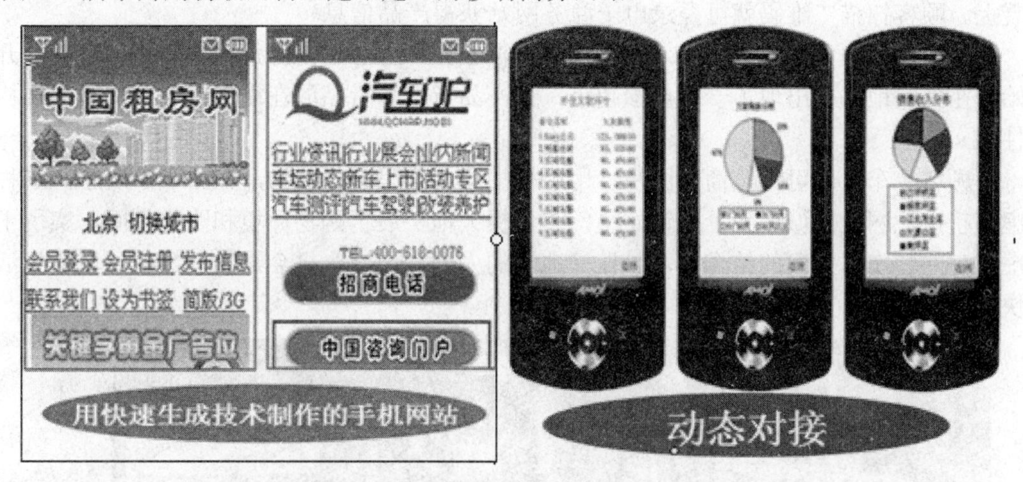

图 8-2　用物联网自动建站技术建立的多种功能移动商务网站

移动商务应用中最典型的是二维码应用。二维码又称二维条码，是用某种特定的、按一定规律在平面分布的、黑白相间的用以记录数据符号信息的几何图形；在代码编制上，它巧妙地利用了构成计算机内部逻辑基础的“0”、“1”比特流的概念，用若干个与二进制相对应的几何形体来表示文字数值信息，通过图像输入设备或光电扫描设备对输入的信息自动识读，以实现信息自动处理：它具有条码技术的一些共性：同时具有对不同行业信息的自动识别功能及图形旋处理功能，并能在横向和纵向两个方位同时表达信息，还能在很小的面积内存储大容量信息。

由于二维码具有很多特有优势，因此在世界各国得到广泛应用。例如，美国陆路运输部、新西兰陆路运输部、法国邮局、南非航空货运公司以及英国、巴西的快运公司等世界各地的物流机构纷纷采用二维码。二维码在法国地铁车厢里的广告牌和信息栏里随处可见，乘客只需用带有二维码识别软件的手机拍下该二维码图片，即可获知相关信息。法国的美术作品展览也使用了二维码，通过扫描展示的二维码，即可获知该艺术家以及他其他作品的信息。特别是，由于二维条码独特的物流信息加密功能，美、英等国家的国防部已经把二维条码作为军备物资管理的手段，并分别制定了二维码产品标准。

在亚洲，二维码在日本和韩国的商用分别始于 2002 年和 2003 年。至 2005 年，日本手机二维码应用已获得近千万美元收入。到 2006 年，日本使用手机二维码的用户已有 6 000 万，二维码广告、二维码名片、二维码票券就像短信那样便捷。

韩国二维码应用有 3 个方面：第一是用于移动广告业务，涉及门票、图书馆、公共交通及烟酒防伪等许多方面。在韩国有 60 个大学正在使用二维码系统来为学生提供借书和学生证注册服务，其用户在 30 万人以上。在报纸应用方面，韩国最大的报纸已采用二维码进行读者调查工作。读者只需用手机扫一下报纸上的二维码，便可获得调查信息，发表自己的意见。韩国另一个重要应用是将二维码印制在名片上，作为人际交往工具。只要用手机扫描了他名片上的二维码，很快就提取到他公司和个人的信息，方便又快捷。第三个方面则是用二维码为客户提供完整的应用解决方案，如将移动二维码印在产品包装上。顾客扫描二维码就可登录电子商务网站获得产品信息。

据悉，韩国 4 000 多万人口中，手机二维码用户已达 1 700 万。 特别是：自去年开始，在韩国地铁里出现了一种虚拟超市，把产品货架和货品放在墙上或地铁的圆形结构柱上。

顾客等车，即可浏览商品图片，用手机拍照二维码进行购物，如图 8-3 所示。这种虚拟超市把网上商城搬到了地铁站里，不仅极大地扩展了购物环境和购物空间，实现了虚拟空间和实体空间的结合，可以让等地铁的人们利用这个机会购物，适应了城市生活快节奏的特点。

图 8-3　用手机在韩国地铁里“虚拟超市”购物

8.2.4　物联网促进电子商务产业标准化程度的提升

标准是一种游戏规则。在知识经济时代，谁的技术成为标准，谁制定的标准为世界所认同，谁就会获得巨大的市场空间和经济利益。正因为如此，进入 21 世纪以来，发达国家纷纷制定了各自的标准化发展战略，以应对因经济全球化对自身带来的影响。欧盟、美国、加拿大在 2000 年前后纷纷确定了本国的标准化战略。日本为了应对全球化竞争，也于 2006 年研究制定了本国的国际标准综合战略，力求抢占行业发展的话语权和主导权，以最大限度地获取市场份额和垄断利润。

1．中国物联网标准化建设的前期情况

中国在 RFID 技术的标准化工作起步较早。早在 2005 年，中科院上海微系统所就已经在国标委领导下开展了推进国家传感网的标准化研究工作。RFID 电子标签的应用部署在 2006 年已经启动，其后在《中国 RFID 技术政策白皮书》中已提出了制定 RFID 标准的总体性纲领指出：RFID 标准体系由空中接口规范、物理特性、读写器协议、编码体系、测试规范、应用规范、数据管理、信息安全等标准组成。

2007 年 4 月底，工业和信息化部《800/900 MHz 频段射频识别（RFID）技术应用规定（试行）》的规定发布，为 RFID 的广泛应用奠定了基础。2008 年 3 月，上港集团科研团队起草了《用于供应链监控的集装箱电子封条应用技术规范》国家标准草案，并在 4 月向国际标准化组织（ISO）建立新国标的申请。2009 年 5 月 10 日，由上海代表中国发起的制定集装箱电子标签国际标准提案在德国投票获得通过。2010 年 8 月 9 日，国家标准化委员会、交通运输部宣布由我国上港集团领衔制定的《集装箱—RFID 货运标签系统》正式成为国际标准化组织（ISO）认可的国际公共规范。

目前，我国不仅已制定传感器图形符号、压力传感器性能试验方法等多项传感器国家标准，还从通信和信息交互、接口、安全、标识多方面开展了物联网标准的研制工作。先后制定了《集成电路卡模块技术规范》、《建设事业 IC 卡应用技术》等应用标准，并得到了广泛应用。在技术标准方面，依据 ISO/IEC15693 系列标准已经完成国家标准的起早工作，参照 ISO/IEC18000 系列标准制定国家标准的工作正在进行中。此外，中国 RFID 标准体系框架的研究工作也已基本完成。这些标准丰富和完善了电子商务的标准体系，促进了电子商务和物联网的融合和快速发展。

2．我国物联网标准化建设的主要原则

1）坚持自主创新与开放兼容相结合的原则

物联网涉及众多行业影响社会生活的诸多方面，我们要积极学习和吸收国际上的先进技术和先进经验，注重和国际标准化组织以及机构的对接。既要努力争取将拥有我国自主知识产权的技术纳入国际相关标准中，又要加强国际合作，允许国际通用行业标准与特定领域自主标准共生共荣。为了扩展国际合作的视野，2010 年 2 月经工业和信息化部批准，日本野村公司加入了我国物联网标准化工作组。诺基亚及思科也在积极申请加入。这些国际著名物联网研发单位的加入，对推进中国的物联网标准化建设将发挥重要作用。

2）坚持顶层设计的原则

实践证明：顶层设计对加快我国信息化建设发挥了重要作用。因此，我们在制定物联网的技术标准中引入顶层设计的原则，有 3 层含义：

其一：指标准的设计要从整体和全局的视角入手，进行战略性思考。防止新的“信

息孤岛”出现。其二：指顶层设计中要分析应用系统的业务可行性、分析利益关系。其三：要研究相邻关系，考虑发展关系，预留相关接口。凡是电子商务和物流网融合应用的要在顶层设计中作出统一安排。

3）坚持提升安全机制的原则

物联网和电子商务融合后面临的安全问题远比互联网复杂得多。主要表现在：

（1）安全威胁由网络世界延伸到物质世界。物联网可以将洗衣机、电视、微波炉等家用电器连接成网，并通过网络进行远程控制。但随之而来的是：安全威胁也由网络延伸到物质世界。这就是说：信息安全威胁将走进人们的生活，形成了对物理空间的安全威胁。这加大了我们应对物联网安全防范的范围和治理的难度。

（2）安全威胁由网络扩展到众多结点。物联网应用中遍布的传感结点，具有暴露性或被定位性。这就为外来入侵者提供了场所和机会。标准必须确保这些感知数据在传输过程中得到强大而有效的安全保护。

（3）安全威胁由物联网自身放大到云服务体系。随着传感器和电子标签的广泛应用，云计算技术也当仁不让地成为电子商务和物联网融合的技术支撑。但是，云计算的中央服务器集群一旦出了故障之后，对所有连接客户的终端服务将会中断。电子商务的重要交易数据就将丢失。必须在标准建设中考虑到这种复杂性，采取措施，加以解决。

4）坚持民用标准与军用标准兼容的原则

我国在物联网标准体系的建设中，十分注重坚持民用标准与军用标准兼容的原则。全军 RFID 标准化工作委员会负责建立我军 RFID 技术标准体系，研究制定 RFID 在军事侦查、军事装备、军事物流、军事营地等领域的分类原则、指标体系、信息编码代码标准和规范，以及与我军现有信息系统的集成和融合，与新一代互联网的对接和融合等标准，以利于军民一体物流的实现和军事动态运营能力和控制能力的提升。

5）坚持注重当前兼顾长远发展的原则

标准制定的周期很长，因此标准建设需要一定的前置性思考。特别是，当前我们正处在 IPv4 向 IPv6 的转换期。网络运营环境的变化，亟待进行电子商务和物联网新技术在新一代试验网络上的运行试用。以便考查标准的实用性和适用性。

当前，标准化战略已上升为国家战略。正因为如此，在我国《物联网“十二五”发展规划》中明确指出，在十二五期间，要研究和制定 200 项以上国家和行业标准。这必将极大地促进电子商务产业标准化程度的提升。

8.3 物联网在电子商务产业中的广泛应用

8.3.1 物联网在大型超市和虚拟商城的应用

物联网技术在大型超市和电子商城得到了广泛应用。世界上最早将物联网技术应用于大型超市和电子商城的是沃尔玛。沃尔玛从 2005 年 1 月开始在美国市场实施推广射频识别技术推广计划，目前选择 100 家美国本地的供应商采用射频标签。其最直接的好处是顾客不必苦苦等候排队结账，并且总能买到他们希望购买的商品。随着技术的不断成熟，好处还将涉及方便商品退货、方便商品回收、保证充足存货、杜绝假冒伪劣商品等。

到 2005 年 6 月，沃尔玛在美国的 104 家超市、36 家山姆会员店和 36 个配送中心都已经使用了 RFID 技术，并已经开始开发在分销操作和外包装盒上的匹配应用。

通过 RFID 的应用，还改进了沃尔玛客户服务水平。阿肯色大学经过长达 7 个月的跟踪调查发现：在使用 RFID 的沃尔玛商场里，货品脱销现象减少 16%，RFID 技术在货品补充上要比传统条形码快 3 倍。该研究报告指出，使用 RFID 以后，人工订单减少 10%，也减少了存货率。在补货的及时性方面，安装 RFID 设备的商店，要比普通商店效率高出 63%。还能使大型超市的失窃和存货水平降低 25%，此外，还极大地加快了结账速度，减少了结账排队现象，提高了管理效能。

与沃尔玛同样在大型超市应用 RFID 技术的是麦德龙。麦德龙自 2007 年就开始在发行超市应用电子标签，RFID 已经实现 100%的识读率。不仅如此，他还把电子商务技术全面应用在大型超市中，建设了“未来商店”。该商店 4 000 m^2，经营 4 万种商品。顾客选好商品后，只要用手机扫描，产品名称、产地、规格以及质量信息，就会全部显现在面前。当全部购物后，手机会自动生成一个条码，帮你完成付款，使购物变得异常简单和便捷。当前，物联网技术已经从超市走向海关、商检，在不停车收费系统、图书馆、学生食堂等众多领域先后取得了大量成功应用的案例，生动地展现了物联网在电子商务领域广阔的应用前景。

8.3.2　二维码虚拟商城

1．二维码购物券和打折卡

当前，我国二维码在商务上的应用已十分普遍，如二维码电影票、二维码优惠卷、二维码资料借阅卡等，应用已十分广泛。只要在手机助手中输入“扫码器”等关键词，就可以轻松搜索到并下载一个“快拍二维码软件”。最后，就可以参加各种购物商务网站推出的各种优惠活动，点击下载或拍照一张二维码优惠券，向商家出示就可获得优惠。比如，在淘宝商城以优惠价购买麦当劳的产品，会收到一条有二维码的彩信，拿着这条彩信到麦当劳的二维码兑换处，就可以直接领取所购买的产品。上海、天津等地很多电影院，还用二维码进行手机订票、选座，十分方便而快捷。图 8-4 所示为二维码购物广告。

图 8-4　二维码购物广告

2．二维码食品溯源

由于网络骗案时有发生，因此有许多消费者对电子商务这种看不见、摸不着的购物方式还是望而却步。总觉得不如在实体店看得见、摸得着的购物心里踏实。用二维码“扫码购物”不仅实惠、时尚，而且可以对该产品的生产信息、品牌信息等进行溯源查询，解决了顾客担心的问题。

应该指出的是：当前市场上的肉菜追溯，大都还只是一种事后追溯或半截追溯制度，应该从源头抓起，强化原产地开始全程追溯意识。消费者购物时，就可以从产品的包装上查询到产品从原材料到成品，再到销售的整个过程的相关信息，从而决定是否购买。彻底解决了目前网上购物中商品信息仅来自于卖家，仅凭自我介绍容易隐含虚假信息的问题。

3．二维码虚拟商城

随着二维码应用的快速发展，我国二维码的应用已经从电影票和购物券开始，很快扩展到广阔的应用领域。特别是一些网络公司，不仅开始推出二维码和电子商务结合的个性化应用方案，而且开始出现了运用手机二维码进行价格比较的“比价购物”商务模式。在日本和韩国地铁里出现的虚拟商城在我国的北京和上海等地也已经出现。在北京地铁广告窗增设了二维码的虚拟商城。有的公司还推出了虚拟购物墙，例如，图 8-5 所示为广州市民正在虚拟购物墙购物的画面。

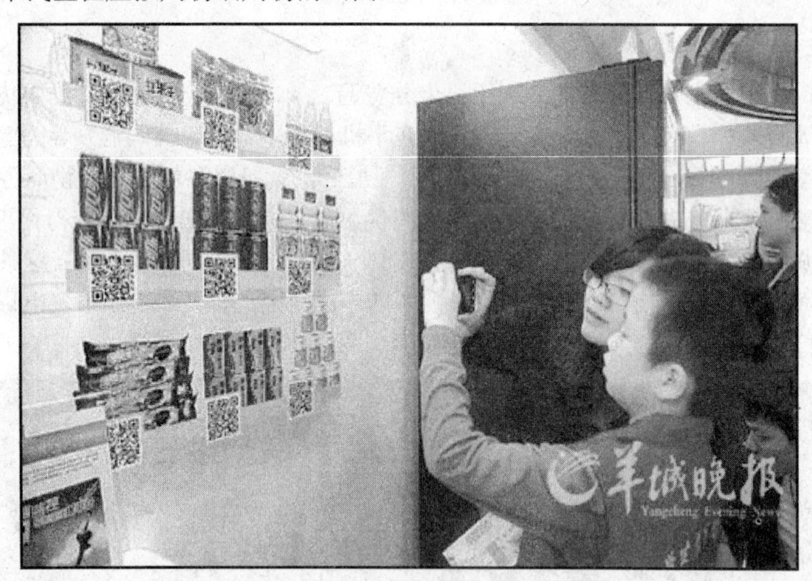

图 8-5　在虚拟购物墙上用手机购物

当前，二维码应用已经十分普遍。从 2010 年火车票上的二维码、麦当劳餐盘上的二维码到《金陵晚报》上的二维码，再到北京、上海、广州的地铁和公交站牌上的二维码，1 号店里的二维码，以及各种会议易拉宝上的二维码、扑克牌二维码、名片上的二维码，可以说二维码已经随处可见。在短短的一年多时间里，二维码被越来越多的企业、店铺和广大群众所接受，成为连接虚拟世界和现实世界的桥梁，成为了一种重要的电子商务延伸应用。特别是二维码突破了时空束缚，为电子商务快速交易和营销广告行业带来了创新性变革，将成为精准营销和体验营销的最大推动力量。

8.3.3 物联网电子支付

1. 当前我国手机支付的发展态势

手机支付作为一种崭新的支付方式，拥有非常大的商业前景。就全球而言，2011 年全球移动支付用户规模已经达到 1.41 亿，较 2010 年增长 38.2%；交易金额也由 2010 年的 489 亿美元增长至 861 亿美元，增长率超过 76%。在日本，移动支付的市场已经占了信用卡市场的 20%～30%，移动支付用户超过 6 000 万。在韩国，有 70%的电子支付是通过手机完成的。在美国，三大运营商组成了联盟，联合组建移动支付公司。投资 1 亿美元用以加速发展移动支付。

近年来，在我国用手机进行支付，已经成为一种新潮。但调查表明，有近六成用户表示在使用手机银行支付时最担心手机安全，39.7%的用户认为手机安全中财产安全保护比个人隐私更重要。恰恰是在这样的关键时刻，物联网新技术进入了移动支付领域，多种移动支付的安全创新技术诞生了。这必将对确保移动支付的安全起到重要的作用。特别是，在我国移动支付用户数已经达到 1.87 亿，2011 年中国移动支付用户规模将达到 1.9 亿元的情况下，移动安全支付技术的提升，必将进一步加快移动商务的发展。

安全是电子支付的核心，无论采取银行卡、电子现金、电子支票、电子钱包等哪种支付形式，都必须确保支付的安全。这样，顾客才能放心地使用移动支付。只快捷，不安全是不行的，可是很长时间以来，移动支付的安全问题一直令网民“忧心忡忡”。据《2011 年上半年中国手机安全报告》显示，上半年国内新增手机木马和恶意软件 2 559 个，感染手机用户数高达 1 324 万。不仅如此，支付宝和银行支付等多种支付工具都先后曝出过“泄密门”事件和支付安全问题。电子商务支付环节安全问题的接连发生，必将严重影响网民的网购热情和购物信心。因此，采用物联网技术，提升支付的安全性，已经成为物联网和电子支付相结合的一项重要内容和重要途径。

2. 二维码手机支付

尽管前一段二维码在我国已经获得了快速发展，但由于没有打通资金链，不能完成支付结算应用。因此，二维码应用只能停留在打折、比价等简单应用层面，极大地抑制了二维码应用规模的扩展和应用范围的延伸。支付宝二维码的推出，打通了二维码应用生态链。不仅可以实现运用二维码实现方便快捷支付，还将助推电子商务发展空间从线上向线下延伸，为开创线下虚拟电子商务市场奠定了基础。

2011 年 10 月支付宝推出国内首个二维码支付解决方案，该方案用手机识读支付宝二维码，实现用户即时支付功能，通过该方案，商家可把账户、价格等交易信息编码成支付宝二维码，并印刷在各种报纸、杂志、广告、图书等载体上发布；用户使用手机扫描该支付宝二维码，便可实现与商户支付宝账户的支付结算。

这种二维码支付方式，具有极好的安全性。首先是手机端生成的二维码具有唯一性和加密性，扫描二维码即可确认当前客户的支付身份，商家能获得真正的客户支付宝账户，并从其商户收取货币。而且每次交易的二维码都以被读方式应用，只能使用一次，支付后即失效，这样就保障了用户的支付安全。

为探寻和扩展这种创新支付方式的应用市场，支付宝曾在上海的来福士广场，用一场“快闪”活动，向市民介绍了这种创新的无线支付方式。当天中午12点半，上海来福士广场人头攒动，正在顺畅播放的广告大屏幕突然不规则闪烁。随后，身着统一服装的50名女郎同时举起手机，拍摄屏幕上出现的二维码画面，这一举动立即吸引了逛街的人们驻足观看，产生了极大的“快闪”震撼。

为了进一步扩展宣传这种“即拍即付”的便捷无线支付方式，支付宝还在央视等电视频道投放了“二维码互动电视广告”。消费者只要在播放的支付宝广告中，用支付宝客户端拍摄到附带的二维码，即可“秒杀”到随机商品和电商优惠券、各类数码产品，直至黄金海岸旅游的往返机票等，具有极大的吸引力。

据悉，目前支付宝的无线支付每天交易笔数已经超过50万笔。手机支付作为一种崭新的支付方式，拥有非常大的商业前景，而且还有望引领移动电子商务和无线金融的快速发展。其最终将使用于公交、出租、轨道交通、高速公路、旅游、公用事业缴费、便民性服务等小额支付领域和其他众多消费领域，手机支付正全方位改变着人们的生活方式。

3. 妙购物联网动态安全支付

当前，电子商务欺诈事件和账号被盗事件的接连发生，亟待我们运用创新的安全防盗技术解决这一问题，以确保电子商务的安全运营，确保客户的信息安全和资金安全。互联网上信息泄露和账户资金被盗的主要原因在于：电子商务企业为了方便用户再次登录和简便操作流程，将消费者账号、密码、银行信息等自动存储于互联网公网后台。如此一来，黑客只要破解了后台密码，便可轻松地盗取用户信息资料，甚至账户资金。

为了从源头上解决这一问题，可以通过物联网改变现有用户信息存放环境和存取路径，营造安全保密新环境来解决。其原理是：首先将用户信息从互联网计算机内彻底抽离，单独存储于云端，这样即使黑客攻入用户计算机，也是一无所获。其次用户使用信息时通过CPU卡进行逻辑加密传输，对传输获取的用户信息，只读不存。读取时，动态密码，一读一密。黑客即使获取传输密钥，也无法再次有效使用。

这种以物联网技术为核心的安全支付模式，安全便捷。不仅可以如公交卡般实现“一拍即付”，也可以由多终端组成妙购物联网动态电子商务安全支付系统，用于智能商店、PC外挂、平板电脑、手机、机顶盒等，通过这些物联网智能安全支付终端，为消费者提供时尚便利、安全低碳的支付服务平台。据悉，到目前为止，采用妙购物联网安全支付电商系统，没有发生过类似网购资金被盗和用户信息泄露等问题，受到业界和用户的普遍好评。

妙购物联网智能化动态电子商务支付技术，自2008年推出并在妙购智能商店上首用至2010年取得了动画嵌入式智能商店发明专利证书；2010年10月，制定全球第一个智能商店质量标准；完成了技术研发，应用实践到标准制定的生态关联建设过程，获取了独有的专利技术和标准制定权，显示了物联网信息技术在电子商务安全支付上的独有优势。

针对网银和支付宝支付中的泄密问题，妙购通过软件与硬件无缝衔接的路径，与有关部门配合推出了“物联网安全支付感知平板电脑”。网民只要使用一张具有安全功能的网络身份证“CPU 卡”即可有效解决支付和信息泄密的安全问题。不仅能够简化安全支付操作，而且便于普及使用。为乐让安全支付走进平民百姓家庭，让更多消费者免费体验物联网安全支付带来的安全及便利，妙购启动了“送出 10 万台感知平板电脑”的安全支付进家庭活动。10 万台物联网感知平板电脑，将成为电子商务的安全门神。

8.3.4　物联网云物流

物流作为一个社会化服务系统，不仅只是提高货物运转效率的手段，还是有效配置资源，合理整合资源，科学地开发资源的有效手段。特别是随着绿色环保理念的发展和低碳经济的要求，一些崭新的快运物流模式和物流理念会随着物联网技术和云计算技术的整合应用而发展起来。其最有代表性的就是物联网云物流。

物联网云物流是一个崭新的物流新业态，是物联网技术、云计算技术在电子商务物流中的一种整合应用。所谓“云物流”，即通过在线的物流集成平台，整合分散的社会物流资源，建立庞大的物流资源池，实现基于订单的物流“揽单”和“交付”服务的集成。依靠大规模的云计算处理能力、标准的作业流程、灵活的业务覆盖、精确的环节控制、智能的决策支持及深入的信息共享来完成物流行业各环节所需要的信息化需求，能方便快捷地实现物流货品的分拣、调拨，安全、送达和周到的服务。

数据显示：未来四年全球云计算市场平均每年将增长 27%。云计算技术的触角伸向快运物流领域，将以超强的运算能力、管理能力、智能决策能力和跟进服务能力在快运服务领域显示出能量和风采。通过物联网技术的运用，可以使物流供应链进行过程监督和物品追踪，提升物流的动态管理能力。特别是：批量接单的提前备货，货品分拣中的有序核查，货品送达后的及时追访，包裹运行中的动态监控，车辆运行中的电子关锁运行监管，都将充分地显示物联网等新技术在快运物流领域应用后的威力和效能。将使物流服务质量得到全面提升，管控能力得到全面加强。

这种物联网云物流的好处是既可以动态查询快运物品的流向，又可以对物流主人寄送的物流标的物进行动态定位跟踪。物流的流向情况和流动数据存放于云端。物流公司和电子商务网站以及货主，都可以根据货单号进行查询，确保快递物品的有效跟踪和安全送达。

物联网云物流不仅可以对物流中的物品进行有效跟踪和快速查询，而且可以延伸到对电子商务物流中的在途车辆运行情况、运行路程、停留时间、油耗情况等进行全程、全面的管理和全过程监控。这就使电子商务的管理能力得到了扩展和延伸。

图 8-6 所示为运用物联网技术对运营在途的物流货品进行动态跟踪管理和动查询的数据图。

从图 8-6 可以清晰地地看出物流车队的行进路线、货物的在途流向情况。这就极大地提高了在途车辆和运输物品的运营管理能力。

需要指出的是：这章讲解的云物流这种新的服务业态，绝不是号召所有物流企业就可以盲目“入云”。一定要认识到：客户资源将是物流行业最重要的无形资产。加入“云物流”，一定要在安全的、有效的“私有云”信息保护模式的情况下，才可放心入云。看不到或不认识这一点，在没有得到对“私有云”信息安全进行充分保护的情况下，盲目入云，那将是十分危险的。

快递单号：76[illegible]20002XXXX 快递查询 如没结果请稍后查询 | 备用查询

日期	时间	跟踪记录
2012-03-20	19:43	天津和平一部 02216.800 已收件，进入公司分拣
	22:10	快件到达 天津中转部，正在分拣中，上一站是 天津和平一部
	22:17	快件离开 天津中转部，已发往 广州中转部
2012-03-22	21:39	快件到达 东莞中心，正在分拣中，上一站是 天津中转部
	21:40	快件离开 东莞中心，已发往 广州中心
2012-03-23	00:33	快件到达 广州中心，正在分拣中，上一站是 广州中心
	00:35	快件到达 广州中心，正在分拣中，上一站是 广州中心
	00:42	快件离开 广州中心，已发往 广州东山
	07:55	广州东山 朱会 正在派件---
	09:22	广州东山 刘海 正在派件---

图 8-6 运送中的快递物品动态查询图

小结

物联网对电子商务产业的作用，是物联网基础理论与电子商务实践紧密结合的一章。本章对世界及中国电子商务产业的介绍，目的在于帮助大家增强物联网对电子商务作用的理解。因此，本章后两个问题是学员把握的重点。课后习题中的 8 个问题，是应把握的重点和关键点。把握这些问题的核心在于“应用”。应紧紧把握物联网与电子商务结合的切入点，深入理解物联网和电子商务怎样结合才能产生经济效益。

习题

1. 完整地表述什么叫电子商务产业链。
2. 电子商务产业链有哪些明显特征？
3. 我国电子商务产业结构重构的特征是什么？当前有哪些主要的产业示范基地？
4. 物联网对推进电子商务诚信体系建设有什么作用？
5. 什么是妙购物联网安全支付？其原理是什么？
6. 什么是二维码？试述二维码应用的完整流程，并用自己的手机进行一次用二维码的比价购物。
7. 简述什么是云物流，云物流对电子商务有什么作用。
8. 为什么说在没有得到对“私有云”信息进行充分保护的情况下，就盲目入云，将是十分危险的？

第9章 物联网对物流产业的作用

学习要求：

- 掌握物流的概念、分类及作用；
- 理解物流产业概念、我国物流产业的现状；
- 理解感知物流、可追溯物流、企业智慧供应链的概念；
- 了解物联网对物流产业的促进作用。

学习内容：

本章主要介绍了物流产业概念，分析了我国和国外物流产业的现状，介绍了物联网在物流产业中的应用，即感知物流、可追溯物流、企业智慧供应链，介绍了物联网对物流产业的促进作用。

学习方法：

在掌握物联网产业基础内容后结合实际理解本章内容。

引例 ABB集团的物联网应用

ABB集团（Asea Brown Boveri Ltd）是电力和自动化技术领域的全球领导厂商，世界500强企业之一。ABB集团发明、制造了众多产品和技术，其中包括全球第一套三相输电系统、世界上第一台自冷式变压器、高压直流输电技术和第一台工业机器人，并率先将它们投入商业应用。

ABB在其芬兰赫尔辛基的工厂里采用RFID技术追踪每年外运的200 000件传动装置。在实施RFID技术技术之前，因为运输错误而导致公司无法收集拖欠资金，而采用纸笔记录、追踪货物的方式不可靠。为了提高货物运输的追踪能力、可靠地记录货物运输日期、减少物流和仓储任务外包的风险，ABB集团设计了一套RFID系统，替换现有的手工运输流程，减少货物外运的错误。

ABB集团在2006年开启实施RFID系统，2007年将这套系统引入生产线，2009年中期完成技术和现有SAP系统的集成。

ABB集团制造的变频器最小质量达15 kg，可装箱运输；最大的质量达400 kg，可货盘运输。当变频器完成制造，放置在箱子或货盘上时，工作人员将一张含EPC Gen 2 UHF嵌体的粘贴性打印标签贴在货盘或箱子上。变频器接着被装载到卡车或拖车上，短时间存放或立即运出。当货物经过装载台的固定门式阅读器时，RFID标签被读取。货物的信息在数据库中与卡车或拖车的ID码相对应，这样ABB了解每辆车的装载过程及其装载的货物。

如果工人在车辆上装载错误的产品，这套系统在门口产生一个错误警报，卡车装载不完整也会触发警报。

本资料来源于http://www.rfidinfo.com.cn/.

9.1 物流产业现状

物流是商品社会发展的基础，相比于物流产业发达的国家，我国在物流的费用和信息化程度方面还存在不足，制约了我国的商品流通。物流产业的发展除了依靠社会需求的推动、政府的政策支持之外，还必须有技术上的革新。

9.1.1 物流概念

物流活动是人类社会必需的活动之一，伴随着商品的生产、分配、交换和消费。例如，生产企业要购入原料进行生产，而原材料从产地到车间，要进行运输、储存、装卸、包装等物流活动。在电子商务出现之前，物流围绕着商流运行；电子商务出现之后，物流、商流、资金流依据信息流流转。

物流的定义是不断发展和演变的，在不同国家有不同的定义。根据中华人民共和国国家标准物流术语（GB/T 18354—2006）定义，物流是指物品从供应地向接收地的实体流动过程。根据实际需要，将运输、储存、装卸、搬运、包装、流通加工、配送、回收、信息处理等基本功能实施有机结合。运输是指用运输设备将物品从一地点向另一地点运送，其中包括集货、分配、搬运、中转、装入、卸下、分散等一系列操作，运输方式有公路运输、铁路运输、船舶运输、航空运输、管道运输等；储存是保护、管理、贮藏物品；装卸是指物品在指定地点以人力或机械装入运输设备或卸下；搬运是指在同一场所内，对物品进行水平移动为主的物流作业；包装是指为在流通过程中保护产品、方便储运、促进销售，按一定技术方法而采用的容器、材料及辅助物等的总体名称；流通加工是指物品在从生产地到使用地的过程中，根据需要施加包装、分割、计量、分拣、刷标志、拴标签、组装等简单作业的总称；配送是指在经济合理区域范围内，根据客户要求，对物品进行拣选、加工、包装、分割、组配等作业，并按时送达指定地点的物流活动；回收是逆向的物流活动，是将企业在生产、销售过程中产生的边角余料和废料等回收物品从需方返回到供方；信息处理就是对物流信息的接收、存储、转化、传送和发布等，可以使用信息管理系统对信息进行处理。

物流创造了空间价值和时间价值，空间价值是改变物品从供给者到需求者之间的空间差所创造的价值，其形式有：从集中生产空间到分散需求空间创造的价值、从分散生产空间到集中需求空间创造的价值、从甲地生产空间到乙地需求空间创造的价值；时间价值是改变从供给者到需求者之间的时间差所创造的价值，其形式有：缩短时间创造的价值、弥补时间差创造的价值、延长时间差创造的价值。在物流各环节中，运输改变了商品的空间状态，创造了空间价值；储存改变了商品的时间状态，创造了时间价值。

按照物流服务对象分类，可将物流分为社会物流和企业物流。社会物流是从社会角度出发，在社会环境中运行又服务于社会的物流活动，这种物流活动往往是由专业的物流公司承担；企业物流是从企业角度出发服务于企业的物流活动，这种物流活动可以是企业自营的，也可以是由专业的物流公司承担的。

按物流活动范围分类，物流分为供应物流、生产物流、销售物流、回收物流、废弃物流。供应物流是指为下游客户提供原材料、零部件或其他物品时所发生的物流活动，包括采购、运输、储存等活动及相应的管理活动，与企业的生产、财务等部门联系紧密。生产物流是制造企业在生产过程中，原材料、在制品、半成品、产成品等的物流活动。销售物流是生产企业、流通企业在出售商品过程中所发生的物流活动，与企业的销售系统配合，完成企业的销售任务，收集资金作为企业再生产的基础。回收物流是退货、返修物品和周转使用的包装容器等从需方返回供方所引发的物流活动，回收物流是逆向物流的一部分，实现了将消费者不再需要的废弃物运回生产领域重新加工变为商品的部分任务。废弃物流是将经济活动中失去原有使用价值的物品，根据实际需要进行收集、分类、加工、包装、搬运、储存等，并分送到专门处理场所的物流活动。

按照物流活动空间分类，可以将物流分为地区物流、国内物流和国际物流。地区物流的活动空间小，是根据行政区或处理位置划分的一定区域内的物流，研究地区物流是为了提高地区的物流活动效率，保障当地居民的生活和环境。国内物流是以国家领地作为活动空间的，是为国家整体利益服务的。国际物流是指在两个及两个以上国家之间进行的物流活动，受到各国物流环境差异的制约。

9.1.2 物流产业概念

物流产业的概念有三层，一是物流产业的基础，即物流资源及资源的相关产业，物流资源包括运输、仓储、装卸、搬运、包装、流通加工、配送、信息平台等，与这些资源相关的产业包括运输业、仓储业、信息业等；二是对这些产业的聚合，物流产业整合了运输业、仓储业等产业；三是物流产业是为其他产业提供物流服务的，物流产业广泛应用于制造业、农业、流通业等产业，因此物流产业归属于第三产业。

物流产业是指以物流资源及物流相关活动为内容的营利性事业，是将物流资源产业化而形成的复合型或聚合型产业。

物流产业涉及的是专业化与社会化的物流活动或物流业务，物流产业的业务内容是组织与组织之间的有关物流或者各种物流支援活动的交易活动，而不是组织内部的物流活动或物流业务。例如，不论是生产企业还是流通企业，都存在大量的物流活动或物流业务，但是这些物流活动或物流业务本身不是物流产业，只有将这些物流活动或物流业务独立化、社会化为一种经营业务，才能称其为物流产业。

物流企业是物流产业的微观主体，而物流产业是物流企业的宏观集合。

9.1.3 国外物流产业的现状

1. 美国物流产业现状

美国是最早发展物流产业的国家之一。早在 1901 年，J.F.Growell 在“关于农产品的配送”报告中，就论述了对农产品配送成本产生影响的各种因素。1941—1945 年第二次世界大战期间，美国军事后勤活动的组织为人们对物流业的认识提供了重要的实证依据，推动了战后对物流活动的研究以及实业界对物流业的重视。1946 年，美国正式成立了全美输送物流协会（American Society of Traffic Logistics），这是美国第一个对专业输送者进行考查和认证的组织。

据 2009 年统计，美国物流产业的规模约为 9 000 亿美元，几乎为高技术产业的 2 倍之多，占美国国内生产总值的 10%以上。1996 年，美国物流产业合同金额为 342 亿美元，并在此后 3 年以年平均 23%的速度增长；在 1996—2000 年间，物流产业压减了 500 多亿美元，分摊到美国公司每年支出的库存利息有 40 多亿美元，支付的税金、折旧费、贬值损失及保险费用有 80 多亿美元，仓库费用有 20 多亿美元；整个物流业活动占制成品成本的 15%～20%。

美国是西方资本主义国家中唯一长期实行运输、仓储等物流业私有化的国家，其物流系统的各组成部分居世界领先地位，以配送中心、速递等最为突出。

美国物流管理以整体利益为出发点，联邦层次的管理机构主要有各种管制委员会，其中洲际商务委员会负责铁路、公路和内河运输的合理运用与协调，联邦海运委员会负责国内沿海和远洋运输，联邦能源委员会负责洲际石油和天然气管道运输，而联邦法院则负责宪法及运输管制法律的解释、执行、判决和复查各管制委员会的决定，各有关行政部门，如交通部、商务部、能源部和国防部等负责运输管理的有关行政事务。立法机构是总的运输政策颁布者、各管制机构的设立和授权者，它们和州级相应机构一起，构成美国物流市场的管理机构体系。

美国政府不断通过政府政策引导，确定现代物流业发展的战略目标。美国政府在 1999 年制定了直到 2025 年的《美国运输科技发展战略》，在该规划中分析了未来物流的趋势：人口的老龄化、全球经济一体化、城市化和机动化、运输系统的安全性和国防以及科技发展的趋势。提出了美国运输系统的发展目标是：建立一个运输范围通达全球、运输方式彼此协调、以智能化为特征并在环境上友善的运输系统。提出了美国未来 25 年内发展科技要达到的目标：改善运输系统的安全性、提高运输系统的机动性、促进国家经济增长和贸易发展、改善人们的居住环境和生态环境、保障国防。

运输科技发展的战略由 4 层规划构成：

（1）战略性规划和评估：开展研究确定交通发展的趋势和目标，明确科技发展动向。

（2）联合攻关计划：提出了 13 项重大科研合作计划（如国家智能基础设施计划等），这些计划要通过运输部和多个政府部门（如国防部、能源部等）、学术结构等的联合协作才能完成。

（3）支持研究计划：以运输部为主开展长期基础性研究和风险研究，如开展人体行为学研究和开发高性能材料等，共提出了 7 项重大研究计划。

（4）交通教育和培训计划：其目的是在全社会推广交通理念和培养跨世纪交通人才，共选择了开展职业培训等 4 项重点计划。

2. 日本物流产业现状

日本自 1956 年从美国全面引进现代物流管理理念后，大力进行本国物流现代化建设，将物流运输业改革为国民经济中最为重要的核心课题予以研究和发展。

日本政府在 1997 年出台了《综合物流施政大纲》，该大纲是日本第一部系统的物流政策，制定了发展物流业的政策措施。该政策的基本目标是到 2001 年，在日本国内进一步完善物流基础设施建设，实现国际水平的物流运作。具体提出了三项目标：

（1）提供亚太地区最方便和有竞争力的服务；

（2）降低物流成本，使其不妨碍产业的竞争力；

（3）建立能够应对与物流相关的能源、环境及交通安全等问题的物流系统。

实现上述三项基本目标，政府还设定了政策实施方面的 3 个原则：

（1）以相互合作为基础的综合性施政方式；

（2）满足客户多样化需求；

（3）促进竞争，搞活市场。在这三项原则指导下，在物流的各个领域进一步设立了努力目标，包括政策实施中的一些具体目标值。例如，货物的托盘使用率、临时停留场所的滞留时间等关键性控制值。

日本政府在 2001 年在检验了《综合物流施政大纲》的实施效果的基础上制定了《新综合物流施政大纲》，对 1997 年的物流政策确定的 3 个目标进行了评价，认为：在提供亚太地区服务方面成效不显著；物流成本的降低有限；虽然完善了物流的硬件和软件设施，但又面临消减大气污染物排放、构建循环型社会的新问题。新大纲的物流政策在目标上更集中，政策的保障体系更全面。

日本政府在 2005 年又修订了物流政策，该政策以恳谈会报告的形式传达了新的政策意向。该政策提出消减企业成本、专注核心业务的要求；与电子商务结合的要求；解决社会性课题的要求。

目前，日本的物流处于世界领先水平，具体体现在：

1）物流效率总体水平高

日本物流成本与 GDP 的比率一直处于世界较低水平且持续下降，目前平均约为 7%，其原因在于日本物流企业的管理、仓储、运输的物流成本比率长期处于较低水平。

2）第三方物流发达

第三方物流企业更加注重满足客户追求的物流运作全过程的效率，更加专业化。日本的第三方物流以满足客户需求为出发点和落脚点，追求“在正确的时间、以正确的数量、用正确的价格、采用正确的方式、把正确的产品或服务送到正确地点的正确客户手中”，为客户提供“一站式”综合物流服务。

日本的物流运作正在朝专业化方向发展，很多制造型企业为了强化自身的物流管理，降低物流活动总成本，开始将企业的物流职能从其生产职能中剥离开，成立专业子公司或通过第三方物流企业来提供专门的物流服务，为此一大批物流子公司和专业物流公司应运而生，逐步形成物流产业。

3）物流管理方式不断创新

零库存生产的管理方式就是来源于日本企业在物流管理中的创新，进而应用到全世界。零库存管理从最初的一种减少库存水平的方法，发展成为内涵丰富，包括特定知识、技术、方法的管理哲学，如 Dell 计算机公司运用直销模式以实现产成品的零库存，通过“供应商管理库存”的方式，实现原材料的零库存管理。

早在 1989 年，零库存管理方式已经在日本制造业中被广泛应用，日本丰田汽车公司是最大受益者，而美国的企业此时才开始逐步了解并认识了零库存管理理论。经过几十年的发展，零库存管理在日本已经拥有了供、产、销的集团化作业团队，形成了以零库存管理为核心的供应链体系。

3. 欧洲物流产业现状

欧洲是引进“物流”概念较早的地区之一，也是较早将现代技术用于物流管理的区域之一。欧盟的成立促进了欧洲各国在贸易、运输、关税、货币等物流各环节的统一，欧洲各国实施了打破垄断、放松管束等政策措施，使货物在欧洲各国自由流通、公平竞争，欧洲保持了物流产业的发展。

欧洲各国的物流管理体制基本采用的是政府监督控制、企业自主经营的市场运作模式。

德国物流产业在整个欧洲物流产业处于领先地位，具体体现在：

1）德国物流业的产值高

例如，在 2006 年，德国物流业产值高达 1 700 亿欧元，占全德 GDP 总额的 7.5%，比欧洲的主要竞争对手法国和英国高出 50%以上，几乎是意大利、西班牙、荷兰三国的总和。在德国物流业的产值中，运输业务所占份额为 44%，排在首位，此后依次是物流管理和控制业务（30%）、仓储和货物搬运业务（约 26%）。

2）德国的物流技术领先

德国物流技术的开发和应用均居世界领先地位。德国条形码识别软件系统在全球范围内被广为采用；德企业开发的 EIR、AIM 等物流信息系统极大地提高了物流环节的工作效率；德国的吊装技术较为先进，整件吊装能力达 1 250t。

德国物流产业领先的原因在于：

1）地理优势

德国位于欧盟的地理中心，是该地区最重要的货物转运地。随着 2004 年欧盟开始的大规模东扩，德国的地理中心地位得到加强，特别是今年初罗马尼亚和保加利亚加盟后，欧盟的地理中心东移 115 公里至法兰克福以东 42 公里处的 Merrholz 村。目前，欧盟约一半的人口生活在德国周边 500 公里范围之内。

2）经济实力强大

从近 10 年的数据看，德国的国内生产总值 2000—2007 年都位列世界第三，2008—2010 年由于中国的冲击而位居第四，而在欧洲的排名一直处于第一。经济活动的进行需要有物流产业作为支撑，经济实力的大小在一定程度上决定了物流水平的高低。

3）德国基础设施完善

德国拥有全欧最密集的运输网络，公路和铁路密度均为欧洲平均水平的两倍。德国各大城市都建有物流园，平均规模约 140 万平方米，将陆运（铁路、公路）和水运（内河航运）两大系统有机地结合了起来。

4）德国物流业技术劳动力竞争力强

2009 年，德国共有 6 万家物流企业，从业人数达 250 万，占全德就业人口的 8%。据预测，与物流有关的就业岗位在未来将继续增加，物流业是仍在创造新就业机会的行业。此外，相当比例的技术劳动力接受过高等教育，95%的工人具备基本的外语技能，对于从事国际业务的物流业而言是其最大的竞争优势。但是，该行业的劳动力成本并未相应提高。如将生产力因素考虑进去，物流业大部分业务部门的劳动力单位成本与欧盟 25 国平均水平接近，甚至低于欧洲最大的两个竞争对手法国和英国的水平。

5）政府的大力支持

德国对物流理论和技术的研究及应用十分重视，政府对科研机构给予资助，推动科研机构与企业的合作，来促进科研成果的应用，使该行业获得全球竞争优势；为适应物流全球化的发展趋势，德国政府针对基础设施及装备制定基础性和通用性标准，针对安全和环境制定强制性标准，支持行业协会对各种物流作业和服务制定相关行业标准，并制定物流用语标准、物流从业人员资格标准等，保证物流活动的顺利进行；德国政府采取多种措施推动物流教育的发展；德国政府对物流业发展做出全面规划，根据发展需要建设公路、铁路和港口等基础设施，协调各种运输方式形成综合网络；德国政府不断对通信、信息等技术领域增加投资，并通过建造新的货物转运站和新型物流中心，进一步提高物流效率，加快物流进程；德国政府通过建立产业园区促进了物流业的发展，带动所在城市的经济发展，增加了当地的就业和政府税收，促使城市货运更为有序，缓解了城市道路交通；德国政府通过督导物流企业改革运输、储存、包装、装卸、流通加工和管理等物流环节以及其他系统性的工作，努力降低环境污染、减少资源消耗，从而实现绿色物流的目标。

9.1.4 我国物流产业现状

相比于物流发达国家，我国物流行业起步较晚，其发展于20世纪80年代末期。早期的专业化物流企业是由传统运输、储运及批发贸易企业转变而来的，其依托于原有的物流业务基础和在客户、设施、经营网络等方面的优势，通过不断拓展和延伸物流服务，逐步向现代物流企业转化。随着我国国内市场逐步开放，尤其是加入WTO以后，国际物流公司也逐渐涌入进来，它们一方面为原有客户进入我国市场提供延伸物流活动，另一方面针对我国企业提供专业化物流服务。现代的自动化、信息等技术及经营理念的应用导致了新兴的专业化物流企业出现及发展壮大，它们依靠先进的经营理念、多样化的服务手段、科学的管理模式在竞争中赢得了市场地位。

物流企业的竞争、国内市场开放、经济腾飞使社会物流总额飞速增长，近10年来每年保持较高的增长率，如表9-1所示。

表9-1 社会物流总额增长率

年 份	工业品	农产品	进口货物	再生资源	单位与居民物品	合计
2000	0.23	0.05	0.36	0.11	0.18	0.23
2001	0.15	0.07	0.08	0.11	0.09	0.14
2002	0.20	0.07	0.21	0.11	0.05	0.20
2003	0.27	0.03	0.40	0.11	0.42	0.27
2004	0.30	0.06	0.36	0.11	0.02	0.29
2005	0.27	0.06	0.16	0.16	0.08	0.26
2006	0.25	0.06	0.17	0.16	0.17	0.24
2007	0.28	0.17	0.15	0.18	1.05	0.26
2008	0.21	0.18	0.08	0.04	1.84	0.20
2009	0.09	0.04	-0.13	0.12	0.16	0.07
2010	0.29	0.15	0.38	0.57	0.21	0.30

数据来源：中国第三产业统计年鉴2011

我国物流产业在近20年来取得了长足的进步，具体体现在：

1）物流主要设施不断完善

物流基础设施是进行物流活动和作业的必备的物质基础，是指在供应链的整体服务功能上和供应链的某些环节上，满足物流组织与管理需要的、具有综合或单一功能的场所或组织的统称，主要包括公路、铁路、港口、机场、流通中心以及网络通信基础等。我国的物流基础设施建设取得了很大进步，为我国物流产业的发展提供了基本条件。例如，我国近10年物流的主要设施，如表9-2所示。

2）投资不断增加

对物流产业的投资是物流产业不断提升的动力，现代物流投资采用“政府引导、多方参与、政策配套、方式多样”的模式。我国物流投资呈现急速增长的态势，如图9-1所示。

表 9-2　物流主要设施情况

年份	铁路里程/万公里	公路里程/万公里	内河航道里程/万公里	民用航空航线里程/万公里	输油（气）管道里程/万公里	民用货运汽车拥有量/万辆	民用货运汽车吨位/万吨位	民用运输船舶拥有量/艘	铁路货车拥有量/辆
2000	6.87	140.27	11.93	150.29	2.47	716.32	2889.22	22 9676	443902
2001	7.01	169.80	12.15	155.36	2.76	765.24	3 056.67	21 0786	453 620
2002	7.19	176.52	12.16	163.77	2.98	812.22	3 244.33	20 2977	459 017
2003	7.30	180.98	12.40	174.95	3.26	853.51	3 405.50	20 4270	510 327
2004	7.44	187.07	12.33	175.00	3.82	893.00	3 563.42	21 0700	528 005
2005	7.54	193.05	12.30	199.90	4.40	955.50	3 866.86	20 7294	548 368
2006	7.70	345.70	12.34	211.35	4.96	980.30		19 4360	564 899
2007	7.80	358.40	12.30	234.30	5.56	1 054.06		19 1771	577 521
2008	8.00	373.00	12.30	246.20	5.83	1 126.10		18 4190	588 519
2009	8.55	386.08	12.37	234.51	6.90	1 368.60		17 6932	603 082
2010	9.12	400.82	12.42	276.51	7.85	1 597.60		17 8407	622 284

数据来源：中国第三产业统计年鉴 2011

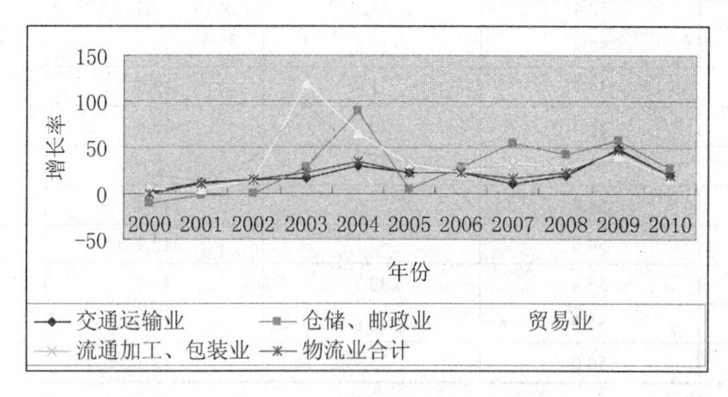

图 9-1　物流产业固定资产投资额增长情况

尽管物流产业取得了巨大的进步，但由于起步晚、起点低，仍然存在许多问题，具体表现在：

1）物流总费用占 GDP 的比率较高

物流总费用占 GDP 的比率是衡量物流水平高低的指标之一，该比率高则说明物流水平较低，效率较差。虽然我国的物流费用占 GDP 的比率从 1991 年的 24%降到了 2009 年的 18.1%，但是相比于美国，差距还是很大，如图 9-2 所示。

导致物流总费用高的因素很多，其中管理费用高这个问题较为突出，如表 9-3 所示。

2）信息化程度较低

物流信息化建设有 3 个层次：一是以内部整合资源和流程为目的的信息采集和交换，其主要目标是通畅、低成本、标准化；二是通过与客户的信息系统对接，形成以供应链为基础的，高效、快捷、便利的信息平台，使信息化成为提高整个供应链效率和竞争能力的关键工具；三是以优化决策为目的的信息加工、挖掘，把信息变为知识，为决策提供依据。

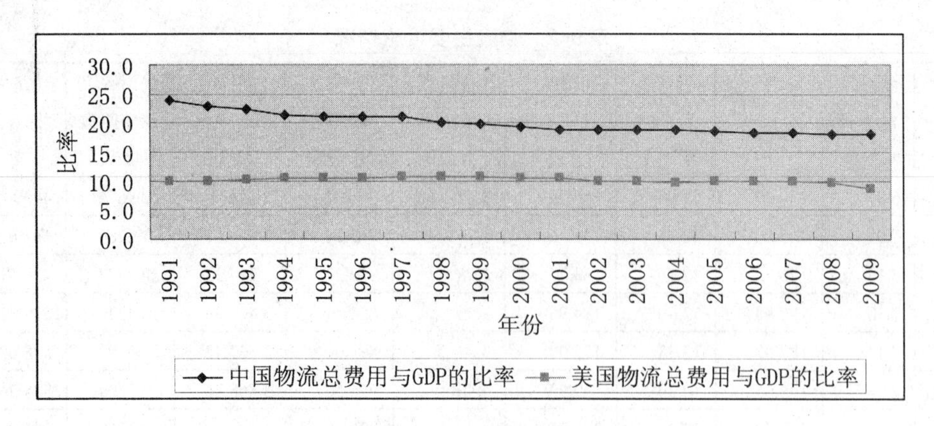

图 9-2 中国与美国物流费用与 GDP 比率的比较

表 9-3 2000—2010 年社会物流总额及构成

年　份	运输费用%	保管费用%	管理费用%	合计亿元
2000	52.4	31.1	16.6	171 427
2001	52.4	31.3	16.2	195 442
2002	52.8	32.0	15.2	233 597
2003	54.7	31.4	13.9	296 595
2004	56.4	29.9	13.6	383 829
2005	55.0	31.4	13.6	481 983
2006	54.4	32.6	13.0	595 976
2007	54.0	33.1	12.9	752 283
2008	55.4	32.7	11.9	899 793
2009	55.3	32.8	11.9	966 538
2010	54.0	33.9	12.1	1254 130

数据来源：中国第三产业统计年鉴 2011

物流信息化建设能降低物流成本，影响物流业务流程重组，促使物流标准化，对于物流企业形成核心竞争力有重要意义。

我国物流产业信息化程度低主要体现在：信息管理和技术手段落后，采用 RFID、GIS、GPS、ERP 等技术和管理的企业较少且应用层次低；缺乏必要的公共物流信息交流平台；物流信息化外部延伸不足；物流信息化技术研发存在短板。

例如，2009 年我国的物流企业中，仅有 50%的企业拥有物流信息系统，绝大多数物流企业尚不具备运用现代信息技术处理物流信息的能力。在拥有信息系统的物流服务企业中，其信息系统的业务功能和系统功能还不完善，物流信息资源的整合能力尚未形成，缺乏必要的远程通信能力和决策功能。

此外，物流产业还存在社会化物流需求不足和专业化物流供给能力不足，“大而全”、“小而全”的企业物流运作模式还相当普遍；物流基础设施能力还不足，尚未建立布局合理、衔接顺畅、能力充分、高效便捷的交通运输体系；地方封锁和行业垄断对资源整合一体化运作形成障碍；物流人才的培养还不能满足需求；物流服务的组织化和集约化程度还不高。

将物联网技术引进物流产业中可以在一定程度上解决物流产业现在所面临的问题，并且物联网技术已经部分应用于物流中。

9.2　物流产业中的物联网应用

物流产业是应用物联网最早的产业之一，也是目前应用物联网的主要产业。感知物流、可追溯系统、智慧供应链等物联网应用技术的出现，提升了物流产业的效率，保证了物流产业的极大发展。

9.2.1　感知物流

感知物流是指在广泛运用了物联网技术平台的基础上，采用先进的信息采集和处理技术，对信息流通和管理进行提高和改进，从而完成包括运输、仓储、配送、包装、装卸等多项基本物流活动。

感知物流在货物从供应者向需求者移动的整个过程中，为供方提供最大化的利润，为需方提供最佳服务，同时减少自然资源和社会资源的消耗，最大程度地发挥整体智能社会物流管理体系的效益。

感知物流总体架构（见图 9-3）由物理层、网络层、感知层和应用层组成，如图 9-3 所示。物理层包括物料、物流设备、自动化立体仓库、周转箱、托盘、RFID 芯片、条码、安全卡、智能卡等，它们是感知物流的实物基础，参与从原材料采购到产成品配送到客户手中的物流活动过程；感知层包括传感器、光电设备、读写头、RFID、IP 摄像头等，通过感知设备获取物流信息；网络层通过 Internet、电信网传输实时感知层获取的物流以及相关的资金流、信息流等；应用层将信息集成在各系统中，供应商和客户通过各系统获取或发布信息。

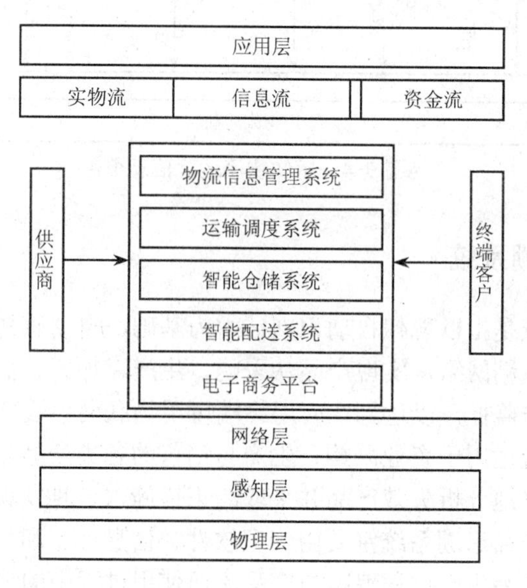

图 9-3　感知物流总体架构

感知物流的运营以业务运营信息为支撑，将物联网应用于物流供应链上，包括原材料的采购供应、商品的生产制造到运输、仓储、配送服务以及使用维护过程中的信息采集与智能处理，感知物流运营信息覆盖如图 9-4 所示。

感知物流在食品、药品等行业的物流中已经得以应用，由于在食品和药品运输中往往采用冷链物流，对于温度的监测和控制要求较高。采用物联网技术可以随时随地了解货物在途情况，采取预警措施。

以快餐业的吉野家为例，为了保证食材的新鲜，吉野家装备了 NEC 为其量身定做的 RFID 无线射频识别冷链温度监控系统。当食材存放在仓库中时，吉野家可以通过 RFID 时时观测记录食材保温箱的温度信息。同时，RFID 冷链温度监控系统很好地覆盖了整个全程冷藏车运输系统，运输过程中，保温箱上的 RFID 温度标签不仅记录着食材温度的变化，还会通过安装在每台运输车顶部的 GPRS 无线传输系统将温度数据实时传送到吉野家总部的管理系统中，这样一来工作人员足不出户就能够得到食材实时的温度情况。一旦出现温度异常，系统就会自动报警，司机在出现温度异常的第一时间就能采取措施，从而避免了因人为疏忽导致的冷链风险。同样基于对于食材新鲜方面的要求，并且为保证各家餐厅的各种食材按需配送，避免食材浪费或供应不足，基本上实现各个餐厅的食材配送“按需分配”，吉野家总部、餐厅以及仓库之间通过 NEC 的 WMS 仓储物流管理系统，可以随时观测食材供求，实现无障碍沟通，实现批次、货位和温度管理的完美结合，大大降低了运营成本。

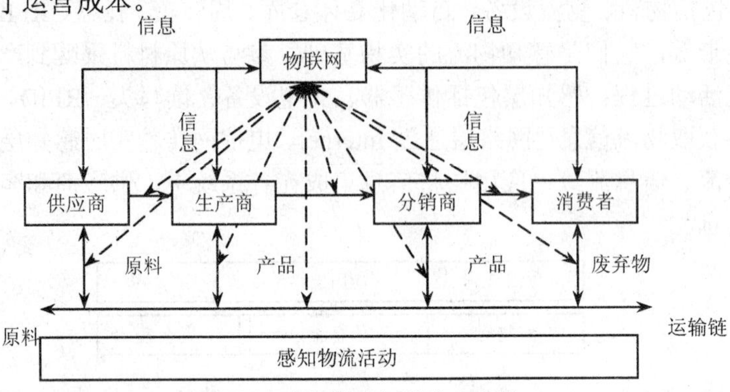

图 9-4　感知物流运营信息覆盖

9.2.2　产品可追溯系统

产品可追溯系统是指以现代自动识别技术为基础，自动感知、记录产品的历史生产过程，将信息融入追溯网络，实现产品从采购、生产、加工、储存、包装、流通、配送等过程的全程记录与监控，以达到在应用终端可用物联网手段随时联网追溯。

产品可追溯系统适用于企业采购、生产与销售的各类产品，可防止在生产过程中混淆和误用物料，更好地分析失效产品并采取纠正措施，一旦发现问题，马上实施必要的产品召回和追溯。产品追溯系统主要由管理软件、信息标签和信息采集器构成，主要应用于原材料追踪、产品生产过程追踪与产品流通使用过程中的追踪。

产品可追溯系统主要采用自动识别技术、网络技术及信息处理技术，如图 9-5 所示。

在产品的生产阶段，给生产的商品贴上 RFID 标签， RFID 标签定时对产品的某些属性进行采样，将采样得到的数据通过网络传输到信息系统平台上，如在养殖业中，可以采集动物的体温、心跳频率等指标，通过 RFID 阅读器获取采集的指标数据，经过网络传输到远方的服务器上，集成到历史数据库中。在包装、运输、经销、零售阶段继续采集相关数据存放在信息系统中。消费者得到产品后，使用 RFID 阅读器阅读标签后，可以在手机或计算机中查询产品的一系列数据。如果在某个过程中出现质量安全问题，可以通过数据查询发现在哪个阶段出现问题。图 9-5 所示为产品追溯系统示意图。

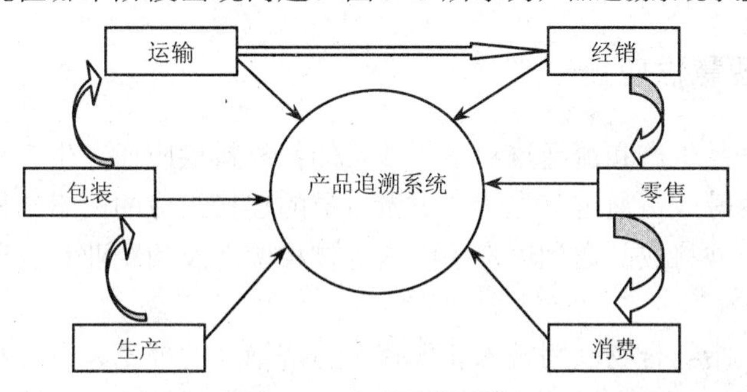

图 9-5　产品追溯系统

产品追溯系统源于食品安全危机，是为了对食品安全进行有效监管而引发的科技创新。

加拿大强制性的牛标识制度 2002 年 7 月 1 日正式生效，要求所有的牛采用 29 种经过认证的条形码、塑料悬挂耳标或两个电子纽扣耳标来标识初始牛群。

日本政府通过立法，要求肉牛业实施强制性的零售点到农场的追溯系统，系统允许消费者通过互联网输入包装盒上的牛身份号码，获取他们所购买的牛肉的原始生产信息，该法规要求日本肉品加工者在屠宰时采集并保存每头家畜的 DNA 样本。

荷兰建立了禽与蛋商品理事会的综合质量系统（IKB），在 IKB 范围内的所有涉及禽肉和禽蛋生产、加工和销售的部门都必须为其业务操作方式提供保证，每一条生产链各自都有专门的 IKB 规章制度，对所有情况进行书面记录。参加 IKB 的畜牧场只准使用来自于 GMP（认证的供应商和动物饲料良好生产操作规范）的饲料且只准聘用认可的兽医师。兽医师应根据 GVP（良好兽医操作规范）指南开展工作。屠宰厂则必须把 GHP（良好卫生操作规范）标准与有关转运中动物福利特别条款结合起来。

英国政府建立了基于互联网的家畜跟踪系统（CTS），这套家畜跟踪系统是家畜辨识与注册综合系统的四要素之一。在 CTS 系统中，与家畜相关的饲养记录都被政府记录下来，以便这些家畜可以随时被追踪定位。家畜辨识与注册综合系统的四要素是：标牌、农场记录、身份证、家畜跟踪系统。

我国《食品安全法》明确规定企业必须建立质量安全追溯体系，其中包括食品原料、食品添加剂、食品相关产品的进货查验记录制度与食品出厂检验记录制度。商务部、财政部于 2009 年 5 月启动了“放心肉”服务体系建设，选择北京、上海、江苏、福建、山东、湖北、四川、青岛、厦门和广州作为试点，建设屠宰监管和肉品质量信息可追溯系统。通过建立追溯系统，让消费者在菜市场和超市购买肉品时，通过电子称上打印的电子标签和查询终端，查询到所购买肉品的生猪来源、加工企业、生产日期，以及检疫检验、流通环节、经营者等信息。

产品可追溯系统不仅应用于食品行业，也应用于医药行业和其他危及人身安全的行业。例如，2007 年底，国家质检总局和商务部、工商总局联合发出《关于贯彻〈国务院关于加强食品等产品安全监督管理的特别规定〉实施产品质量电子监管的通知》，要求从 2008 年 7 月 1 日起，食品、家用电器、人造板、电线电缆、农资、燃气用具、劳动防护用品、电热毯、化妆品 9 大类 69 种产品要加贴电子监管码才能生产和销售。

9.2.3 企业的智慧供应链

供应链是指产品生产和流通过程中所涉及的原材料供应商、生产商、分销商、零售商以及最终消费者等成员通过与上游、下游成员的连接组成的网络结构。也即是由物料获取、物料加工，并将成品送到用户手中这一过程所涉及的企业和企业部门组成的一个网络。

智慧供应链是指结合物联网技术和现代供应链管理的理论、方法和技术，在企业中和企业间构建的，实现供应链的智能化、网络化和自动化的技术与管理综合集成系统。

智慧供应链与传统供应链相比，具有以下特点：

（1）技术的渗透性更强。在智慧供应链的环境下，供应链管理和运营者会系统地主动吸收包括物联网、互联网、人工智能等在内的各种现代技术，主动使管理过程适应引入新技术带来的变化。

（2）智慧供应链与传统供应链相比，可视化、移动化特征更加明显。智慧供应链更倾向于使用可视化的手段来表现数据，采用移动化的手段来访问数据。

（3）智慧供应链与传统供应链相比，更人性化。在主动吸收物联网、互联网、人工智能等技术的同时，智慧供应链更加系统地考虑问题，考虑人机系统的协调性，实现人性化的技术和管理系统。

随着中国经济全球化，企业管理扁平化，企业供应链管理变得越来越复杂，越来越动态，竞争方式也由单一企业的对抗转变为供应链与供应链之间的竞争，供应链管理对企业发展的重要性与日俱增。

在当前环境下，中国企业的供应链管理主要面临着成本控制、供应链可视、风险管理、客户要求增加和全球化 5 个方面的挑战。为应对挑战，企业需要对自己的供应链进行智慧化。

9.2.4 物联网在行业物流中的应用

行业物流是指在一个行业内部发生的物流活动，在一般情况下，同一行业的各个企业往往在经营上是竞争对手，但为了共同的利益，在物流领域中却又常常互相协作，共同促进物流系统的合理化。此外，不同行业对于物流系统的要求不同，如药品对于温度的要求较高，医药行业的物流系统往往要求采用冷链运输，而且对温度要进行实施监控，以保证药品质量。不同行业物流系统对物联网的需求迫切程度不同。

以石化行业为例，在传统的成品油提货管理中，自有配送业务首先由物流中心在ERP系统中生成预留单，打印提油单后由司机前往油库提油。如果发生调整或者增加配送任务，则司机必须先到配送中心去领取任务单，之后到油库提油配送；直销批发客户则需要先在系统中下订单，打印提油单后交给客户到油库提油。这种管理方式需要花费时间在单据的转移上，此外，由于部分产品属于危险化学品（如易燃易爆品、有毒化学品等），运输时需要由石化企业自备运输车辆，这些车辆要在国铁编组站重新编组发行，运输效率低，物流成本高。

对于单据转移业务，采用物联网后，实现了电子提单管理功能。由RFID自动感知信息，将信息集成进ERP系统，实现了业务处理和安全管理。电子提单的应用简化了司机在新增、调整、删除配送单据时往返开票点的业务流程；减少了销售企业单据传递的环节，节省了配送成本，提高了工作效率。系统采用成熟的软硬件加密技术，在企业内部封闭运行，增强了业务交易的安全性，避免了伪造提单带来的经济损失。

利用电子提单，简化了单据转移操作。集成了支付系统后，实现了验单、发货、支付流程的自动化操作。尤其是将信息接入互联网中，客户可以进行网上查询、对账等业务，提高了客户满意度。

对于危险化工产品的运输，在实际运行中，铁路车号自动识别系统（ATIS）能够自动扫描车辆车号，并通过电子、射频、信号处理、软件等技术手段，传输和处理信号，自动识别列车辆序、车种、车型、车号等信息，为铁路运输管理信息系统（TMIS）和铁路车辆管理等信息系统提供检测数据。定位模块依托移动互联技术、3G网络、移动代理服务技术以及北斗卫星导航技术，实现实时监控及数据传输，并采用优化技术实现数据的分析及处理。为了保证安全性，系统采用网络边界防护、网络内主机防护、存储传输数据加密和保护、网络访问行为管理、整体网络服务质量提升以及安全审计等方式，实现了系统多层网络及数据的安全。

通过系统对运输中的行驶历程、行驶速度、停车记录等信息的统计分析，测算发到时间之间的车辆行驶公里数，实时与客户经理互动，使调度人员能够最大限度利用自备车资源，提高周转率，跟踪在途产品，降低经营风险。

9.3　物联网带来的物流产业发展

1．物联网的应用促进电子商务和物流的协调发展

电子商务是电子和商务的结合，根据全球信息基础设施委员会（GIIC）电子商务工作委员会报告草案定义“电子商务是运用电子通信作为手段的经济活动，通过这种方式人们可以对带有经济价值的产品和服务进行宣传、购买和结算。这种交易的方式不受地理位置、资金多少或零售渠道的所有权影响，公有私有企业、公司、政府组织、各种社会团体、一般公民、企业家都能自由地参加广泛的经济活动，其中包括农业、林业、渔业、工业、私营和政府的服务业。电子商务能使产品在世界范围内交易并向消费者提供多种多样的选择”。

电子商务集成了信息流、物流、商流、资金流。电子商务提供了广告宣传、咨询洽谈、网上订购、网上支付、电子账户、服务传递、意见征询、交易管理等各项功能。电子商务已经在企业中广泛应用，是企业宣传、销售、服务的重要手段。电子商务发展迅速，2008 年中国的电子商务交易额达到 3.1 万亿元人民币，2009 年中国的电子商务交易额达到 3.8 万亿元人民币，2010 年中国电子商务交易额达 4.5 万亿。

物流是电子商务的短板，如在 1999 年举办的首届 72 小时网络生存测试中，物流服务速度慢且费用高，甚至达到运送 140 元的书籍收 70 元的运费。经过十几年发展，物流水平已经极大提高，但仍然存在缺陷，如过节时订单堆积，货物迟迟不能到达客户手中。

物联网的应用促进了电子商务和物流的协调发展，通过 RFID、GPS、GIS 等物联网技术，实现电子商务平台订单的实时更新，物流信息的动态显示、查询，促进企业及其客户、合作伙伴的联系，建立了稳定的供应链。具体表现在：

（1）信息管理：物流供应链的运动离不开信息的传递与反馈，电子商务平台提供了企业信息建设及日常信息的接收、存储、处理、发送等，缩短了物流供应链的响应时间，提高了物流效率。反过来，物流供应链的快速变化为电子商务平台的信息更新提供了时间保障。通过物联网，电子商务平台可实时收集物流信息，保障物流供应链的平稳运行。

（2）合理规划运力计划：通过电子商务平台，掌握各种货物的运输需求整合和运输路线优化。传统运输规划采用线性规划法，求出多点运输中点与点的最小路径，考虑车辆在各个客户点间巡回访问的次数。采用物联网，掌握客户对运力的即时需求、整合需求，合理规划运输车辆的类型、数量。采用物联网，动态掌握运送线路的即时信息，避免交通堵塞，优化运输线路。

2. 物联网的应用加速物流精益化

精益物流是起源于日本丰田汽车公司的一种物流管理思想，其核心是追求消灭包括库存在内的一切浪费，并围绕此目标发展的一系列具体方法。

物联网的应用将使这一思想成为现实，当接到订单的一刹那，企业中所有与这个订单有关系的部门和个人，都能够在物流流程明确分工的环节下同步行动起来，从而实现同步流程、同步送达，从而创造无中断、无绕道、无等待、无回流的增值活动流；及时创造由顾客需求拉动的价值；不断消除浪费，追求完善。

应用物联网技术，物流企业可以实时对货物进行监控，防止货物损坏；物流企业可以及时进行资源整合，防止空车行驶损耗、货物配载不合理等浪费现象发生；加速货物流转，避免人等货、货等人；信息共享，客户参与到物流中，随时获得货物信息，增加客户满意度。

3. 促进物流服务创新

物联网技术的应用可以帮助物流企业根据客户的需求与内外部环境制定出相应的个性化的物流解决方案，在满足客户多样性、高频度、少批量的生产和配送等一般性要求的同时更能对其供应链网络进行个性化的设计和动态优化。

应用物联网技术对物流作业、物流过程和物流管理的相关信息进行采集、分类、筛选、储存、分析、评价、反馈、发布、管理、控制和决策，通过对多方信息的采集和处理为客户制定个性化的物流服务，提高对用户需求和物流服务的响应性，主要包括以下几个方面：

（1）通过对客户的组织机构、产品、物流水平、创新能力、物流管理人员等方面的调查研究，以及对企业所处宏观环境进行分析，帮助客户制定物流总体发展战略、阶段性实施计划、各职能部门的战略规划与选择等。具体包括供应链战略、当前的自然资产和技术构造、外包战略、渠道战略、绩效矩阵设置以及战略实施。

（2）根据客户发展物流的战略目标，设计组织框架，建立合理、有效的决策指挥系统；根据客户的要求，对客户涉足的产业行业和物流领域展开各种形式、各种内容和各种规模的市场调查，如市场规模调查、用户满意度调查、产业发展现状调查、广告投入和效果调查、市场容量和市场结构调查、企业市场营销与物流策略调查等；根据调查结果提供供应链解决方案的构造、安装和集成。

（3）根据公司的营销战略，提出物流支持企业营销的解决方案，以扩大公司市场份额；可以为顾客开展企业诊断服务，进行业务流程再造，找出客户经营管理活动中急需解决的物流问题，与客户共同寻求物流系统服务的解决方案，分析企业的供应链构成，确定物流增值业务活动，消除无价值的物流活动，从而使企业提高物流运行效率。

小结

物流是指物品从供应地向接收地的实体流动过程，物流产业涉及的是专业化与社会化的物流活动或物流业务，物流产业的业务内容是组织与组织之间的有关物流或者各种物流支援的交易活动，而不是组织内部的物流活动或物流业务。

相比于物流发达国家，我国物流行业起步较晚，主要包括 3 种物流企业：传统运输、储运及批发贸易企业转变而来的物流企业；国际物流企业；新型物流企业。虽然我国物流主要设施不断完善、投资不断增加，但总体水平仍然偏低，体现在物流总费用占 GDP 的比率较高并且信息化程度较低。通过物联网的应用，可以加速物流产业的发展。

感知物流是指在广泛运用了物联网技术平台的基础上，采用先进的信息采集和处理技术，对信息流通和管理进行提高和改进。产品可追溯系统是指以现代自动识别技术为基础，自动感知、记录产品的历史生产过程，将信息融入追溯网络。智慧供应链通过感知化、互联化和智能化打造企业供应链，具备透明可视、上下游协作、分析与优化 3 个核心要素。

物联网的应用可以促进电子商务和物流的协调发展，加速物流精益化，促进物流服务创新。

习题

1. 物流的定义是什么？包括哪些环节？如何分类？
2. 物流产业的概念是什么？
3. 什么是感知物流？产品可追溯系统的作用是什么？
4. 物联网对物流的促进作用体现在哪些方面？

附录A 我国物联网发展的政策环境

学习内容：

本附录主要提供了我国物联网发展的相关政策以及发展的环境，并针对我国部分城市的物联网发展政策进行了介绍。

1. 国家中长期科学和技术发展规划纲要(2006—2020 年)

2006 年，国务院发布《国家中长期科学和技术发展规划纲要(2006—2020 年)》，以下简称《规划纲要》。《规划纲要》指出：重点开发多种新型传感器及先进条码自动识别、射频标签、基于多种传感信息的智能化信息处理技术，发展低成本的传感器网络和实时信息处理系统，提供更方便、功能更强大的信息服务平台和环境。《规划纲要》确定了新一代宽带无线移动通信等 16 个重大专项，重点研究自组织移动网、自组织计算网、自组织存储网、自组织传感器网等技术，低成本的实时信息处理系统、多传感信息融合技术、个性化人机交互界面技术，以及高柔性免受攻击的数据网络和先进的信息安全系统。

2. 温总理《让科技引领中国可持续发展》讲话

2009 年 11 月 3 日，国务院总理温家宝发表了题为《让科技引领中国可持续发展》的重要讲话，在这次讲话中，物联网被列为国家五大新兴战略性产业之一。国家发改委相关负责人表示，新兴产业将作为国家战略性产业来扶持和发展规划出台后，国家将在财政、信贷等多方面进行大力扶持。

温总理说："世界正在经历一场百年罕见的金融危机。在应对这场国际金融危机中，各国正在进行抢占经济科技制高点的竞赛，全球将进入空前的创新密集和产业振兴时代。我们必须在这场竞争中努力实现跨越式发展。"温总理强调：科学选择新兴战略性产业非常重要，选对了就能跨越发展，选错了将会贻误时机。中国发展新兴战略性产业，具备一定的比较优势和广阔的发展空间，完全可以有所作为。

一要高度重视新能源产业发展，创新发展可再生能源技术、节能减排技术、清洁煤技术及核能技术，大力推进节能环保和资源循环利用，加快构建以低碳排放为特征的工业、建筑、交通体系。

二要着力突破传感网、物联网关键技术，及早部署后 IP 时代相关技术研发，使信息网络产业成为推动产业升级、迈向信息社会的发动机。

三要加快微电子和光电子材料和器件、新型功能材料、高性能结构材料、纳米技术和材料等领域的科技攻关，尽快形成具有世界先进水平的新材料与智能绿色制造体系。"

国家发改委宏观经济研究院专家曾智泽表示："新兴产业发展规划的实施意味着中国宏观调控政策的再次转向"。国家发改委副主任张晓强更是明确指出，"国家发改委等有关部门将努力实施六大举措促进物联网等新兴产业发展。例如，将大力培育新兴产业的市场需求；及时推动相关行业的改革，包括促进三网融合等措施；建立健全新兴产业发展的投融资体系等"。"要完善市场的准入标准，银行信贷也应向其倾斜，鼓励中小企业发展物联网。"

中国工业和信息化部科技司司长闻库 2010 年 4 月 1 日表示，目前中国物联网总体还处于起步阶段，为推进物联网产业发展，中国将采取四大措施支持电信运营企业开展物联网技术创新与应用。这些措施包括：

（1）突破物联网关键核心技术，实现科技创新。同时结合物联网的特点，在突破关键共性技术时，研发和推广应用技术，加强行业和领域物联网技术解决方案的研发和公共服务平台建设，以应用技术为支撑突破应用创新。

（2）制定中国物联网发展规划，全面布局。重点发展高端传感器、MEMS、智能传感器和传感器网结点、传感器网关；超高频RFID、有源RFID和RFID中间件产业等，重点发展物联网相关终端和设备以及软件和信息服务。

（3）推动典型物联网应用示范，带动发展。通过应用引导和技术研发的互动式发展，带动物联网的产业发展。重点建设传感网在公众服务与重点行业的典型应用示范工程，确立以应用带动产业的发展模式，消除制约传感网规模发展的瓶颈。深度开发物联网采集来的信息资源，提升物联网应用过程产业链的整体价值。

（4）加强物联网国际国内标准，保障发展。做好顶层设计，满足产业需要，形成技术创新、标准和知识产权协调互动机制。面向重点业务应用，加强关键技术的研究，建设标准验证、测试和仿真等标准服务平台，加快关键标准的制定、实施和应用。积极参与国际标准制定，整合国内研究力量形成合力，将国内自主创新研究成果推向国际。除此之外，各地的政府也为物联网的发展制定了相应的规划与政策。

3. 十一届全国人大政府工作报告

2010年3月5日，国务院总理温家宝在十一届全国人大三次会议上作政府工作报告时指出："要大力培育战略性新兴产业，加快物联网的研发应用。国际金融危机正在催生新的科技革命和产业革命。发展战略性新兴产业，抢占经济科技制高点，决定国家的未来，必须抓住机遇，明确重点，有所作为。要大力发展新能源、新材料、节能环保、生物医药、信息网络和高端制造产业，积极推进新能源汽车、三网融合取得实质性进展，加快物联网的研发应用。加大对战略性新兴产业的投入和政策支持"。这是温家宝总理在政府工作报告中首次专门提及物联网，对物联网行业，既是一个鼓舞，更是一个机遇。《政府工作报告》中首次提及物联网，众多代表也聚焦物联网，并建议把物联网作为国家战略来抓，让物联网成为今后夺取全球产业的有力武器。

4. 第十二个五年规划的建议

十七届五中全会审议的重点是《中共中央关于制定国民经济和社会发展第十二个五年规划的建议》。"十二五"规划将明确战略新兴产业是国家未来重点扶持的对象，其中新一代信息技术又是重中之重。业内专家表示，新一代信息技术主要聚焦在下一代通信网络、物联网、三网融合、新型平板显示、高性能集成电路和高端软件等范畴，涉及3G、地球空间信息产业、三网融合与物联网等4个板块。在"十二五"科技、信息产业和信息化三大专项规划中，物联网都成为关键词。

《规划》提出："十二五"期间，发展物联网的主要任务包括大力攻克核心技术、加快构建标准体系、合理规划区域布局、着力培育骨干企业、协调推进产业发展、积极开展应用示范和加强信息安全保障等7个方面。

5. 国内主要城市政策

北京市委市政府已经着手制定北京市物联网产业规划，发展具有自主知识产权的产品，特别发挥中关村国家自主示范区优势，在公共安全、食品安全、楼宇等领域应用示范物联网。政府将围绕公共安全、城市交通、生态环境，对物、事、资源、人等对象进行信息采集、传输、处理、分析，实现全时段、全方位覆盖的可控运行管理。同时，还会在医疗卫生、教育文化、水电气热等公共服务领域和社区农村基层服务领域，开展智能医疗、电子交费、智能校园、智能社区、智能家居等建设，实行个性化服务。

杭州市信息化办公室从 2005 年开始就对相关企业、产业动态进行了跟踪、扶持、培育。2005 年，市信息办在编制《杭州市电子信息产业“十一五”发展规划》时，就已经把传感网产业列为产业重点发展方向，并编入产业发展导向目录中进行扶持。在 2010 年 1 月 14～16 日，一年一度的市信息服务业统计工作会议上，对 2010 年的产业工作进行了部署，提出以物联网为核心的新经济培育工程，主要内容为：围绕“工业兴市”的总战略，以物联网为重点，实施电子信息产业“新经济培育工程”。

湖南省副省长陈肇雄希望各电信企业要全面加快创新和转型步伐，其中一点就是要加快培育物联网产业，研究制订技术产业发展规划和应用推进计划，发展关键传感器件、装备、系统及服务，促进物联网与互联网、移动互联网融合发展，加大对集成电路、新型显示器件、专用电子设备和材料、基础软件等领域的支持力度。

2009 年 12 月 23 日，福建省制定了物联网发展三年行动方案。该方案主要包括：建立物联网产业集群和物联网重点示范区，包括物联网鼓楼示范区和物联网武夷山示范区，以及物联网应用示范工程（包括工业控制应用示范工程、农业精细生产应用示范工程、交通物流应用示范工程、商贸流通应用示范工程、城市管理应用示范工程、安全监控应用示范工程、公共服务应用示范工程等）。

黑龙江在其“十二五”规划和中长期发展规划中，要将物联网列入高新技术产业化重点领域，省领导牵头统筹，建立协调机制，拟定产业发展规划，克服障碍，制定产业的推进政策。加强政府部门的合作，筹划专门机构负责协调物联网规划发展、联动管理、运作监督。

天津市委市政府高度重视物联网技术和产业的发展，已将其纳入全市的“十二五”发展规划，将从资金、项目、人才等多方面入手，全力支持物联网技术的研发和产业化。

作为无锡市物联网产业总体布局的核心区域之一，滨湖区已基本制定完成《无锡市滨湖区传感网产业发展规划》等一系列文件。滨湖区设立的 15 亿元新兴产业发展基金，将作为物联网产业发展强有力的资金后盾；滨湖区在实施“530”计划的基础上，将引进物联网相关领军科技创新创业人才 50 名、科技创新专业人才 900 名，并与江大、北大软微学院无锡基地、埃卡内基人才学院等展开合作。

上海是国内物联网技术和应用的主要发源地之一，根据国家战略要求和上海经济社会发展实际，特制定《上海推进物联网产业发展行动方案(2010—2012 年)》，该行动方案的主要目标是：到 2012 年，传感器、短距离无线通信及通信和网络设备、物联网服务等重点领域形成一定产业规模；大力推进物联网关键技术攻关，强化技术对产业的支撑引领作用；培育一批在国内具有影响力的系统集成企业和解决方案提供企业，扶持一批具有领先商业模式的物联网运营和服务企业，聚集一批具有自主创新能力、占领技术高端的专业企业；形成较为完善的物联网产业体系和空间布局；通过建设应用示范工程和实施标准、专利战略，在与市民生活和社会发展密切相关的重要领域初步实现物联网应用进入国际先进行列，显著提升城市管理水平。

参 考 文 献

[1] 冯媛. 计算机网络安全技术研究[J]. 福建电脑，2008,1:42-44.
[2] 张铎. 物联网大趋势[M]. 北京：清华大学出版社，2010.
[3] 王丽萍，步雷，等. 信息时代隐私权保护研究[M]. 济南：山东人民出版社，2008.
[4] 计算机世界. 物联网安全受威胁 四个关键点助力打响保卫仗[J]. 2010. http://www.ccw.com.cn/.
[5] 焦泉. 论物联网的知识产权保护与创新[J]. 南京：现代经济探讨，2010(6):31.
[6] 中国电信集团公司. 走进物联网[M]. 北京：人民邮电出版社，2010.
[7] 王汝林，王小宁，陈曙光，等. 物联网基础及应用[M]. 北京：清华大学出版社，2011.
[8] 魏长宽. 物联网后互联网时代的信息革命[M]. 北京：中国经济出版社，2011.
[9] 郭靖，郭晨峰. 物联网产业发展和建设策略[J]. 数字通信世界，2010，7:16.
[10] 黄桂田，龚六堂，张全. 物联网蓝皮书：中国物联网发展报告（2011）[M]. 北京：社会科学文献出版社，2011.
[11] 贾灵，王薪宇，郑淑军. 物联网/无线传感网原理与实践[M]. 北京：北京航空航天大学出版社，2011.
[12] 周洪波. 物联网：技术、应用、标准和商业模式[M]. 2 版. 北京：电子工业出版社，2010.
[13] 陈海滢，刘昭. 物联网应用启示录：行业分析与案例实践[M]. 北京：机械工业出版社，2011.
[14] 刘云浩. 物联网导论[M]. 北京：科学出版社，2010.
[15] 田景熙. 物联网概论[M]. 南京：东南大学出版社，2010.
[16] 黄桂田，龚六堂，张全升. 中国物联网发展报告（2011）[M]. 北京：社会科学文献出版社，2011.
[17] 魏修建. 电子商务物流管理[M]. 重庆：重庆大学出版社，2008.
[18] 李琪. 电子商务概论[M]. 北京：高等教育出版社，2004.
[19] 中国贸促会. 中国商务指南（物流行业分卷）[R]. 北京：中国贸促会，2009.
[20] 杨治. 产业经济学导论[M]. 北京：中国人民大学出版社，1985.
[21] 马歇尔. 经济学原理[M]. 北京：商务印书馆，1995：256-304.
[22] 诺斯，托马斯. 西方世界的兴起[M]. 北京：华夏出版社，1989.
[23] 诺斯. 时间过程中的经济业绩[M]. 北京：中国社会科学出版社，1997：269-270.
[24] 诺斯. 制度变迁理论纲要：在北京大学中国经济研究中心成立大会上的演讲[M]. 上海：上海人民出版社，1995.
[25] 王慧炯. 产业组织及有效竞争[M]. 北京：中国人民大学出版社，1991.
[26] 夏大慰. 产业组织学[M]. 上海：复旦大学出版社，1994.
[27] 谢地. 产业组织优化与经济绩效增长[M]. 北京：中国经济出版社，1999.
[28] 程锦锥. 改革开放三十年来我国产业组织理论研究进展[J]经济纵横，2008（11）：43-46.
[29] [美]西蒙・库兹涅茨. 现代经济增长[M]. 北京：经济学院出版社，1989.
[30] [美]霍斯・钱纳里. 工业化与经济增长的比较研究[M]. 上海：上海三联书店，1989.
[31] 筱原三代平. 产业结构与投资分配[J]. 一桥大学经济研究，1957(4).
[32] [美]里昂惕夫. 1919—1939 年美国经济结构：均衡分析的经验应用[M]. 北京：商务印书馆，1993.
[33] [美]阿瑟・刘易斯. 经济增长理论[M]. 上海：上海人民出版社，1994.

[34] [美]赫希曼. 经济发展战略[M]. 北京：经济科学出版社，1991.
[35] [美]W. 罗斯托. 从起飞进入持续增长的经济学[M]. 成都：四川人民出版社，1988.
[36] 方甲. 产业结构问题研究[M]. 北京：中国人民大学出版社，1997.
[37] 蒋昭侠. 产业结构问题研究[M]. 北京：中国经济出版社，2004.
[38] 魏长宽，物联网：后互联网时代的信息革命[M]. 北京：中国经济出版社，2011.
[39] 陈海滢，刘昭. 物联网应用启示录：行业分析与案例实践[M]. 北京：机械工业出版社，2011.
[40] 刘云浩，物联网导论[M]. 北京：科学出版社，2010.
[41] 龚卫锋，路胜，孙敏. “军事物联网”：感知现代军事物流[J]. 军队采购与物流，2009(6).
[42] 邱积敏. 无锡如何转型“物联网之都”[J]. 决策，2010，6：20-22.
[43] 吴珊. 无锡物联网产业的发展与经验借鉴[J]. 现代商业，2010，6:172.
[44] 杨大春. 无锡发展物联网产业的竞争优势及战略选择[J]. 江南论坛，2009，11:18-21.
[45] 曹方. 物联网无锡的城市新标签[J]. 上海信息化，2010,12:34-37.
[46] 边锋. 无锡物联网：330亿元“超级计划”待破题[J]. 中国经济和信息化，2010，5:72-73.
[47] 郑加金，陆云清. 物联网概念及无锡物联网产业分析[J]. 科技信息，2010(36):21.
[48] 杨大春. 试析无锡博弈物联网产业战略的竞争优势及路径选择[J]. 恩施职业技术学院学报，2009(4):35-38.
[49] 汪亮，罗如意. 物联网经济：杭州未来经济发展的重点[J]. 杭州科技，2009(5):36-40.
[50] 陶冶. 物联网产业发展：浙江培育新增长点的重要途径[J]. 科技进步与对策，2011(16).
[51] 杭州物联网产业发展基础概览[J]. 杭州科技，2011(1)：35-37.
[52] 兰建平. 关于浙江省物联网产业发展的思路与建议[J]. 杭州科技，2010(1):36-38.
[53] 缪承潮. 物联网促杭州产业转型升级的思考[J]. 杭州（我们），2010(7)：44-45.
[54] 王明兴. 杭州物联网产业发展的战略重点[J]. 杭州通讯（生活品质版），2011(20)：10-11.
[55] 蔡奇. 杭州物联网要走在全国前列[J]. 杭州科技，201(1):22-23.
[56] 杭州市经济委员会. 杭州市物联网产业发展设想[J]. 杭州科技，2010(1):27-30.
[57] 杨敏，周耀烈. 物联网视角下农产品流通问题与对策研究：以杭州市为例[J]. 中国流通经济，2011(4):11-14.
[58] 民建宁波市委会. 物打造宁波物联网千亿级产业集群[J]. 宁波经济，2010(7):15-17.
[59] 沈玲玲. 关于《杭州市物联网产业发展规划（2010—2015）》的政策解读[J]. 杭州（我们），2010(10):34-37.
[60] 吴静. 感知中国 智能杭州[N]. 杭州日报，2010-12-1(7).
[61] 蔡苏昌. 推进陕西物联网产业发展战略的思考[J]. 物联网技术，2011(3):1-3.
[62] 西安如何抢占物联网产业制高点[N]. 西安日报. http://news.163.com/10/0426/02/655P5TS600014AED.html.
[63] 周晓唯，杨露. 基于“钻石模型”的陕西省物联网产业竞争力的实证研究[J]. 科学经济社会，2011(3):42-47.
[64] 吴刚. 产业链视角下陕西物联网产业可持续发展研究[J]. 中国商贸，2011(20).
[65] 姜书汉. 政府上门服务西安国际港务区物联网建设[J]. 物联网技术，2011(4).
[66] 陕西省发展改革委. 陕西省物联网产业发展[J]. 中国科技投资，2010(10)：32-34.
[67] 郑欣. 物联网商业模式发展研究[D]. 北京：北京邮电大学，2011.
[68] 高嵘. 基于物联网的猪肉溯源及价格预警模型研究[D]. 成都：电子科技大学，2011.
[69] 原磊. 国外商业模式理论研究评介[J]. 外国经济与管理，2007(10).
[70] 张云霞. 物联网商业模式探讨[J] 电信科学，2010(4).
[71] 范鹏飞，朱蕊，黄卫东. 我国物联网商业模式的选择与分析[J]. 通信企业管理，2011.
[72] 郑欣. 物联网未来十类商业模式探析[J]. 移动通信，2011(7).
[73] 孟庆峰. 物联网技术在石化行业的应用[J]. 中国信息界，2012(6):55-57.